福建省社会科学研究基地厦门大学马克思主义的
规范与认知理论研究中心资助

大众知识归赋的
实用敏感性研究

李静 著

广西师范大学出版社

·桂林·

图书在版编目(CIP)数据

大众知识归赋的实用敏感性研究/李静著. —桂林：广西师范大学出版社，2024.6
ISBN 978-7-5598-6924-1

Ⅰ.①大… Ⅱ.①李… Ⅲ.①知识论-研究 Ⅳ.①G302

中国国家版本馆 CIP 数据核字(2024)第 089483 号

大众知识归赋的实用敏感性研究
DAZHONG ZHISHI GUIFU DE SHIYONG MINGANXING YANJIU

出 品 人：刘广汉
责任编辑：伍忠莲
装帧设计：李婷婷
广西师范大学出版社出版发行
（广西桂林市五里店路 9 号　　邮政编码：541004
　网址：http://www.bbtpress.com ）
出版人：黄轩庄
全国新华书店经销
销售热线：021-65200318　021-31260822-898
山东韵杰文化科技有限公司印刷
（山东省淄博市桓台县桓台大道西首　邮政编码：256401）
开本：720 mm×1 000 mm　1/16
印张：16　　　　　　　字数：221 千
2024 年 6 月第 1 版　　2024 年 6 月第 1 次印刷
定价：88.00 元

如发现印装质量问题，影响阅读，请与出版社发行部门联系调换。

目 录

导　论

人们对这个纷繁复杂的世界有着极为丰富的认知,这归功于人类区别于动物的高深复杂的认知能力,例如它帮助人们取得了"嫦娥奔月""蛟龙下海"等重要成就。知识论所追求的不仅是哲学反思的崇高力量,也关心日常生活中的认知实践。当代知识论的实践转向不断模糊理论和实践之间的界限,使知识论的理论边界得以拓展。本书循着这一趋势,以"大众知识归赋研究"为主题,考察人们在日常生活中如何谈论知识,如何作出认知判断,并审视大众知识论与当代知识论的差异。带着这样的问题,导论这一部分将首先着眼于对学界有关知识归赋研究的理论争论做介绍,然后关注知识归赋研究的走向,对其主要成果和研究内容给予简要论述,为大众知识归赋研究提供些许导向。

一、国外研究现状

知识归赋指人们对某人是否知道某事的判断,它是当代知识论的核心论题之一。二十年来,学界对知识归赋的探索主要涉及人们在作出这样的判断时,所依据的知识标准是否有变化,受到哪些因素影响,这些问题在国内外学界引起广泛争论。

(一)知识归赋理论争论

知识归赋理论争论是当代知识论讨论的热点问题,其理论流派主要有语境主义、不变主义和实用侵入。三者之间不是泾渭分明,而是相互联系,相互渗透。其中语境主义和不变主义争论的焦点是知识标准是否因语境而变化;这两者与实用侵入的争论围绕实用因素是否影响知识归赋的问题展开。其中,语境主义和不变主义是知识归赋的两大主流理论,它们各自建立了较完备的理论体系,又都有理论内部的问题和来自理论外部的挑战。

首先,语境主义是知识归赋理论中最具影响力的理论,其派别林立,埃尔克·布兰德尔(Elke Brendel)和克里斯托夫·耶格尔(Christoph Jäger)在《知识论的语境主义路径:问题和图景》一文中,根据不同的标准把知识论语境主义分为不同的类别,例如归赋者语境主义、主体语境主义、索引语境主义、原型语境主义、推论语境主义、会话语境主义、论题语境主义、维特根斯坦式语境主义和认知语境主义。① 本书主要谈论认知语境主义。认知语境主义主张知识标准和归赋语句真值具有语境敏感性,知识归赋的结果因知识标准的变化而不同。在怀疑主义语境下,知识标准高,归赋者倾向于否定知识;在日常语境下,知识标准低,归赋者倾向于归赋知识。语境因素会影响知识标准和归赋者的态度。例如,风险凸显的情况下,错误可能性增大,知识标准提高,归赋者更倾向于表现出谨慎和不愿意归赋知识的态度。语境主义的代表人物主要有凯思·德娄斯(Keith DeRose)、戴维·刘易斯(David Lewis)、斯图尔特·柯亨(Stewart Cohen)和乔纳森·肖弗(Jonathan Schaffer)。他们认为知识归赋语句之真值条件或命题内容随语境因素的变化而变化。德娄斯的语境主义诉诸语义机制规定知识归赋语句的真值条件,例如,索引词、等级性形容词。然而,这一观点面临语义盲区、语义下行和知识撤销的难题。刘易斯的相关选择论认为 S 知道命题 p,当且仅当 S 的证据消除了所有的相关替代项为真的可能。② 由于非命题 p 的可能性无限大,于是他区分了与命题 p 相关的非命题 p 的可能性和与命题 p 不相关的

---

① Elke Brendel and Christoph Jäger, "Contextualist Approaches to Epistemology: Problems and Prospects," *Erkenntnis*, 2004, 61(2-3), p. 143. 本书中主要涉及大众知识归赋模式的认知语境主义解答,后文的语境主义指的是认知语境主义。

② David Lewis, "Elusive Knowledge," *Australasian Journal of Philosophy*, 1996, 74(4), pp. 549-567.

非命题 p 的可能性。前者是相关替代项,后者是非命题 p 相关替代项并提出七条界定相关选择项的规则。这一观点受到以下质疑:一是相关选择项定义模糊,人类理性不能排除所有逻辑上可能的选项;二是容易陷入主观性的相对主义窠臼。柯亨虽然赞同刘易斯的排除相关选择项的语境主义机制,但是他不认同刘易斯知识不需要确证的观点。在《如何成为可错论者》一文中,柯亨提出他的相关选择论。他的观点主要有以下特征:可错的,语境敏感的,需要证据或理由来确证的。他认为认知者要有足够强的确证,归赋者才可以认为其具有知识,而确证的强度依赖归赋者的语境。① 一方面,柯亨强调知识归赋具有归赋者语境敏感性,知识归赋语句的真值有赖于归赋者断言知识归赋语句的目的、意图、期待和预设等;另一方面,他认为人们的直觉判断能力受到认知者所持证据影响。② 刘易斯反对柯亨的这一主张,他认为知识不需要确证,且知识所需要的是排除相关选择项,而相关选择项依赖会话语境。为解决语境主义的语义机制问题,肖弗提出对比主义,主张人们关于知识的直觉不仅依赖主体是否知道命题 p,也依赖对比命题 q。对比项的内容不是指不同语境下具体的对比项,而是指命题中哪个部分对主体凸显。有的学者对这一点持怀疑态度,认为这本质上更多是语义上的解读。③ 它不符合认知实践的经济性原则,也会陷入证据无限后推的难题。以上语境主义观点除了理论内部自身的问题,也有来自理论外部的质疑。

与语境主义观点不同,不变主义主张知识标准是固定不变的。彼得·昂格尔(Peter Unger)在 1984 年的《哲学的相对性》一文中主张知识归赋只

---

① Stewart Cohen, "Contextualist Solutions to Epistemological Problems: Scepticism, Gettier, and the Lottery," *Australasian Journal of Philosophy*, 1998,76(2), pp. 289-306.

② Stewart Cohen, "Contextualism, Skepticism, and the Structure of Reasons," *Philosophical Perspectives*, 1999,33(S13), p. 57.

③ Jonathan Schaffer, "From Contextualism to Contrastivism," *Philosophical Studies*, 2004,119(1-2), pp. 73-104.

有单一不变的标准,它仅与确证的严格要求紧密相关,而与语境无关。① 判断某人是否知道命题 p,需要考察认知者的认知立场强度是否满足"知道"的要求,例如与真值相关的证据有多少,信念形成过程的可靠性等利真性因素。

其次,不变主义为回应语境主义观点,主要衍生出五个理论分支。

(1)米克尔·格肯(Mikkel Gerken)提出严格纯粹不变主义,主张高风险既不影响认知者是否具有信念,也不影响主体的信念度。知识归赋基于以下条件,只有命题 p 为真,且 S 相信命题 p 是有保证的,那么 S 知道命题 p。这一观点反对知识标准因归赋者的语境而变化的语境主义主张。格肯认为此观点可以看作语义观,语用因素不承担任何知识的内容。② 韦斯利·巴克沃尔特(Wesley Buckwalter)认为知识归赋语句的真值不具有语境敏感性,其真值只受到命题真值和主体对这个命题的信念度强弱的影响。③

(2)温和的不变主义者认为大部分情况下,人们具有日常知识。他们主张相对较低的知识标准,且在任何语境下,知识归赋语句的语义内容或真值条件都是固定不变的,主体的认知立场强度只受到利真性因素的影响。在高风险语境下,归赋者对认知者有更高的证据要求和最大能力地消除相关的错误可能性,需要认知者保证对命题 p 的信念达到较高的确证标准。以上两种观点都秉持理智主义传统,拒斥实用因素对知识归赋的影响。

(3)约翰·霍桑(John Hawthorne)提出的主体敏感不变主义,主张认知者的实践利益影响知识归赋。④ 他强调认知者是否知道命题 p 取决于对其来说风险的高低。认知者在高风险语境下需要更多或更强的证据,但是知识标准并不会随着语境的变化而变化。此观点可以解释高风险的归赋者和

---

① Peter Unger, "Philosophical Relativity," in Keith DeRose and Ted A. Warfield (eds.), *Skepticism: A Contemporary Reader*. New York: Oxford University Press, 1999, pp. 246-251.

② Mikkel Gerken, *On Folk Epistemology: How We Think and Talk about Knowledge*. Oxford, UK: Oxford University Press, 2017, pp. 66-91.

③ Wesley Buckwalter, "The Mystery of Stakes and Error in Ascriber Intuitions," in James R. Beebe (ed.), *Advances in Experimental Epistemology*. New York: Bloomsbury Publishing, 2014, pp. 145-174.

④ John Hawthorne, *Knowledge and Lotteries*. New York: Oxford University Press, 2004.

低风险的认知者归赋的情况。然而,这一观点受到语境主义者反驳,因为它不能解释第三人称案例中高风险语境的归赋者否定低风险认知者拥有知识的情况。而主体敏感不变主义认为语境主义很难解释低风险的归赋者归赋知识于高风险的认知者的情况。

(4)贾森·斯坦利(Jason Stanley)提出利益相关不变主义。① 与主体敏感不变主义相似,它尝试在传统的知识确证因素外寻求影响知识归赋语句真值的因素,该观点同样主张知识归赋语句不具有语境敏感性,而是受主体实践利益影响,认为知识与实践利益相关。当需要作出判断时,认知者要评估错误地相信命题 p 所付出的代价,代价低,主体知道命题 p;代价高,主体不知道命题 p。一个命题是否涉及实践利益由主体的事实决定,与归赋者的语境无关。但是这个观点面临以下问题:其一,并不是所有的命题都与实践利益相关,例如大众谈论他们知道的科普知识;其二,以银行案例为例,主体的实践利益导致知识归赋结果的差异,却忽视了主体是否拥有知识的要求。

(5)语用不变主义,该观点认为知识归赋的语境敏感性与知识标准和归赋语句的真值无关,它只是对语用行为的考量。该观点采用会话含义理论和言语行为理论解释知识归赋,认为具有语境敏感性的不是知识归赋语句的真值条件,而是其可断言性条件。可断言性条件包括:在高风险和低风险不同语境下,归赋者对主体证据的充分性、对断言的确定性和对知识的可错性的把握等。这种观点对知识归赋的语境敏感现象作出的是一种语用而非语义的解释。另外,该观点主张归赋语句的真值条件由其语义内容决定,可断言性条件由其语用内容决定。当语义值为真而语用上不适切时,归赋者倾向于否定知识;反之,当语义值为假而语用上适切时,归赋者倾向于归赋知识,因此语义值的真假并不影响知识归赋。

由以上几种观点可以看出,学者对实用因素的讨论逐渐增多。不变主义从秉持理智主义传统的纯粹主义,逐渐发展到关注实用因素影响的非纯粹主

① Jason Stanley, *Knowledge and Practical Interests*. New York:Oxford University Press, 2005.

义,但是这些观点对实用因素在知识归赋中起作用的方式上出现了分歧,严格纯粹不变主义者与温和不变主义者认为某种信念能够成为知识,只与真值相关因素有关,而与实用因素无关;主体敏感不变主义者和利益相关不变主义者认为知识与实践考量相关,且它直接地影响人们归赋知识的意愿;语用不变主义者认为实践考量只是语用含义,仅表示可断言的适切性条件。

最后,实用侵入观质疑语境主义的归赋者实践语境影响知识标准的主张。以霍桑、斯坦利、杰里米·范特尔(Jeremy Fantl)、马修·麦格拉思(Matthew McGrath)等人为代表①,他们研究的中心问题是知识是否取决于认知者的实践语境。其研究内容主要表现在三个方面:第一,混合主义。根据这个观点,知识归赋依赖真值相关因素,也依赖实用因素。实用侵入者主张,实用因素影响认知者是否知道命题 p,是否归赋知识不仅取决于利真性因素,也取决于风险或利益,因为认知者考量命题 p 是否为真的风险或利益影响其认知立场强度,从而间接地影响认知者是否能够知道命题 p。第二,知识是实践推理的规范。如果知道命题 p,那么某人依据命题 p 来行动是适当的。同样,依据命题 p 来行动的代价大小也影响某人是否知道命题 p。实用侵入者探索知识和实践推理的关系。他们认为实用因素部分决定知识归赋语句的真值,主张知识以某种方式依赖实践风险,将认知者是否知道命题 p 的认知理性评估扩展到实践理性的范畴。霍桑主张,知识归赋对认知者所处语境具有敏感性,他认为由于知识和行动之间的密切关系,认知者所处的实际环境影响知识归赋。斯坦利特别强调认知者在高风险和低风险语境下知识宣称的差异。范特尔和麦格拉思提出知识-确证原则,即命题 p 足以保证为你的行为确证,当且仅当你知道命题 p。然而,这一理论主张受到传统的理智主义和纯粹主义质疑,其论题本身的合理性备受争议。第三,信念实用还原论,通过信念度、倾向性信念和当下信念解释实用因素对

---

① John Hawthorne, *Knowledge and Lotteries*. New York：Oxford University Press, 2004. Jason Stanley, *Knowledge and Practical Interests*. New York：Oxford University Press, 2005. Jeremy Fantl and Matthew McGrath, *Knowledge in an Uncertain World*. New York：Oxford University Press, 2009, p. 66.

知识归赋的影响。传统知识论认为某人对于命题 p 的认知立场强度与纯粹认知因素有关,知识归赋仅仅取决于与"真"相关的因素,例如证据、可靠性和敏感性等,与实用因素无关。因此,实用侵入与理智主义传统的知识论相冲突,其合理性存在争议。

(二) 知识归赋研究的走向

知识归赋理论之争还在继续。近年来,国外对知识归赋的研究呈现出学科交叉的特点。杰茜卡·布朗(Jessica Brown)和格肯编写了一本以《知识归赋》为题的论文集。[①] 该论文集展示了知识归赋研究在语言学、认知、社会和实践四个方面的丰富内涵。此外,随着近年来实验哲学研究的兴起,大众知识归赋进入知识论研究的视野。

首先,在语言学方面,学者运用语言学理论探讨人们在日常语言中如何言说、思考、评判动词"知道",这也成为知识归赋理论的重要来源。具体来说,它涉及知识归赋语句的语义和对知识本质问题的思考。语用不变主义者试图诉诸语义学和语用学的区别,消解语境主义和不变主义的对立。例如在银行案例中,低知识标准比高知识标准语境下的自我知识归赋更具有合理性,因为对不变主义者来说,知识归赋的真值由命题 p 的真值主导,但归赋者不仅受到所说内容的真值影响,也受到会话适切性影响。语用解释对高知识标准和低知识标准语境下的知识归赋有启示意义,大众对主体是否知道命题 p 的直觉判断不可避免地会受到语义和语用因素影响。简言之,从方法论上来说,语言学丰富了知识归赋理论的来源。

其次,在认知方面,学者借鉴认知科学和心理学的研究成果解释知识归赋的本质,例如,珍妮弗·内格尔(Jennifer Nagel)从认知焦虑、自我中心等心理学维度探究认知直觉的可靠性。格肯采用双重认知模块和认知聚焦偏差解释知识归赋中的突出选择项效应和对比效应。认知聚焦效应认为,在进行知识归赋

---

① Jessica Brown and Mikkel Gerken (eds.), *Knowledge Ascriptions*. Oxford, UK: Oxford University Press, 2012.

时,认知者常将注意力集中在某些已知的信息上,使得这些信息获得更多的权重,因而放大了认知的结果。对认知聚焦效应,人们存在争议。有的学者认为高估焦点选择项意味着低估其他信息,可能会导致判断的偏差和固化的认知错觉,甚至导致系统性的错误判断。有的学者认为认知聚焦效应是人类认知的普遍现象,是尽量减少认知成本的认知过程,且归赋者所关注的选择项并不一定是认知上相关的选择项,因而认知聚焦效应并不导致认知偏差。

再次,在社会方面,学者主要从两个方面来讨论。一是来自爱德华·克雷格(Edward Craig)的观点,他认为知识归赋的核心功能是筛选出好的信息报告人。[①] 这个观点受到许多学者支持,也进一步扩展到其他的问题,例如社会合作互动、不同类型错误行为者的区分、规范破坏者或者不合作者应受到的责备程度等。二是由于以上讨论主要是基于传统意义上的认知者视角,即主要从个人角度出发来探讨知识归赋问题,而社会知识论将归赋主体扩展至集体、机构或信息技术载体,所讨论的社会功能也扩展至社会认知生态学,例如对某组织团体或机构的信任与合作。社会认知生态学主要争论的论题包括集体知识归赋的概括性问题,即集体知识能否还原为个体成员的知识,集体知识归赋原则与个人知识归赋原则是否相同,组织机构的知识归赋是否与集体或个人知识归赋存在差异,等等。

最后,在实践方面,当代知识论的实践转向,更是将知识论的研究从理论层面扩展至实践层面。随着近十年来实验哲学的发展,大众如何归赋知识受到学界关注。大众知识归赋最先出现在大众心理学讨论的范畴。研究内容主要涉及以下三个方面:一些学者从大众心理学的范畴,关注常识的普遍化,以及心灵状态、行为后果与环境条件的关系。[②] 另一些学者从发展心理学领域研究从儿童到成人的知识习得、个人如何发展知识和"知道"的概念,并运用它们理解和认知世界,包括知识的构成、如何评价知识和如何

---

① Edward Craig, *Knowledge and the State of Nature: An Essay in Conceptual Synthesis*. New York: Oxford University Press, 1990.

② Richard F. Kitchener, "The Epistemology of Folk Epistemology," *Analysis*, 2019, 79(3), pp. 521-530.

知道等。还有一些学者在认知心理学领域,以认知层面的信息加工机制和表征信息对"大众知识"概念作出技术化的解释。[1]

在实验知识论研究领域,学者在方法论上诉诸大众认知直觉进行实证研究;在研究内容上,他们调查大众对知识论基本问题的态度。相关研究主要有两个方面:一是对大众认知直觉判断的表征。学者通过一系列实验调查影响大众知识归赋的因素,例如风险、错误可能性、实践利益、道德、审美、心理和案例呈现顺序等。二是大众对知识论问题的直觉判断。这类研究涉及知识论的主要论题,包括知识三元要素必要性论题、怀疑主义问题、彩票难题和葛梯尔问题等。实证研究发现大众的知识归赋呈现出有别于主流知识论的特点,例如确证非必要性、实用因素影响和认知多样性等。

(三)大众知识归赋研究的不足

尽管大众知识归赋研究取得了一些成果,但是仍然存在一些不足。到目前为止,有关大众知识归赋的研究散见于对当代知识论热点问题的研究之中,研究专著较少。由布朗和格肯编写的《知识归赋》汇聚了知识论学者对这一论题的研究成果。他们诉诸语言学理论、认知心理学、实验哲学的方法论辩护某一知识论立场。此外,格肯在 2017 年出版的《大众知识论:人们如何思考和谈论知识》一书中把大众知识归赋界定为哲学和认知科学交叉领域的论题。[2] 他主张严格纯粹不变主义,拒斥实用侵入和语境主义的主张。他认为大众知识归赋的风险效应、凸显效应、实用因素效应是认知聚焦偏差的结果,而非真正的反思推理的理性认知结果,因此大众知识归赋是不精确的,甚至会出现系统性错误。针对这一问题,他提出大众知识归赋是诉诸大众直觉的认知探究(heuristics)。格肯更多是在方法论的意义上讨论大众知识归赋,而较少讨论大众知识归赋本身。

---

[1]　Barbara Hofer, "Personal Epistemology as a Psychological and Educational Construct: An Introduction," in Barbara Hofer and Paul Pintrich (eds.), *Personal Epistemology: The Psychological of Beliefs about Knowledge and Knowing.* New York: Routledge, 2002, pp.3-14.

[2]　Mikkel Gerken, *On Folk Epistemology: How We Think and Talk about Knowledge.* Oxford, UK: Oxford University Press, 2017.

　　此外,虽然近年来"大众知识归赋"这一概念被广泛讨论,但是关于它的性质、特征和范围仍没有清晰界定。如前文所言,格肯并没有回答大众知识论是什么。约翰·图瑞(John Turri)在《知识论的非事实性转向:一些假设》一文中,提出大众对知识概念的理解往往与哲学家所宣称的存在显著差异。这种差异体现在大众对知识、信念、确证和可靠性等认知概念的理解上,与哲学家的观点大相径庭。他的目的是关注知识论理论是否完善,而不是解释大众认知实践是怎样的。在他看来,如果知识论与常识相差太远,那么这意味着知识论具有不足之处。①

　　最后,大众知识归赋目前在知识论领域仍未受到充分关注,缺乏对大众知识归赋模式的深入研究,主要表现在三个方面。第一,如果人们对知识的判断与知识论的规定相去甚远,那么大众知识归赋是否合理?第二,虽然学者对大众知识归赋进行了多年的研究,但是尚未澄清大众知识归赋与主流知识论的关系。第三,很多实验知识论研究旨在研究大众知识归赋是否与当代知识论相悖,这些研究的目的在于证实、维护或质疑知识论理论的合理性,而对这些背离表象背后的一般原则的研究则较少,且也较少回答大众知识论本身的问题。

二、国内研究现状

　　国内对知识归赋的研究大多集中在知识归赋的语境主义和不变主义理论。近年来,学者对实用侵入和大众知识归赋的研究初见端倪。

　　在知识归赋的语境主义理论方面,曹剑波系统地研究了语境主义理论,出版《知识与语境:当代西方知识论对怀疑主义难题的解答》②一书,并发表系列文章,提出了知识归赋的广义语境主义理论。该理论主张,知识归赋受被归赋者、被归赋者的语境、主体的语境和归赋者的语境共同影响,主体

---

① John Turri, "The Non-Factive Turn in Epistemology: Some Hypotheses," in Veli Mitova (ed.), *The Factive Turn in Epistemology*. New York: Cambridge University Press, 2018, pp. 219-228.

② 曹剑波:《知识与语境:当代西方知识论对怀疑主义难题的解答》,上海:上海人民出版社,2009年。

敏感不变主义和利益相关不变主义并称为"主体语境主义"。曹剑波认为，语境主义遭到了无用论、缺陷论和替代论的批判，并因此修正了语境主义，提出从"一切语境都是平等的"到"在特定的评价语境下，语境是不平等的"，从"知识归赋的语境性在于知识标准的可变性"到"语境的多样性"。魏屹东以科学哲学的视角，从人类实践活动的目的出发，把狭义的语境论扩展至广义的语境论，指出语境论的主要特点有实在的变化性、知识的可修正性、理论和实践的统一性和经验的实证性。① 黄敏在《知识之锚——从语境原则到语境主义知识论》一书中，针对语境原则，给出维特根斯坦式整体论原则和先验论证，主张语境主义脱离对语言学的依赖，切断语境主义与戴维·卡普兰（David Kaplan）语义学之间的联系，建议从知识归赋语句逻辑的性质，从"知识"概念出发建立语境敏感性论题。② 阳建国在《知识论语境主义研究》一书中表达了语境主义的中立立场。他认为，该理论试图以等级性形容词类比"知道"的语境敏感性，强化语境主义立场，并且尝试解答不同语境观的语境转换机制；但是仍然不能有效回应不变主义的质疑，例如理智不充分问题、语境转换问题和事实性问题。他认为语境主义不是解释知识归赋的唯一途径，甚至不是最佳途径。③ 李麒麟在《知识归属的语境敏感性》一书中，审查"S 知道 p"二元认知语境主义和三元对比主义的语言模型，指出其遇到的语言学和语言哲学挑战。认知语境主义能对知识论怀疑主义难题、闭合原则和可错主义提供很好的解决方案，但是与其竞争理论认知不变主义相比较而言，认知语境主义没有实质的理论优势，因而该书表达了对认知语境主义审慎和批判的态度。④

有的学者质疑语境主义理论的合理性，比如徐向东认为语境主义导致知识的相对主义；相关替代项需要诉诸认知优先性观点，因此并不能排除怀

---

① 魏屹东：《语境论与科学哲学的重建》，北京：北京师范大学出版社，2012 年，第 20—22 页。
② 黄敏：《知识之锚——从语境原则到语境主义知识论》，上海：华东师范大学出版社，2014 年。
③ 阳建国：《知识论语境主义研究》，长沙：湖南大学出版社，2016 年。
④ 李麒麟：《知识归属的语境敏感性》，北京：北京大学出版社，2021 年。

疑主义;语境主义在特定语境时需要作出某些预设,对预设的质疑不能解决知识确证的问题。① 尹维坤指出,解决语境主义的相对主义难题、认知上升难题和认知下降难题的关键是给出语境转换的机制,因此它成为语境主义各种问题的症结所在。另外,他分析了刘易斯的相关选择替代论和德娄斯表达内容合理性与高风险、低风险语境下知识归赋结果差异的搁置方案,他认为这个方案并没有对语境转换机制作出合理的说明。②

在知识归赋的不变主义和实用侵入方面,阳建国从语境主义、主体敏感不变主义和语用不变主义主张分别解释知识归赋的语境敏感性,认为知识归赋的真值条件对归赋者的语境敏感,主体敏感不变主义则反映了知识归赋的真值条件对认知者的语境敏感。③ 与两者的语义解释不同,语用不变主义提出了一种语用解释,主张用会话合适性条件的语境敏感性来解释知识归赋的语境敏感性。周祥、刘龙根借鉴语义学和语用学界面研究成果,为语用不变主义辩护。一方面他们认为话语的语用含义具有不同程度的可断言性。知识归赋语句真值是话语语用含义上的真值,并非句子语义上的真值;另一方面他们主张采用会话含义理论、言语行为理论等语用理论来解释知识归赋问题。④ 此外,方红庆、方环非、陈婧、盛晓明、沈怡婷和李银辉等认为当代知识论具有实践转向的趋势。⑤ 其中,方环非、沈怡婷支持实用侵入,且不认为它是对传统知识分析路径的背离。他们主张从实用的、可错

① 徐向东:《怀疑论、知识与辩护》,北京:北京大学出版社,2006 年。
② 尹维坤:《语境转换:归赋者语境主义之症结》,《自然辩证法研究》2013 年第 29 卷第 7 期,第 3—8 页。
③ 阳建国:《知识归赋的语境敏感性:三种主要的解释性理论》,《自然辩证法研究》2009 年第 25 卷第 1 期,第 11—16 页。
④ 周祥、刘龙根:《知识归赋与语境转变——为语用恒定论而辩》,《上海交通大学学报》(哲学社会科学版)2016 年第 24 卷第 5 期,第 33—41 页。
⑤ 方红庆:《当代知识论的价值转向:缘起、问题与前景》,《甘肃社会科学》2017 年第 2 期,第 13—17 页。方环非、沈怡婷:《知识归赋的实用侵入:异议及其辩护》,《浙江社会科学》2020 年第 10 期,第 101—107 页。陈婧:《知识归因的实践转向》,《自然辩证法研究》2017 年第 33 卷第 11 期,第 14—19 页。陈婧、盛晓明:《认知概率与实践理性》,《科学技术哲学研究》2018 年第 35 卷第 5 期,第 16—21 页。沈怡婷:《实用侵入:当代知识归赋问题中的实用转向》,硕士学位论文,金华:浙江师范大学,2019 年。李银辉:《实用侵入的方法论辩护——基于原则论证和案例论证》,硕士学位论文,金华:浙江师范大学,2020 年。

的、语境的角度来解决知识归赋问题。李银辉从原则论证和案例论证的方法论视角为实用侵入辩护。文学平反对实用侵入观,支持纯粹主义,认为实用侵入误读了证据的范围。① 从以上可以看出,国内学者对不变主义和实用侵入的研究日渐增多。

在大众知识归赋方面,国内实验知识论研究发现,"大众知识"概念与主流知识论定义有所不同。曹剑波在其专著《实验知识论研究》②一书中,全面地讨论了大众知识归赋的影响因素和理论争论,并指出大众的直觉判断对知识论主要论题的挑战,例如葛梯尔问题、彩票难题、蕴含论题、确证必要性和怀疑主义等。简言之,他的研究开启了面向大众知识论的研究视角。此外,还有一些有关大众知识归赋的论文。曹剑波在《普通大众的知识概念及知识归赋的实证研究》一文中,调查了中国人的知识观,发现普通大众重视知识的实用性和可传播性,轻视"真"的必要性,否认有道德知识和审美知识。③ 他在《确证非必要性论题的实证研究》一文中,指出大众更重视知识概念的实用性因素而不认为确证是知识构成的必要条件。④ 郑伟平在《知识与信念关系的哲学论证和实验研究》一文中,诉诸大众直觉的实验调查,发现信念不是知识的必要条件。⑤ 从以上可以看出,国内学界对知识归赋理论和大众知识归赋的研究初具雏形,但仍然存在一些不足。这主要表现在,知识归赋理论研究中以引介居多,未展开充分的争论,对大众知识归赋自身问题解释也较少。

三、本研究的内容和价值

鉴于此,本研究诉诸大众认知直觉的实证研究结果,分析大众知识概念

① 文学平:《知识概念的实用入侵》,《自然辩证法研究》2020 年第 36 卷第 2 期,第 16—22 页。
② 曹剑波:《实验知识论研究》,厦门:厦门大学出版社,2018 年。
③ 曹剑波:《普通大众的知识概念及知识归赋的实证研究》,《东南学术》2019 年第 6 期,第 164—173 页。
④ 曹剑波:《确证非必要性论题的实证研究》,《世界哲学》2019 年第 1 期,第 151—159 页。
⑤ 郑伟平:《知识与信念关系的哲学论证和实验研究》,《世界哲学》2014 年第 1 期,第 55—63 页。

与传统知识概念的异同,并指出大众对知识概念的理解和运用除了受真值相关因素影响,也受风险、实践利益、道德和可行性(actionability)等实用因素影响。

　　大众知识归赋具有区别于主流知识论的特征。从知识概念来看,其相同之处在于大众有葛梯尔型直觉(Gettier-Type Intuition)①,认为知识是非运气的;其区别之处在于,大众知识概念与传统知识三元要素必要性存在分歧。大众知识概念表现出在确证和信念的非必要性与似真性(approximation)的特点,既有认知上的知识表征,又有知识论理论上的反思平衡;既具描述性,又具规范性;既保留理智主义的传统底色,又受非理智因素影响。

　　大众知识归赋受实用因素影响,表现出实用性和可错性特征。大众知识归赋呈现出风险效应、认知副作用效应和基于命题 p 的可行性效应,具体表现在知识归赋受风险、实践利益、道德和实践理由等实用因素影响。这对于秉持纯粹主义的主流知识论提出了挑战。理智主义者主张认知者的信念能够被看作知识,只与证据、可靠性、安全性和敏感性等真值相关因素有关。这些知识归赋效应挑战了以理智主义为传统的知识论。根据理智主义观点,知识归赋语句真值只与真值相关因素有关,与实用因素无关。

　　认知语境主义和实用侵入从不同的理论视角讨论实用因素对知识归赋的影响。两者的一致性在于它们都涉及风险、实践利益等实用因素影响某人的信念能否成为知识,但又各有侧重点。认知语境主义者强调归赋者的实践语境影响知识标准。实用侵入者强调认知者的实践语境影响其认知立场强度是否满足知识标准。具体来说,认知语境主义者德娄斯主张风险因

---

① 葛梯尔型直觉主要源于美国哲学家埃德蒙德·葛梯尔(Edmund Gettier)在 1963 年发表的"Is Justified True Belief Knowledge"。在这篇论文中,葛梯尔提出了对"知识"传统定义的挑战,即知识通常被定义为"确证的真信念"(justified true belief,缩写 JTB,用于描述知识的基本构成;这个定义由古希腊哲学家柏拉图在《泰阿泰德》中首次提出,被后来的哲学家广泛讨论和发展。本书第二章有涉及);然而,葛梯尔通过一系列反例指出,仅仅满足确证、"真"、信念这三个条件并不足以构成知识。葛梯尔型直觉指的是那些与葛梯尔的反例相类似的直觉。这些直觉表明,尽管一个人的信念是真的,并且认知者有足够的理由相信这个信念是真的,但这个信念可能并不构成知识。

素影响知识标准的高低；柯亨主张风险因素影响证据是否充足；刘易斯主张实用因素影响需要排除的相关选择项。实用侵入者霍桑、斯坦利、范特尔和麦格拉思主张从知识和行动的关系考察实践考量在知识归赋中的作用。实用因素成为知识的构成性条件，以较强的方式侵入知识；它还可以通过影响信念、证据，间接地影响知识归赋，以温和的方式侵入知识。

但是两者又分别面临各种不变主义变体和理智主义的质疑。基于此，本研究采用目的论研究路径，从广义认知语境主义出发，试图缓和认知语境主义与主体敏感不变主义、利益相关不变主义的对立，缓和实用侵入与理智主义之间的张力。一方面，知识标准随语境的变化而变化，知识标准由归赋者、认知者、第三方，甚至归赋者、认知者所在群体的实践语境决定。实用因素的考量启动人们是否进行知识归赋的意愿，间接地影响知识归赋的结果，而且人们进行知识归赋时，不仅要考虑认知者的认知立场强度是否满足自己的实践语境，也要考虑其所在群体大部分人的实践语境，以避免随意地撤回原来的知识宣称。另一方面，知识归赋语句的真值由语义和语用含义共同决定，有利于人们获得稳定的知识归赋结果，也有助于达到知识归赋语句的断言和其真值之间的平衡。

总之，大众知识归赋受实用因素影响。在理智主义者看来，认知者的信念能否成为知识，只与真值相关因素有关，而与实用因素无关。然而，从知识归赋的目的和功能来看，大众知识归赋的实用敏感性有其合理性。大众对知识概念的理解和运用对当代知识论的理论建构不无裨益。虽然大众知识归赋存在诸多的问题，但是对它的讨论扩展了当代知识论的研究范围和方式，大众知识归赋也将逐步成为当代知识论研究一个重要的维度。

第一章
大众知识归赋的性质和特征

近年来,随着实验哲学的兴起,大众知识归赋进入知识论研究的视野,它与人们在日常社会生活中如何谈论知识、如何进行认知实践活动密切相关。尽管这一概念被广泛讨论,但是关于它的性质、特征和范围仍然没有清晰界定。格肯在《大众知识论:人们如何思考和谈论知识》①一书中把大众知识论界定为哲学和认知科学交叉领域的论题,他只是从方法论的角度,主张大众知识论是诉诸大众认知直觉的经验探究。例如他考察了大众知识归赋运作的认知心理学基础,认为影响大众知识归赋的各种效应,包括风险效应、凸显效应和对比效应等是认知聚焦偏差所致,然而他并没有回答大众知识概念是怎样的。图瑞在《知识论的非事实性转向:一些假设》一文中提出,大众知识概念与哲学家所宣称的相去甚远,尤其在知识与确证、信念、可靠性、可错性等之间的关系上有较大的差异。② 他的目的在于揭示知识论理论不完备之处,而不是为了说明大众认知实践是怎样的。与之类似,很多实验知识论研究调查大众知识归赋是否与当代知识论相悖,这些研究的目的也在于证实、维护或质疑传统知识论的合理性,较少回答大众知识论本身

---

① Mikkel Gerken, *On Folk Epistemology: How We Think and Talk about Knowledge*. Oxford, UK: Oxford University Press, 2017.

② John Turri, "The Non-Factive Turn in Epistemology: Some Hypotheses," in Veli Mitova (ed.), *The Factive Turn in Epistemology*. New York: Cambridge University Press, 2018, pp. 219-228.

的问题。鉴于此,本章首先讨论大众知识归赋的内涵,其次分析大众知识归赋的功能,最后指出大众知识归赋的特征和面临的挑战。

一、大众知识归赋的内涵

大众知识论最初以类比大众心理学的形式出现,预设了大众具有归赋他人心灵状态的能力,可以理解、预测他人的行动,也能够进行知识归赋或有关知识判断推理等认知活动。[①] 在史蒂夫·富勒(Steve Fuller)看来,大众知识论起初受人类学和实证科学的影响被认为具有贬义的内涵。但是在当代分析哲学领域中,这个概念重获价值。富勒认为斯蒂芬·斯蒂克(Stephen Stich)对此概念价值的发掘具有重要的意义,长久以来他一直从事大众知识论研究,凭借社会认知心理学的研究质疑知识论学说的普遍性。[②]

大众知识归赋关乎大众在进行认知判断时如何理解和运用知识概念。一般情况下,人们认为大众知识归赋指的是人们日常生活中,推理自己和他人心灵状态的认知特性。但是由于这一概念没有被广泛讨论,学者对此没有形成一致性的看法,不同的学者使用此概念指向大众不同的认知能力,因此他们对大众知识归赋是否遵循知识论要求有不同的看法。

芬恩·斯宾塞(Finn Spicer)给出两种意义上的大众知识论:一种是内在观,具体指归赋者对认知者的认知立场强度是否满足"知道"标准的判断;另一种是外在观,这是一种社会群体的知识和信念观。[③] 第一种情况以理查德·F. 基奇纳(Richard F. Kitchener)的观点为例,他认为人们是否把知识归赋给他人需要依据知识论原则,在《大众知识论的知识论》一文中他指出,大众知识归赋指的是人们如何把知识归赋给自身或他人或考察个体是

---

① Finn Spicer, "Knowledge and the Heuristics of Folk Epistemology," in Vincent F. Hendricks and Duncan Pritchard (ed.), *New Waves in Epistemology*. Basingstoke: Palgrave Macmillan, 2007, pp. 354-383.

② Steve Fuller, *The Knowledge Book: Key Concepts in Philosophy, Science and Culture*. London: Routledge, 2007, pp. 53-54.

③ Finn Spicer, "Cultural Variations in Folk Epistemic Intuitions," *Review of Philosophy and Psychology*, 2010, 1(4), pp. 521-522.

否具有知识确证的条件、是否满足知识标准和是否具有满足知识所需的证据等。①

第二种情况主要表现在两个方面。一方面是知识归赋的文化多样性。富勒把大众知识论看作社会知识论的分支,主要研究知识概念的文化多样性。比如乔纳森·温伯格(Jonathan Weinberg)、肖恩·尼科尔斯(Shaun Nichols)和斯蒂克在《规范性与认知直觉》一文中指出,知识归赋受到人口统计学变量影响。种族、文化、受教育程度和社会经济地位等因素影响人们是否归赋知识。② 这些实验结果表明不同的认知规范适用于不同的群体。但是温伯格等人认为,白色人种的认知规范与其他人种不同,富人的认知规范与穷人不同,这些差异往往会导致不合情理的相对主义后果。

另一方面,大众知识论被认为是为了适应环境的认知探究。斯宾塞在《知识与大众知识论的探究》一文中强调人们运用知识概念的认知表征与知识概念的本质无关。他指出大众知识归赋是一种凭借经验、认知直觉判断和常识推理相关知识原则的心灵表征。③ 在他看来,大众知识归赋本质上是一种认知探究过程。这一过程具有快捷、经济的特点,只需要根据部分可用信息就可以作出判断。格肯在此基础上,进一步指出人们的日常推理、决策和直觉判断都是由认知探究范导的,但认知探究又不可避免地存在偏差。他指出认知探究具有以下特征:它是前反思和认知上的权宜之计;虽然在通常情况下它是可靠的,但是它又存在偏差,且这种偏差是可以识别的。这些特征导致大众知识归赋出现系统性错误。④ 在他看来,大众作出

---

① Richard F. Kitchener, "The Epistemology of Folk Epistemology," *Analysis*, 2019,79(3),pp. 521-530.

② Jonathan Weinberg, Shaun Nichols, and Stephen Stich, "Normativity and Epistemic Intuitions," *Philosophical Topics*, 2001,29(1-2),pp. 429-460.

③ Finn Spicer, "Knowledge and the Heuristics of Folk Epistemology," in Vincent F. Hendricks and Duncan Pritchard (ed.), *New Waves in Epistemology*. Basingstoke:Palgrave Macmillan, 2007. Mikkel Gerken, *On Folk Epistemology: How We Think and Talk about Knowledge*. Oxford, UK:Oxford University Press, 2017.

④ Mikkel Gerken, *On Folk Epistemology: How We Think and Talk about Knowledge*. Oxford, UK:Oxford University Press, 2017,pp. 95-124.

的知识归赋是不精确的,甚至可能导致错误,比如人们在高风险情况下,为了避免付出代价采用简单便捷的认知探究策略,不去衡量该信念是否得到确证。

认知探究不具有利真性,如果大众知识归赋是一种认知探究,那么就不能保证知识归赋语句为真。比如会出现以下情况:人们认为某人知道某事,但是此人并不是真的知道;反之,人们认为某人不知道某事,但是此人真的知道。这种相互矛盾的情况既可能否定认知者拥有的知识,也可能否定人们作出认知判断的合理性。因为"真"是知识的必要条件,知识归赋强调的是对事实性命题态度的判断。比如马克·理查德(Mark Richard)认为,知识归赋是归赋者把事实性命题态度归赋给认知者。在他看来,命题态度的归赋指的是把心灵状态或言语行为归赋给他人,表达的是认知者与命题之间的一种关系。具体来说,知识归赋表示的是认知者对命题 p 的认知立场强度处于"知道"的认知关系之下。[1] 此外,他还认为,虽然知识归赋语句的真值是语义层面的,但是知识归赋语句的语义和语用关系密切,共同决定知识归赋语句的真值条件。由此可见,知识归赋都需要满足"真"之必要性条件。然而,在斯宾塞和格肯看来,大众知识归赋只是诉诸经验认知直觉的常识判断,因而无法保证"真"。这样人们可能质疑,如果大众知识归赋被界定为一种认知探究策略,是否意味着人类认知官能不具有可靠性,也不能够保证形成可靠的信念。

虽然在有的学者看来,大众认知直觉不能作为哲学研究的证据,但是其自身仍然值得研究。例如斯宾塞认为收集大众关于知识的直觉判断虽不能表明知识是什么,但是它可以表明大众的知识观,也可以作为大众是如何看待知识的证据来源。[2] 有的学者进一步指出哲学家和大众的认知直觉没有

---

[1] Mark Richard, "Propositional Attitude Ascription," in Michael Devitt and Richard Hanley (eds.), *The Blackwell Guide to the Philosophy of Language.* Oxford, UK: Blackwell Publishing, 2006, p. 186.

[2] Finn Spicer, "Cultural Variations in Folk Epistemic Intuitions," *Review of Philosophy and Psychology*, 2010,1(4),p. 519.

本质差别。例如,富勒认为按照分析哲学的传统来说,两者的认知直觉并无差别,他回溯到近代认知论,认为当时的哲学家也以这种策略讨论哲学问题。① 以乔治·爱德华·摩尔(George Edward Moore)和托马斯·里德(Thomas Reed)为例,摩尔以常识讨论怀疑主义问题。在他看来,常识就在人们的日常语言之中。人们有理由把哲学观点与日常生活中的信念等同起来,也有理由自信地断言他们确实知道一些事实,并认为事情可以得到确证。

托马斯·里德认为常识原则是人们在日常生活中视为理所当然的东西。人们选择知道或相信某些事情是本性使然。人们会一致地认同或接受某些原则。② 在他看来,这些原则虽然不是必然真理,但是它们在人们的日常生活和经验中不可或缺,哲学家需要认识到常识是人们一切活动的背景。③ 在日常生活中,人们会接受、信任常识判断,否则生活实践就无法进行。在托马斯·里德看来,人们在生活实践中受到各种条件制约,这些条件也成为认知实践的原则,从生活实践出发,这些条件对人们来说不可或缺。

常识的特点在于它预设人们确实知道某事,甚至知道他们所认为他们自己知道的事,这也是大众认知实践的基础和来源。陈亚军曾指出,常识包括各领域的基本知识、生活中的共同价值和敞开世界的命题三个类别。它们构成人们的信念之网,也是共同体成员规范地把握世界的唯一方式。④

然而,常识一直以来广受诟病,原因在于哲学反思和日常思维之间存在张力。刘易斯曾感叹,一旦人们进行知识论的反思,人们的日常知识就好像消失了。摩尔主张以常识实在论为日常知识辩护。在日常生活中,当他说"我知道这是一只手"时,这个知识归赋语句为真,因为一般人都不会否认

---

① Steve Fuller, *The Knowledge Book: Key Concepts in Philosophy, Science and Culture*. London: Routledge, 2007, pp. 55-56.

② [英]托马斯·里德:《论人的理智能力》,李涤非译,杭州:浙江大学出版社,2010年。

③ 徐向东:《怀疑论、知识与辩护》,北京:北京大学出版社,2006年,第229页。

④ 陈亚军:《站在常识的大地上——哲学与常识关系刍议》,《哲学分析》2020年第11卷第3期,第88—100页、第196页。

自己知道他的确有两只手。人们需要对知识宣称进行反思性的质疑和追问，不仅需要回答接受一个特定知识宣称的证据或理由，而且需要进一步追问这些证据或理由是否可靠。尽管人们通过哲学反思否定知识，然而一旦回到日常生活中来，人们还是要相信事物的存在，还是要进行推理。

虽然如果没有常识，人们就无法从事一切经验研究，无法对世界进行描述，无法对信念进行肯定和否定，但是不加审视地接受常识观点是一种教条主义的做法，因为人们确实发现一些日常见解经常是错误的，而且这些见解通常受一些根深蒂固的偏见影响。大众的认知实践立足于常识，不仅受认知因素影响，也受诸如风险、实践利益等实用因素影响。而受实用因素影响的知识归赋是否具有合理性，这是本研究需要着重讨论的问题。

总之，大众知识归赋被认为是一种认知活动。这一认知活动的特点在于它是基于经验和认知直觉的常识判断，而且会出现错误，但是这并不能否定人们进行认知判断的理智能力。从知识论原则来讲，知识归赋要求"真"；从语言层面来讲，知识归赋语句真值是语义和语用共同作用的结果。大众知识归赋是否需要满足"真"，是否能够保证"真"，学界对此也有诸多争议。对此，笔者将在第二章详细讨论。人们在作出认知判断时，不可避免地要使用与知识相关的概念。这些概念在会话语境下承载着丰富的信息，也在人们的社会生活和实践中占据核心地位。

二、大众知识归赋的功能

"知道"一词在人们的社会和思想生活中扮演着重要的角色。格肯认为"知道"是人们最早习得的关于心灵状态的动词之一，也是生活中最常用的词语，较早地进入了日常话语系统中，人们常常形成"S 知道 p"的判断，且依赖这些判断指导社会生活。[①] 它与生活实践紧密相关，可以标识出可

---

① Mikkel Gerken, *On Folk Epistemology: How We Think and Talk about Knowledge.* Oxford, UK: Oxford University Press, 2017, p. 1.

靠的信息报告人,也可以作为支持或否定人们行为的理由。它也与社会规范紧密相关,用于赞赏或责备人们的行为。随着大众时代的到来,如何辨别和传播真实可靠的信息,建立健康的信息化生活方式成为时代的题中应有之义。

(一) 克雷格等人：知识归赋的实践功能

克雷格认为知识概念的核心作用在于人类必须依靠他人获取信息。[①]在《知识的本质》一书中,他曾追问"知识"这一概念对人们的日常生活有什么作用,使用条件是什么。他的回答是：人们使用"知识"概念可以标识出可靠的信息报告人,为人们提供应该如何行动的信息源,最终满足人们的实践需求。对此,戴维·亨德森(David Henderson)和约翰·格雷科(John Greco)在目的论的意义上,认为人们在日常生活中的知识归赋是为认知目的和需求服务的。他们指出知识归赋在认知判断中有重要的作用,它不仅可以证明认知者持有可行性信息,也可标识出此类信息的特有来源。[②]

知识归赋的这一功能表明人们的认知判断与实用因素有关。在这一点上,克莱门斯·卡普尔(Klemens Kappel)强调知识归赋的实用解释是人们作出判断的意图和目的,而不是指概念本身所具有的内涵。[③] 在他看来,概念的实用解释虽然可以满足一定的意图和目的,这并不意味着认知者具有此意图和目的。麦格拉思并不认同卡普尔的观点,他认为人们是否把知识归赋给认知者带有明显的目的。他循着克雷格的步伐,首先指出知识归赋表现出人们对认知者的评价态度,主张知识归赋是评估、判断其行为是否恰当的基础。在日常生活中,人们常常通过判断某人知道某些事来谴责或维护他的行为。比如,"我"家水龙头一直在滴水,"我"的爱人使劲拧想关闭

---

① Edward Craig, *Knowledge and the State of Nature: An Essay in Conceptual Synthesis*. New York：Oxford University Press，1990，pp. 10-11.

② David Henderson and John Greco（eds.），*Epistemic Evaluation: Purposeful Epistemology*. Oxford，UK：Oxford University Press，2015，p. 6.

③ Klemens Kappel，"On Saying that Someone Knows：Themes from Craig," in Adrian Haddock，Alan Millar，and Duncan Pritchard（eds.），*Social Epistemology*. Oxford，UK：Oxford University Press，2010，pp. 69-88.

水龙头。"我"看到以后,说道:"你知道水龙头已经坏了,再拧也不管用,还是换个新的吧。"上述例子中,知识归赋可以作为支持或否定人们行为的理由。麦格拉思认为知识归赋评价行为的功能适用于在场的第一人称和第二人称,因为认知者不在场,就无法断定他关于命题 p 的认知状态。① 但是,认知者不在场并不能削弱知识归赋的评价功效,因为人们可以根据他当时持有的证据或理由来判断认知者在特定情境下的认知状态。另外,人们在社会实践中也经常追责彼此曾经的行为,比如,你知道"我"生病住院了,但是没有过来看"我";"我"知道孩子放学的时间到了,但是没有去接他。

在克雷格的基础上,麦格拉思进一步给出知识归赋是如何为某人或社会共同体标识出可靠的信息报告人。在他看来,有很多方法可以标识出信息报告人,例如,某人是否持有更多有关某事的证据,是否更有教育素养,可以对某事作出正确判断,等等。除此之外,他以日常语言中"接受"一词为例指出,人们可以根据某人是否有理由判断是命题 p 或有很大可能是命题 p 而不是非命题 p,决定是否接受命题 p。"我"根据天气预报员说的近日气温骤降,接受近日气温骤降。"我"同学说他回老家了,"我"接受他回老家了这件事。"我"不接受财经评论员说房地产板块会大涨。② 也就是说,一个信息报告人是否知道命题 p,取决于人们是否认为他对命题 p 有足够的理由。

同样在克雷格的基础上,克里斯托夫·凯尔普(Christoph Kelp)和卡普尔也进一步拓展了知识归赋的实践功用。③ 在他们看来,如果人们对某个

---

① Matthew McGrath, "Two Purposes of Knowledge-Attribution and the Contextualism Debate," in David Henderson and John Greco (eds.), *Epistemic Evaluation: Purposeful Epistemology.* Oxford, UK: Oxford University Press, 2015, pp. 138-139.

② Matthew McGrath, "Two Purposes of Knowledge-Attribution and the Contextualism Debate," in David Henderson and John Greco (eds.), *Epistemic Evaluation: Purposeful Epistemology.* Oxford, UK: Oxford University Press, 2015, pp. 144-145.

③ Klemens Kappel, "On Saying that Someone Knows: Themes from Craig," in Adrian Haddock, Alan Millar, and Duncan Pritchard (eds.), *Social Epistemology.* Oxford, UK: Oxford University Press, 2010, pp. 75-79.

命题有真信念,此命题可以作为重要的实践理由,且实践理由是人们认知探究的目的。他们指出,人们总是有尚未被排除的错误可能性,也总有理由继续询问,而且认知探究花费的时间和利用的信息资源,没有自然的停顿点,对此知识归赋可以作为终止询问的功能。此外,卡普尔认为,如果知识归赋可以满足实践所需,那么实用因素就会影响知识归赋语句真值或认知者关于命题 p 的认知立场强度。不过他是从目的论的角度看待实用因素如何影响知识归赋的,即如果人们因为实践理由在意某命题是否为真,那么他们就比其他人更在意某命题的真值。这时人们对自己关心的命题就有更高的确证要求。相反,人们对自己认为不重要的命题,就很容易终止询问,作出知识归赋。①

由此可以看出,以目的论的路径看知识归赋的功能有助于解释人们为何在意他人的认知状态、认知能力和认知实践,也有助于告诉人们认识各种现象和事物的认知实践对人类社会生活的价值。然而,克雷格对知识功能的解释路径被认为是一种纯粹的假设。詹姆斯·R. 毕比(James R. Beebe)等人认为假设的谱系法并不能告诉人们"知识"概念如何在人类进化过程中出现,如何在社会历史中演变。② 在此基础上,他进一步提出知识归赋在社会交往中的作用。

(二)毕比:知识归赋的社会功能

知识归赋可用于赞赏或责备人们的行为,也可以表达是否信任或接受他人的观点。认知判断也因此与社会规范联系紧密。正如彼得·J. 格雷厄姆(Peter J. Graham)在《认知规范性和社会规范》一文中写道:

评价人们所说、所做和所思考的认知意义就是,它们可以创造和维

---

① Christoph Kelp, "What's the Point of 'Knowledge' Anyway," *Episteme*, 2011, 8(1), pp. 53-66.

② James R. Beebe, "Social Functions of Knowledge Attributions," in Jessica Brown and Mikkel Gerken (eds.), *Knowledge Ascriptions*. Oxford, UK: Oxford University Press, 2012, p. 11. Axel Gelfert, "Steps to an Ecology of Knowledge: Continuity and Change in the Genealogy of Knowledge," *Episteme*, 2011, 8(1), pp. 67-82. Martin Kusch, "Knowledge and Certainties in the Epistemic State of Nature," *Episteme*, 2011, 8(1), pp. 6-23.

持社会规范,规定行为规范,范导人们如何获取和分享良好的信息。从知识论意义上评价人们所说、所做和所思考的,不仅是为了自己的利益,也是为了别人的利益。①

人们需要参与社会交往,分享交流可靠的信息,人们肯定或赞赏提供可靠信息的人,责备甚至惩罚提供虚假信息的人。那么社会规范和知识归赋之间如何相互影响？毕比认为,认知者是否拥有知识,是他人评价其行为时不可忽视的重要因素。

（1）证据相同的情况下,如果 S 的行为结果造成不利影响,如果 S 知道此行为会造成不利影响,而非不知道,那么人们对 S 的行为予以更严厉谴责。

（2）证据相同的情况下,如果 S 的行为结果违背社会规范,如果 S 知道此行为会违背社会规范,而非不知道,那么人们对 S 的行为予以更严厉谴责。

（3）证据相同的情况下,如果 S 断言 p,如果 S 知道此断言为假,而非不知道,那么人们对 S 的言语行为予以更严厉谴责。②

由以上三条规则可以看出,"知识"概念的运用有助于人们区分何人在何种情况下应受何种程度的责备或惩罚。

此外,毕比认为人们对认知者行为后果的评价影响他们是否归赋知识给认知者。当某人故意破坏或违背社会规范,人们通常会归赋知识给他,表明对他明知故犯的行为进行谴责。他以认知副作用效应为例③,在证据一

---

① Peter J. Graham, "Epistemic Normativity and Social Norms," in David Henderson and John Greco (eds.), *Epistemic Evaluation: Purposeful Epistemology*. Oxford, UK: Oxford University Press, 2015, p. 9.

② James R. Beebe, "Social Function of Knowledge Attributions," in Jessica Brown and Mikkel Gerken (eds.), *Knowledge Ascriptions*. Oxford, UK: Oxford University Press, 2012, p. 11.

③ 详情参见本书第三章第二部分。

致的情况下,如果董事长的决策导致环境破坏,人们就认为他知道新方案会破坏环境;如果董事长的决策让环境改善,人们则认为他不知道新方案会改善环境。行为副效果(side effect of an action)①的好坏影响人们判断董事长是否知道命题 p。这意味着,比起认知者的行为遵守社会规范,人们更倾向于认为违背社会规范的认知者知道他们的行为不当。由此可见,日常生活中,人们对他人行为后果的评价表达了应该做什么、不应该做什么的社会规范。如果某人的行为造成了恶劣的后果,那么人们就认为他违背了社会规范,因此更倾向于认为他知道命题 p,明知故犯,罪加一等。

综上所述,知识归赋在人们的社会生活和实践中发挥重要的作用。一方面,知识归赋的认知判断功能有利于人类社会生活中互动交往的顺利进行。它可用于标识出可靠的信息源,保证信息的有效传递。如果人们确定某人知道命题 p,那么人们就有可能会获取、分享、传递信息或终止询问。它也可用于评价认知者的行为,指导人们进行实践推理。它可以表达合作或不合作、责备或赞同的态度,或者评估认知者是否履行认知责任,或者评估认知者是否收集和传递信息,等等。另一方面,知识归赋的认知判断功能有利于社会和谐公正。如果人们否定某人知道命题 p,那么人们就不可能轻易地受到欺骗;如果人们能够正确地判断某人是否知道命题 p,那么人们就可以对此人有一个公正的评判,也可以明辨是非、不信谣、不传谣。人们在日常生活中有认知需要并负有认知责任。这也要求人们对自己所关注的事物具有真信念,尽责地获得相关领域中的信息,以满足认知的目的和要求。

三、大众知识归赋的特征和面临的挑战

近年来,实验知识论研究结果发现大众知识论具有区别于知识论的特

---

① 　行为副效果指行为主体成功实施某种行为所带来的后果。费耶里·库什曼(Fiery Cushman)和阿尔弗雷德·米尔(Alfred Mele)在《意向性行动:两个半大众概念》中,将其定义为:X 是行为副效果,当且仅当在 t 时,S 成功地实施了行为 A,行为 A 达到结果 E,E 导致 X,并且在 t 时,X 不是 S 行为的目的,也不是达到目的的手段。

征。然而大部分实验调查的目的是说明知识论的理论问题。其做法是：如果大众的日常知识支持、维护了知识论理论，那么人们通常认为此理论得到了辩护；如果大众的日常知识与知识论原则相冲突，那么人们通常认为此理论受到质疑和挑战，应该进一步完善。与以上研究目的不同，图瑞指出大众知识归赋在知识概念构成、知识确证、怀疑主义等主要知识论论题上与主流知识论的规定相去甚远。这意味着，一方面人们看待知识论的方式可能有变化，例如有的实验结果质疑哲学家扶手椅上的论断，造成知识论学者和普通大众在知识理论上的分野；另一方面是方法论上的变化，如果知识论学者的目标是理解日常生活中人们在意的概念和范畴，那么当代知识论应该对大众的认知实践有所观照。① 基于此，后文尝试勾勒出大众知识归赋的特征和面临的挑战。

大众知识归赋的特征概括地说，主要表现在三个方面：认知表征和知识论反思的统一，描述性和规范性的统一，纯粹主义和非纯粹主义的统一。

（一）认知表征和知识论反思的统一

大众知识归赋具有知识表征和认知判断双重意义。"知识"一词源自拉丁文"episteme"，其含义是知道或知道的方式。它的形容词形式是"epistemic"，含义是有关知识的。② 基奇纳指出，大众知识论研究的首先是知识的认知（epistemic cognition），也就是关于"知道"的认知，而不是关于"知道"的知识。因为认知指意识到某事，是一种表征状态，例如某人持有某种信念，表明主体表征某事，但并不意味着此命题表征为真。在基奇纳看来，某人是否"知道"需要考虑真、确证、证据等真值相关因素，所以个人的认知不等同于个人的知识，认知的状态比知道的状态要弱得多。③

---

① John Turri, "How to do better: Toward Normalizing Experimentation in Epistemology," in Jennifer Nado (ed.), *Advances in Experimental Philosophy and Philosophical Methodology*. New York: Bloomsbury Publishing, 2016.

② Robert M. Martin, *Epistemology: A Beginner's Guide*. London: Oneworld Publications, 2010, p. X.

③ Richard F. Kitchener, "The Epistemology of Folk Epistemology," *Analysis*, 2019, 79（3）, pp. 521-530.

"epistemology"的含义是知识论,其形容词形式的含义是与知识论理论有关的。① 有的学者认为,大众知识论是大众知识(知道)理论,而不是大众知识论理论。从常识来看,人们知道很多日常他们认为自己知道的事情。例如,人们知道自己都会思考和感受,小明知道自己昨天还活着,大家知道"我"家有一只狗和一只猫,人们知道他们周遭的环境,等等,但是人们的认知直觉并不总是蕴含"知道"。知道理论(epistemic theory)和认知直觉的关系表现在:归赋者根据知识确证和规范评估认知者的认知表征,根据大众认知直觉区分认知者持"知道"还是"相信"的命题态度。② 实验哲学家通过研究人们的知识表征来判断认知者的认知状态。例如,调查问卷的问题设计常常要求归赋者直觉判断认知者在某案例中是知道还是仅相信某事。

虽然"知道"理论有赖于认知直觉,但是人们需要知道什么原因使得他人说知道或相信某事。基奇纳认为大众知识论关乎大众的日常认知实践。人们可以观察、描述他人的认知行为,作出描述性判断,也可以根据认知者是否满足知识论原则或一些社会规范来对他人的认知行为作出规范性判断。③ 此外,实验哲学对大众认知直觉的实证研究,不仅揭示了大众认知直觉表征,也试图探究归赋者对认知者知识宣称所持的态度是肯定还是否定,更是为了探究大众知识归赋普遍特征背后的一般原理。日常生活中大众的知识表征常常有与知识论理论要求看似不一致的情况,比如日常会话中人们会经常断言"我知道 p",一旦有人质疑"你怎么知道""你不知道 p",他就会撤回原来的知识宣称。要回答这一问题就涉及知识标准、确证和可错性等,需要在知识论意义上对知识宣称进行反思、平衡和判断。

评估这些知识宣称并不容易。当反思这些知识宣称时,人们需要回答知识是什么。人们在判断某人的信念是否得到确证时,有赖于证据、信念形

①　Robert M. Martin, *Epistemology: A Beginner's Guide*. London: Oneworld Publications, 2010, p. X.

②　Benoit Hardy-Vallée and Benoît Dubreuil, "Folk Epistemology as Normative Social Cognition," *Review of Philosophy and Psychology*, 2010, 1(4), pp. 483-498.

③　Richard F. Kitchener, "The Epistemology of Folk Epistemology," *Analysis*, 2019, 79(3), pp. 521-530.

成机制可靠性等认知概念,也需要知识标准、确证条件、怀疑主义和可错论等作为认知判断的前提。比如,当人们评价某些知识宣称时,认知层面的要求就提高到知识论层面,这要求排除错误可能性。正如蒂莫西·威廉姆森(Timothy Williamson)指出,在判断认知者是否知道某事时,归赋者需要考虑很多事情,比如认知者是否相信此命题,信念形成的过程是否可靠,证据是否满足"知道",等等。①

综上所述,大众知识归赋包含两个方面的内涵,一方面是认知实践的知识表征;另一方面是知识论意义上的认知判断。前者涉及认知机制的直觉判断;后者涉及知识论原则的反思。

(二) 描述性和规范性的统一

大众知识论在知识表征和知识论反思两个方面的研究旨趣,正是基于两者在知识归赋中所表现出来的知识阶位差异和联系。换句话说,大众知识归赋不仅关乎大众在认知上的知识表征,也关乎大众在认知判断上的反思、平衡。因此可以说,大众知识归赋兼具描述性和规范性。正如徐向东所言,知识论学者不只是想描述"知识是什么"的问题,他们也想告诉人们应该如何处理对真的探求,人们可以合法地接受什么,人们的信念是否得到确证。②

第一,大众认知直觉的表征具有描述性。许多学者认为大众的认知直觉是元认知和表征的过程。例如,托马斯·纳德尔霍弗(Thomas Nadelhoffer)和埃迪·纳赫米亚斯(Eddy Nahmias)把诉诸认知直觉研究的实验哲学称为"实验描述派"。③ 在他们看来,实验哲学不仅要调查大众直觉是什么,也要尽力找出这些认知直觉是如何产生的,比如影响认知直觉判断的心理和认知机制。再如,内格尔认为大众知识归赋的实用因素效应和凸显效应是自我中心偏

---

① Timothy Williamson, "Contextualism, Subject-Sensitive Invariantism, and Knowledge of Knowledge," *The Philosophical Quarterly*, 2005, 55(219), pp. 213-235.

② 徐向东:《怀疑论、知识与辩护》,北京:北京大学出版社,2006年,第5页。

③ Thomas Nadelhoffer and Eddy Nahmias, "The Past and Future of Experimental Philosophy," *Philosophical Explorations*, 2007, 10(2), p. 127.

差。她还从心理学角度研究焦虑、压力等心理因素对认知直觉判断的影响。格肯认为大众知识归赋存在认知聚焦偏差。克里斯托夫·海因茨（Christophe Heintz）和达里奥·塔拉博雷利（Dario Taraborelli）认为大众知识论是描述性的研究，其研究内容不仅涉及人们对知识、信念、真和理由等认知相关概念的直觉判断，也包含人们持有这些概念的心理和认知过程。不过纳德尔霍弗和纳赫米亚斯认为，实验哲学关注的并不是这些心理和认知机制本身，而是把它们作为概念分析的基础和讨论哲学问题的证据。[①] 因此，诉诸大众认知直觉的知识归赋涉及大众对"知道"这一心灵状态的认知表征。

第二，从知识论意义来说，大众知识归赋是规范性的。其一，人们需要根据不同的理论立场来作出知识论意义上的认知判断，比如判断认知者对相关命题的认知立场强度是否满足"知道"的要求，证据是否充分，信念是否得到确证，等等；其二，黄敏认为知识归赋是一种认知实践活动，且实践的本质具有规范性。如果人们需要断言某事，会考虑是否应该断言，在什么条件下断言，认知者是否担任理性主体角色，是否遵从相关确证原则，等等。[②] 也就是说，大众知识归赋既体现为大众认知活动的表征和进行的过程，也体现为认知判断的规范性特征。

简言之，大众知识归赋研究不仅涉及认知直觉的认知表征，也涉及大众对自己和他人认知状态的评价。在认知意义上，大众对知识的认知表征具有描述性。在认知判断意义上，大众知识归赋具有规范性。判断某人是否

---

① Jennifer Nagel, "Knowledge Ascriptions and the Psychological Consequences of Changing Stakes," *Australasian Journal of Philosophy*, 2008, 86（2）, pp. 279-294. Jennifer Nagel, "Knowledge Ascriptions and the Psychological Consequences of Thinking about Error," *The Philosophical Quarterly*, 2010, 60（239）, pp. 286-306. Jennifer Nagel and Jessica Wright, "The Psychology of Epistemic Judgment," in Sarah K. Robins, John Symons, and Paco Calvo（eds.）, *Routledge Companion to Philosophy of Psychology*（2nd edition）. London: Routledge, 2019. Mikkel Gerken, *On Folk Epistemology: How We Think and Talk about Knowledge*. Oxford, UK: Oxford University Press, 2017. Christophe Heintz and Dario Taraborelli, "Editorial: Folk Epistemology. The Cognitive Bases of Epistemic Evaluation," *Review of Philosophy and Psychology*, 2010, 1（4）, pp. 477-482.

② 黄敏：《知识之锚——从语境原则到语境主义知识论》，上海：华东师范大学出版社，2014 年，第400—403 页。

知道命题 p 要看他是否满足确证的要求,是否遵循知识归赋理论的原则。因此,大众知识归赋兼具描述性和规范性的特征。

(三) 纯粹主义和非纯粹主义的统一

自柏拉图以来,知识论的发展一直表现为纯粹主义的特征。根据纯粹主义观点,对于同一个命题 p,如果认知者 A 和认知者 B 处于同样的认知状态,那么两者对知识归赋语句的真值判断也相同。根据这一立场,知识归赋语句的真值只与利真性因素有关,包括证据、敏感性、信念形成机制可靠性和证据等。近些年来,实用因素是否影响某人知道命题 p 成为学界争论的热点问题。实用侵入观认为除了认知因素,某人是否知道或确证地相信命题 p 部分地依赖他所处情境的风险和实践利益。实用侵入观成为以纯粹主义为传统的知识论的主要挑战。

学者为实用侵入知识立场辩护,一方面,内斯特·安杰尔·皮尼洛斯(Nestor Ángel Pinillos)、肖恩·辛普森(Shawn Simpson)等人,通过一系列实验调查支持风险因素影响人们知识归赋的结果;①而毕比、巴克沃尔特等人实验研究发现,道德、审美、实践利益等影响人们知识归赋的结果。② 另一方面,持实用侵入观的人认为实用因素部分地决定着某人是否知道命题 p。他们以是否可以依据命题 p 来行动的原则,讨论大众知识归赋受实践推理影响的合理性。例如,范特尔、麦格拉思、霍桑和斯坦利讨论了主体是否知道一个命题依赖他们所处的实践情境,主张实践推理是知识的必要条件。霍桑和斯坦利的知识-行动原则主张,S 知道命题 p,仅当命题 p 足以保证是你行动的理由。范特尔和麦格拉思的知识-确证原则主张,S 知道命题 p,仅当命题 p 足以保证为你的行为辩护。毕比、巴克沃尔特等人讨论大众知识

---

① Nestor Ángel Pinillos and Shawn Simpson, "Experimental Evidence in Support of Anti-Intellectualism about Knowledge," in James R. Beebe (ed.), *Advances in Experimental Epistemology*. New York: Bloomsbury Publishing, 2014, pp. 18-23.

② James R. Beebe and Wesley Buckwalter, "The Epistemic Side-Effect Effect," *Mind and Language*, 2010, 25(4), pp. 474-498.

归赋受人们对行为副效果的评价的影响。① 简言之,大众知识归赋呈现出受风险、实践利益、道德、审美、基于命题 p 的可行性等实用因素影响,而且这些因素部分地决定了某人是否知道命题 p。

由此可见,大众知识归赋具有双路径并行的特征。它既有认知上的知识表征,又有知识论理论上的反思、平衡;既具描述性,又具规范性;既保留理智主义传统底色,又受非认知因素影响。

鉴于大众知识归赋双路径并行的特征,人们在进行认知判断时,如何协调双方权重成为大众知识归赋面临的主要挑战。首先,大众认知直觉的可靠性受到质疑,格肯认为大众知识归赋存在认知聚焦偏差,会导致认知直觉判断的系统性错误。这要求人们在知识论的意义上,进行合理的认知判断,以便规范人们如何以合适的方式理解并进行认知实践,防止认知表征的误导而走入认知迷途。其次,从纯粹主义到非纯粹主义的转变是对知识论理智主义传统的挑战。根据理智主义的要求,知识归赋语句的真值只与认知因素有关,与实用因素无关。实用侵入观挑战了这一传统主张,实用因素局部地决定了知识归赋语句的真值。实用因素如何影响、在何种程度上影响知识是目前争论不休的事情,并且实用因素名目繁多,比如风险、利益、道德和审美等。知识论不应陷入琐碎的陷阱。此外,如果实用因素成为知识的必要条件,那么知识归赋就会因之而变动不居,失去确定性的根基。

总之,笔者审视了大众知识归赋的内涵、功能、特征和面临的挑战。作为一种认知探究,它表现出双重特性。这些双重特性凸显了大众知识论有别于主流知识论的特点。尽管有时大众知识归赋原则与知识论要求相悖,但两者之间仍然有着密切的联系:一方面,大众对知识概念的理解和运用对主流知识论理论建设不无裨益;另一方面,大众的知识归赋应该遵循认知

---

① John Hawthorne and Jason Stanley, "Knowledge and Action," *The Journal of Philosophy*, 2008, 105 (10), pp. 571-590. Jeremy Fantl and Matthew McGrath, "Arguing for Shifty Epistemology," in Jessica Brown and Mikkel Gerken (eds.), *Knowledge Ascriptions*. Oxford, UK: Oxford University Press, 2012, pp. 55-74.

规范,以过认知至善的生活。正如格肯发出的康德式的口号:"当代知识论无大众知识论则空,大众知识论无当代知识论则偏。"①大众知识归赋研究将成为当代知识论研究一个重要的维度。接下来笔者将根据实验知识论研究的结果,分析大众知识概念与传统三元定义的异同。

---

① Mikkel Gerken, *On Folk Epistemology: How We Think and Talk about Knowledge*. Oxford, UK: Oxford University Press, 2017, p. 294.

第二章
基于实验调查的知识概念之争

　　终其一生，人们都在认识自己及自己所生存的世界。什么是知识？早在两千多年前，柏拉图在《泰阿泰德》中就提出了知识的三元定义。知识是确证的真信念，即确证、"真"、信念是命题知识成立的必要条件。① 三元条件是否构成知识的充分条件呢？葛梯尔在 1963 年指出，即使认知者满足三元条件，他仍然可能不具有知识。由于葛梯尔问题的提出，知识概念分析成为知识论学者争论的热点问题。本章首先基于实验知识论的调查结果讨论大众是否有葛梯尔型直觉，然后讨论大众认知直觉对 JTB 三元条件必要性的质疑。

一、JTB 的非充分性之争

　　在传统知识论看来，当且仅当，命题 p 是真的，S 相信命题 p，S 的信念 p 是得到确证的，以上三个条件都得到满足，人们才能说"某人知道 p"。这一命题知识的传统定义，一直具有经典性的影响。葛梯尔在《确证的真信念是不是知识》一文中提出的两个反例对传统知识的三元定义构成严重的挑战。② 不论是在葛梯尔的原版案例中，还是在各种葛梯尔型案例中，比如谷

---

① ［古希腊］柏拉图：《泰阿泰德》，詹文杰译注，北京：商务印书馆，2015 年，第 126 页。
② Edmund Gettier, "Is Justified True Belief Knowledge," *Analysis*, 1963, 23(6), pp. 121-123.

仓案例、钟表案例,认知者都有确证的真信念,但是人们不认为他们知道命题 p。葛梯尔型案例反知识三元要素充分性的形式表示如下:

(1)如果 JTB 原则为真,那么葛梯尔型案例中的主体知道命题 p。

(2)葛梯尔型案例中主体不知道命题 p。

所以,JTB 原则不为真。

在结论中,确证、"真"、信念不是知识的充分条件,也就是说,即使某命题满足了这三元要素,也称不上是知识。葛梯尔型直觉是否具有普遍性是实验知识论研究的焦点问题之一。近年来,学者在大众是否有葛梯尔型直觉上存在争议。比如克里斯蒂娜·斯塔曼斯(Christina Starmans)和奥里·弗里德曼(Ori Friedman)、温伯格等人的实验结果不支持大众具有葛梯尔型直觉,而内格尔和图瑞等人的实验结果支持大众具有葛梯尔型直觉。针对以上分歧,爱德华·麦西瑞(Edouard Machery)等人进行了两次全球范围内的实验调查,发现没有人口统计学变量效应,人们普遍有葛梯尔型直觉。不同文化语境下的人们有葛梯尔型直觉的原因在于人类认知能力的有限性和生活实践对可靠信息的要求,这也是葛梯尔型直觉被认为是大众知识论核心概念的原因。

(一)大众是否有葛梯尔型直觉的实验之争

实验知识论对大众是否有葛梯尔型直觉这一问题一直存在争议。有的实验研究表明,大众没有葛梯尔型直觉;有的实验研究表明,葛梯尔型直觉有显著的人口统计学变量效应;也有实验研究结果表明,大众有葛梯尔型直觉。

1. 大众没有葛梯尔型直觉

自提出葛梯尔反例以来,当代知识论研究者普遍认为满足知识三元要素也不能成为知识。斯塔曼斯和弗里德曼的实验研究发现,大众知识概念与传统知识概念大体上一致。在确证的真信念条件下,人们会认为主体拥有知识。[1] 而这一实验结果与知识三元要素的非充分性相反。为了研究大

---

[1] Christina Starmans and Ori Friedman, "The Folk Conception of Knowledge," *Cognition*, 2012, 124 (3), pp. 272-283.

众在何种条件下会归赋知识于他人,他们首先设计了葛梯尔型的小偷案例,具体案例如下:

> 小偷案例:彼得在公寓房里看书,房门上锁。他想去洗澡,就将书放在茶几上。接下来,他取下手表,也放在茶几上,走进浴室。当他刚开始洗澡,有一个小偷悄悄地溜了进来,偷了他的黑色塑料手表,又放了一块一模一样的手表[一美元],然后离开了。彼得还在洗澡,他浑然不知。
>
> 问题:彼得"真的知道",还是"只是相信"茶几上有一块手表/一本书?①

此案例一共有三个不同的归赋条件:第一,被小偷替换的黑色塑料手表是葛梯尔化的条件。在这个条件下,彼得被葛梯尔化了,因为他洗澡前把手表放在了茶几上,现在茶几上也的确有一块手表,所以他有茶几上有一块手表的确证的真信念。然而,他不知道他的手表被小偷调包了,茶几上的手表虽然长得一模一样,但已不是他原来的手表。第二,方括号内的一美元代替了茶几上放着的手表是假信念条件。在这个条件下,彼得相信茶几上有一块手表的信念得到确证,但是该信念不为真,因为小偷拿走了手表,在茶几上放了一美元。第三,茶几上的书是控制条件。在这个条件下,彼得相信茶几上有一本书的信念是得到确证的,因为茶几上的确有一本书,而且这本书就是他洗澡前放的那本书。

实验结果为,在葛梯尔条件下和控制条件下,人们更倾向于归赋知识;在假信念条件下,人们更倾向于否定知识。具体来说,虽然在葛梯尔条件下知识归赋的平均值和百分比都低于控制条件下,但是两者之间没有统计学

---

① Christina Starmans and Ori Friedman, "The Folk Conception of Knowledge," *Cognition*, 2012, 124 (3), pp. 274-275.

意义上的显著性差异。假信念条件下的知识归赋平均值和百分比都低于葛梯尔条件下,且两者之间有统计学意义上的极其显著性差异。①

实验结果表明,受试者倾向于认为有确证的真信念和葛梯尔化的认知者知道命题 p,持有假信念的认知者不知道命题 p。这几个结论与传统知识概念相一致。"葛梯尔化的认知者知道 p",这一点与当代知识论学者的看法相反。

为了进一步检验确证度的高低是否影响葛梯尔条件下的知识归赋,他们设计了收银机案例,具体案例如下:

> 收银机案例:简打理着一家小书屋。某天上午,来了几个客人,她将面值 20 美元的钞票放入收银机内,并锁了起来(收银机未关闭电源),而后到后面的房间泡咖啡。这时,雇员比尔来了,他打开(看了一眼)收银机,发现那张美元有破损,于是换了张新的美元放了进去,然后去做事了。简在后面的房间待了几分钟(在后面的房间待了半小时),没有听见任何动静。②

此案例一共有两种不同的归赋条件:第一,简相信她把 20 美元钞票放到收银机里的短时间内的高确证条件;第二,简相信她把 20 美元钞票放到收银机里的长时间内的低确证条件。实验结果为,低确证条件下的知识归赋少于高确证条件下的知识归赋,两者之间有统计学意义上的显著性差异。③ 这个实验结果表明,如果某信念的确证度低,人们认为葛梯尔化的认

①　在三种条件下的平均值、标准差和知识归赋百分比分别为:葛梯尔条件下 $M = 4.53, SD = 7.78$,知识归赋百分比为 72%;控制条件下 $M = 7.27, SD = 5.94$,知识归赋百分比为 88%,费舍尔精确检验 $p = 0.07$;假信念条件下 $M = -7.13, SD = 5.97$,知识归赋百分比为 11%,费舍尔精确检验 $p < 0.001$。
②　Christina Starmans and Ori Friedman, "The Folk Conception of Knowledge," *Cognition*, 2012, 124 (3), p. 277.
③　两种条件下的平均值、标准差和百分比如下:高确证条件下 $M = 4.00, SD = 7.62$,知识归赋百分比为 70%;低确证条件下 $M = -3.29, SD = 7.54$,知识归赋百分比为 25%;两者之间的差异:费舍尔精确检验 $p = 0.002$。

知者不知道命题 p；相反，如果某信念的确证度高，人们认为葛梯尔化的认知者知道命题 p。即使在认知者被葛梯尔化的条件下，人们不仅认为确证的真信念为知识，而且确证度的高低依旧影响大众是否归赋知识。

接下来，为了进一步检验证据的质量是否会影响葛梯尔条件下的知识归赋，他们设计了两组对比案例，具体案例如下：

酸奶案例 1：（真实证据）朱莉在便利店买了一瓶酸奶。她没有意识到这瓶酸奶特别甜，因为厂家在生产时不小心在这瓶酸奶中添加了三倍剂量的甜味剂。回到家，她把酸奶放进冰箱后，去了卧室。萨姆是她的邻居，一直在暗中监视她。他看到朱莉进卧室后，撬开门锁进了她的家。他把朱莉冰箱里的酸奶换成从自家冰箱里拿来的酸奶，然后离开了。短短几分钟时间，朱莉一直待在卧室，没有听见任何动静。

问题：朱莉"真的知道"还是"只是相信"她冰箱里有一瓶酸奶？

酸奶案例 2：（表面证据）朱莉在便利店买了一瓶酸奶。她没有意识到这个瓶子里装的不是酸奶而是奶油，因为厂家在生产时不小心把奶油加到了这个瓶子里。回到家，她把酸奶放进冰箱后，去了卧室。萨姆是她的邻居，一直在暗中监视她。他看到朱莉进卧室后，撬开门锁进了她的家。他把朱莉冰箱里的酸奶换成从自家冰箱里拿来的酸奶，然后离开了。短短几分钟时间，朱莉一直待在卧室，没有听见任何动静。

问题：朱莉"真的知道"还是"只是相信"她冰箱里有一瓶酸奶？[①]

此案例一共有两种不同的归赋条件：与事实相符的真实证据和与事实碰巧相符的表面证据。实验结果为，证据的质量条件的主效应极其显著，真

---

① 为了避免实验受顺序效应影响，斯塔曼斯和弗里德曼给出两组成对案例，文中只选取一组案例为例。Christina Starmans and Ori Friedman, "The Folk Conception of Knowledge," *Cognition*, 2012, 124(3), p. 282.

实证据条件下的知识归赋高于表面证据条件下的知识归赋。[1] 这个实验结果表明在葛梯尔条件下,如果认知者依据真实的证据形成信念,人们就更愿意认为他知道命题 p;相反,如果依据表面信念,人们则更倾向于认为他只是相信命题 p。

与斯塔曼斯和弗里德曼的观点相似,德里克·鲍威尔(Derek Powell)等人采用语义整合法调查发现大众没有葛梯尔型直觉。[2] 他们设计了三个葛梯尔型案例,分别为错误的信念案例、葛梯尔型案例和确证的真信念案例。[3] 实验结果为,人们在葛梯尔条件下和确证的真信念条件下,回忆的结果没有差异。与错误的信念条件相比,在这两个条件下人们更容易回忆起"知道"。这个实验结果表明,大众不具有葛梯尔型直觉,其知识概念与知识论学者的概念有差异。

以上实验结果表明,大众知识概念基本上与传统知识概念相一致,而与当代知识论学者的概念有所不同。知识概念要满足确证、真信念、真证据等真值相关因素,这一点与传统知识概念相一致。但是在葛梯尔条件下,认知者依旧具有知识,而且在此条件下,确证度的高低和证据的质量依旧影响人们是否归赋知识,这一点与当代知识论学者的观点相悖。

2. 大众有葛梯尔型直觉

与以上实验结果相反,有的实验研究发现,大众有葛梯尔型直觉。内格尔等人和图瑞的实验研究支持这一观点。内格尔等人在《外行否认知识是确证的真信念》一文中研究发现,大众与哲学家具有葛梯尔型直觉,且不受

---

[1] 两种条件下的平均值、标准差和百分比如下:真实证据条件下:$M = 3.70, SD = 8.03$,知识归赋百分比为 67%;表面证据条件下:$M = -3.35, SD = 8.13$,知识归赋百分比为 30%,主效应 $F(1, 42) = 17.51, p < 0.001$。

[2] 语义整合法不依赖具体概念的精确理解,而是根据文本语境评估语义轮廓,然后凭借记忆对所阅读的文本作出判断。Derek Powell, Zachary Horne, and Nestor Ángel Pinillos, "Semantic Integration as a Method for Investigating Concepts," in James R. Beebe (ed.), *Advances in Experimental Epistemology*. New York: Bloomsbury Publishing, 2014, pp. 119-144.

[3] Derek Powell, Zachary Horne, and Nestor Ángel Pinillos, "Semantic Integration as a Method for Investigating Concepts," in James R. Beebe (ed.), *Advances in Experimental Epistemology*. New York: Bloomsbury Publishing, 2014, pp. 119-144.

人口统计学变量影响。① 为了区别知识和确证的真信念的关系,他们设计了一系列案例,具体如下:

葛梯尔型珠宝案例:艾玛走进一家奢华考究的珠宝店,她扫视了一下柜台,从贴有"钻石耳环和项链"标签的托盘中选择了一条项链。她试戴后说:"这条钻石项链真漂亮!"锆石是制造假钻石的一种矿物。艾玛仅通过视觉或触觉无法分清真假钻石。实际上,这家珠宝店有一名狡猾的服务员,他一直在调包真钻石。艾玛所选的托盘里的项链,几乎是锆石,而非钻石,但她选中的这条项链是钻石。

怀疑主义压力的珠宝案例:艾玛走进一家奢华考究的珠宝店,她扫视了一下柜台里的珠宝,告诉服务员,她想要一条钻石项链,必须是经典款的。服务员选择了几条钻石项链给她试戴。她从贴有"钻石耳环和项链"标签的托盘中选择了一条项链,边试戴边说:"这条钻石项链真漂亮!"但是艾玛仅通过视觉或触觉无法分清真假钻石。

标准的真信念珠宝案例:艾玛走进一家奢华考究的珠宝店,她扫视了一下柜台里的珠宝,告诉服务员,她想要一条钻石项链,必须是经典款的。服务员选择了几条钻石项链给她试戴。她从贴有"钻石耳环和项链"标签的托盘中选择了一条项链,边试戴边说:"这条钻石项链真漂亮!"

确证的假信念案例:艾玛走进一家奢华考究的珠宝店,她扫视了一下柜台,从贴有"钻石耳环和项链"标签的托盘中选择了一条项链。她试戴后说:"这条钻石项链真漂亮!"锆石是制造假钻石的一种矿物。艾玛仅通过视觉或触觉无法分清真假钻石。实际上,这家珠宝店有一名狡猾的服务员,他一直在调包真钻石。艾玛所选的托盘里的项链,几

---

① Jennifer Nagel, Valerie San Juan, and Raymond A. Mar, "Lay Denial of Knowledge for Justified True Beliefs," *Cognition*, 2013,129(3),pp.652-661.

乎是锆石，而非钻石，包括她选中的这条项链。

问题：艾玛知道这条项链是钻石的吗？[1]

以上案例分为四种情况：葛梯尔化的条件、怀疑主义的条件、标准的真信念条件和确证的假信念条件。依他们看来，如果人们认为知识是确证的真信念，那么人们对葛梯尔型案例和怀疑主义压力案例的知识归赋结果应该是一致的。为了进一步保证他们评估的是确证的真信念，他们将葛梯尔型案例和怀疑主义压力案例，与标准的真信念案例和确证的假信念案例的实验结果进行对比。

实验结果为，第一，人们倾向于认为认知者具有"项链上镶嵌的是钻石"的信念。受试者对葛梯尔型案例和怀疑主义压力案例的信念归赋比率没有显著性差异，而对其他案例信念归赋比率有显著性差异。[2] 第二，受试者对认知者信念确证度的结果表明葛梯尔型案例和怀疑主义压力案例的平均值介于标准的真信念案例和确证的假信念案例之间，而且后两者之间没有显著性差异。[3] 第三，不同的案例类型影响知识归赋结果。葛梯尔型案例和怀疑主义压力案例对其他案例间知识归赋比率都有显著性差异。[4] 这些实验结果表明，对于葛梯尔型案例和怀疑主义压力案例，受试者的整体趋势是否定知识，认为确证的真信念不足以构成知识。

---

[1] Jennifer Nagel, Valerie San Juan, and Raymond A. Mar, "Lay Denial of Knowledge for Justified True Beliefs," *Cognition*, 2013, 129(3), pp. 659-660.

[2] 标准的真信念案例与怀疑主义压力案例：$\chi^2 = 25.66$, $df = 1$, $N = 208$, $p < 0.001$；标准的真信念案例与葛梯尔型案例：$\chi^2 = 23.31$, $df = 1$, $N = 208$, $p < 0.001$；标准的真信念案例与确证的假信念案例：$\chi^2 = 27.42$, $df = 1$, $N = 208$, $p < 0.001$。

[3] 标准的真信念案例平均值为 6.45，确证的假信念案例平均值为 5.65，怀疑主义压力案例平均值为 5.97，葛梯尔型案例平均值为 6.08。

[4] 标准的真信念案例与怀疑主义压力案例：$\chi^2 = 81.52$, $df = 1$, $N = 204$, $p < 0.001$；标准的真信念案例与葛梯尔型案例：$\chi^2 = 107.81$, $df = 1$, $N = 202$, $p < 0.001$；标准的真信念案例与确证的假信念案例：$\chi^2 = 231.60$, $df = 1$, $N = 204$, $p < 0.001$；怀疑主义压力案例与确证的假信念案例：$\chi^2 = 59.48$, $df = 1$, $N = 197$, $p < 0.001$；葛梯尔型案例与确证的假信念案例：$\chi^2 = 49.08$, $df = 1$, $N = 196$, $p < 0.001$。

与内格尔等人的实验结果相似,图瑞以不同的实验方法调查发现,大众有葛梯尔型直觉。在《夺目的技艺:对葛梯尔型案例的测试》一文中,他进行了一系列实验,案例如下:

第一阶段:最近罗伯特买了一枚 1804 年发行的美国银币,把它放在书房的陈列柜里。当晚他邀请邻居到他家吃饭。他把银币放好后,随手关上了书房的门,就匆匆地去迎接客人。跟客人寒暄后,他说道:"我的书房里有一枚 1804 年发行的美国银币。"

第二阶段(葛梯尔条件):罗伯特关上书房的门后,一个小偷从窗口溜进了书房,偷走了那枚银币,逃之夭夭了。罗伯特离开书房没多久,也没有听见任何动静。在他告诉客人他收藏的那枚银币时,它已经不在书房了,被偷走了。

第二阶段(控制条件):罗伯特关上书房的门,把那枚银币震落到书房壁炉旁的地毯上了。他离开书房没多久,也没有听见任何动静。在他告诉客人他收藏的那枚银币时,它已经掉到了书房壁炉旁的地毯上。

第三阶段:罗伯特的房子是建于 19 世纪早期的老宅子。建房时,一个木匠无意中把一枚 1804 年发行的美国银币掉进了砂浆中,这些砂浆是用来造书房的壁炉用的。过了两百年,那枚银币依旧在书房的壁炉里,然而,它不会被人看到,它将继续隐藏在罗伯特的书房里。

问题:罗伯特"真的知道"还是"只是以为他知道"在书房里有一枚 1804 年发行的美国银币?[1]

图瑞将案例分为三个阶段,第一阶段和第三阶段都是葛梯尔条件,只是确证的条件不同,第二阶段分为葛梯尔条件和控制条件。这个实验方法的

---

[1] John Turri, "A Conspicuous Art: Putting Gettier to the Test," *Philosophers' Imprint*, 2013, 13(10), p. 5.

优点在于它有利于排除实用因素的干扰,也有助于受试者聚焦证据和事实。

实验结果为,在葛梯尔条件下,89%的受试者认为罗伯特"只是以为他知道";在控制条件下,84%的受试者认为罗伯特"真的知道"。这个实验结果明确表明,人们认为葛梯尔化的认知者不知道命题 p。

综上,自提出葛梯尔反例以来,大众对 JTB 是否是知识的充分条件存在争议。斯塔曼斯和弗里德曼的实验不支持大众具有葛梯尔型直觉。内格尔等人和图瑞的实验结果支持大众有与哲学家一样的葛梯尔型直觉。假若大众有葛梯尔型直觉,那么它是否因种族、文化、受教育程度等人口统计学变量的影响而不具有稳定性和普遍性?

（二）葛梯尔型直觉的人口统计学变量效应之争

大众是否不分种族、文化、社会经济地位等具有葛梯尔型直觉? 对这一问题的实验研究呈现出从最初葛梯尔型直觉的多样性到近期的全球范围内调查结果的一致性和稳定性的特征。

早期的实验知识论研究表明,大众是否有葛梯尔型直觉受种族、文化、受教育程度、社会经济地位等因素影响。2001 年,温伯格等人在《规范性与认知直觉》一文中研究发现,不同种族、文化的人群对葛梯尔问题具有认知直觉的差异性。[1] 他们采用葛梯尔型案例,检验文化差异是否导致认知差异。实验采用葛梯尔型汽车案例。

实验结果为,西方人认为"真的知道"的有 17 人,"只是相信"的有 49 人;东亚人认为"真的知道"的有 13 人,"只是相信"的有 10 人。这个实验结果表明,东亚人和西方人在葛梯尔型案例的知识归赋方面存在差异,相较西方人而言,东亚人不太认同运气影响知识归赋。此外,温伯格等人还调查了西方人和南亚次大陆人的认知差异。实验结果发现,在葛梯尔问题上,两者之间也有差异。这说明不同文化语境对知识概念的理解存在差异。

---

[1] Jonathan Weinberg, Shaun Nichols, and Stephen Stich, "Normativity and Epistemic Intuitions," *Philosophical Topics*, 2001, 29(1-2), pp. 429-460.

　　此外,温伯格等人还验证了西方人和南亚次大陆人在斑马案例和癌症案例上的认知差异。[①] 实验结果发现,西方人和南亚次大陆人具有明显的认知差异。西方人认为"真的知道"的有 19 人,"只是相信"的有 43 人;南亚次大陆人认为"真的知道"的有 12 人,"只是相信"的有 12 人。在他们看来,以上实验结果表明,知识归赋受种族和文化影响。除此之外,温伯格等人还发现受教育程度和社会经济地位差异影响知识归赋。实验中,他们按照受教育时间来区分低社会经济地位组和高社会经济地位组。所有受试者都是未成年人,仍然采用斑马案例和癌症案例,得到的结果为:在斑马案例中,低社会经济地位组的知识归赋结果是"真的知道"的有 8 人,"只是相信"的有 16 人;高社会经济地位组的知识归赋结果是"真的知道"的有 4 人,"只是相信"的有 30 人。在癌症案例中,低社会经济地位组的知识归赋结果是"真的知道"的有 12 人,"只是相信"的有 2 人;高社会经济地位组的知识归赋结果是"真的知道"的有 6 人,"只是相信"的有 29 人。两组的知识归赋结果差异较大,这个实验结果表明受试者的社会经济地位影响认知判断。

　　温伯格等人认为社会经济地位的高低影响认知直觉判断的结果可能有两种解释:一是受试者对可能的事态而不是事实敏感;二是来自低社会经济地位组的受试者的知识标准较低。不同群体的认知直觉会产生不同的认知规范,或不同的规范性主张有不同的规范力。这对于以认知直觉为基础的大众知识归赋是一种尴尬的处境。有的学者认为这一调查结果并不可靠,因为样本量太少,且案例和问卷都是英语,受试者是居住在美国的亚裔。这也导致了实验的不可重复性和结果的不稳定性。金名杉(Minsun Kim)和袁源(Yuan Yuan)重复温伯格的实验,发现葛梯尔型案例的认知直觉没有跨文化差异性。[②]

① Jonathan Weinberg, Shaun Nichols, and Stephen Stich, "Normativity and Epistemic Intuitions," *Philosophical Topics*, 2001,29(1-2),pp.429-460.

② Minsun Kim and Yuan Yuan, "No Cross-Cultural Differences in the Gettier Car Case Intuition: A Replication Study of Weinberg et al. 2001," *Episteme*, 2015,12(3),pp.355-361.

为了避免以上问题,麦西瑞等人进行了两次大范围的调查。一次是在四个不同种族、不同文化的国家,即巴西、印度、日本和美国,检验不同文化语境下的人们是否有葛梯尔型直觉。另一次是全球范围内的调查。这两次大范围的调查结果发现,不同文化语境下的人们有葛梯尔型直觉,也没有人口统计学变量效应。具体来说,他们在《葛梯尔的跨文化性》一文中,调查了分别来自巴西、印度、日本和美国的 521 名受试者,发现他们有葛梯尔型直觉。① 实验设计了四个案例,分别是医院案例、旅行案例、明确的知识案例和错误信念案例。其中医院案例和旅行案例是葛梯尔型案例,明确的知识案例和错误信念案例为控制条件下的案例。案例如下:

葛梯尔型医院案例:现在是 22 点,妻子玛丽还在工作,没有回家,保罗·琼斯很担心妻子,因为她通常是 18 点到家。他打电话给妻子,却只是接通了语音信箱。他担心妻子可能会发生意外,于是决定给附近的医院打电话,询问是否有收治过一个叫"玛丽·琼斯"的病人。一所大学附属医院证实收治了一个叫"玛丽·琼斯"的病人,她在一场车祸中身受重伤,但无生命危险。保罗·琼斯拿上外套,驱车前往那所大学附属医院。结果是,那个病人不是保罗·琼斯的妻子,而是一个有着相同名字的人。事实上,保罗·琼斯的妻子下班后,突发心脏病,目前正在几英里②外的大都会医院接受治疗。

葛梯尔型旅行案例:卢克、维克多和莫妮卡在纽约的一家办公室就职。整个冬天,维克多不停地描述他去拉斯维加斯度假的计划,甚至还给卢克展示他预订酒店的网站。维克多去度假了,卢克收到了一封电子邮件和维克多在拉斯维加斯地标性建筑前的照片。这是维克多发

---

① Edouard Machery, Stephen Stich, David Rose, Amita Chatterjee, Kaori Karasawa, Noel Struchiner, Smita Sirker, Naoki Usui, and Takaaki Hashimoto, "Gettier Across Cultures," *Noûs*, 2015, 51(3), pp. 645-664.

② 英制中的长度单位。1 英里 = 5 280 英尺 = 1. 609 千米。

来的。维克多回来后,向卢克讲述他的度假多么有趣。然而,他没有真的去度假,只是在假装而已。因为他的信用卡透支,预订的票被迫取消,所以他悄悄地待在纽约的家里,精心美化图片并寄送给卢克。其间,莫妮卡在拉斯维加斯度过了周末,并没有将这个秘密告诉其他人。

明确的知识案例:艾伯特和妻子在逛家具店。他们看上一张颜色鲜红的桌子。艾伯特相信这正是他要找的红色。家具店主营当代家具,自然光充足,空间宽大,每件家具都可以充分展示。艾伯特通常喜欢传统款式的家具,然而,因为某些原因,他被这张现代风格的桌子吸引。他询问了桌子的规格和价格,考虑要不要买。艾伯特问他的妻子:"你喜欢这张红色桌子吗?"

错误信念案例:艾玛进了一家看起来考究的珠宝店,她看了几眼柜台,然后从标签为"钻石耳环和项链"的托盘中选择了一条项链。她试戴后说:"这条钻石项链真漂亮!"锆石是制造假钻石的一种矿物。艾玛仅通过视觉或触觉无法分清真假钻石。实际上,这家珠宝店有一名狡猾的服务员,他一直在调包真钻石。艾玛所选的托盘里的项链,包括她试戴过的,都是锆石,而非钻石。

知识问题1:有关认知者是否知道相关命题有两个选项?

两个选项:(1)是的,他知道。(2)不,他不知道。

知识问题2:依你看,以下哪句话更好地描述了认知者的情况?(1)认知者知道相关命题。(2)认知者认为他知道命题 p,但实际上他不知道。①

实验结果为,其一,不管是知识问题1还是知识问题2,来自四个国家的受试者都不愿意把知识归赋给葛梯尔化的认知者,尤其在知识问题2的认同度上一致性更高;其二,在葛梯尔型医院案例和葛梯尔型旅行案例中,

---

① Edouard Machery, Stephen Stich, David Rose, Amita Chatterjee, Kaori Karasawa, Noel Struchiner, Smita Sirker, Naoki Usui, and Takaaki Hashimoto, "Gettier Across Cultures," *Noûs*, 2015, 51(3), pp. 648-649.

巴西人、印度人、日本人和美国人对知识问题 2 的回答没有人口统计学意义上的显著性差异;[①]其三,来自四个国家的受试者对四个案例的回答结果是一致的,不管是知识问题 1 还是知识问题 2,四个案例的实验结果都呈现出人口统计学意义上的显著性差异。[②] 这些实验结果表明,不同文化的人有葛梯尔型直觉。这也意味着确证的真信念不能充分满足人们判断某人是否知道命题 p 的要求。

接下来,麦西瑞等人为了进一步考察大众的葛梯尔型直觉是否受人口统计学变量影响,他们在全球范围内 24 个国家和地区进行调查。此次调查涉及 17 种语言。在不同语言和多元文化语境下,实验结果表明知识归赋不受人口统计学变量影响,人们有葛梯尔型直觉。他们采用葛梯尔型医院案例(见前文),受试者须回答以下问题:

　　知识问题 1:依你看,保罗·琼斯开车前往医院时,他是否知道妻子住院了?
　　两个选项:(1)是的,他知道。(2)不,他不知道。
　　知识问题 2:依你看,以下哪句话更好地描述了保罗·琼斯的处境?
(1)保罗·琼斯开车前往医院时,他知道妻子住院了。(2)保罗·琼斯开车前往医院时,他认为他知道妻子住院了,但是他并不是真的知道。[③]

实验结果为,23 个国家和地区中的大部分人有葛梯尔型直觉,有 70%—90% 的受试者对知识问题 2 的回答支持葛梯尔型直觉。只有以色列的贝都因人对知识问题 2 的回答不支持葛梯尔型直觉。在麦西瑞等人看

---

① 葛梯尔型医院案例:$\chi^2(2,331)=5.93,p=0.52$;葛梯尔型旅行案例:$\chi^2(2,331)=2.02,p=0.33$。

② Edouard Machery, Stephen Stich, David Rose, Amita Chatterjee, Kaori Karasawa, Noel Struchiner, Smita Sirker, Naoki Usui, and Takaaki Hashimoto, "Gettier Across Cultures," *Noûs*, 2015, 51(3), pp. 656-661.

③ Edouard Machery, Stephen Stich, David Rose, et al., "The Gettier Intuition from America to Asia," *Journal of Indian Council of Philosophical Research*, 2017, 34(3), p. 523.

来,这是因为这个样本量太少导致的。正因为如此,他们认为这种情况不影响整体的结果。葛梯尔型直觉的稳定性表明,人们普遍认为 JTB 三元知识要素的不充分性。实验结果还表明,性别对葛梯尔型直觉没有影响,但是年龄、性格和反思力影响葛梯尔型直觉。图瑞和内格尔等人的实验也涉及这一问题,他们的实验研究发现,葛梯尔型直觉不受人口统计学变量影响。实验调查涉及性别、年龄、种族和是否进行过哲学训练等因素。例如图瑞在三个阶段的实验中发现,葛梯尔条件下,认知者的性别、年龄不影响知识归赋。内格尔的研究发现,葛梯尔条件下,两性和不同种族间的知识归赋或信念归赋都没有人口统计学意义上的显著性差异。[①]

简言之,实验知识论研究者发现,大众和知识论学者有葛梯尔型直觉,普遍认为靠认知运气而得来的知识并不是真的"知道";而且人们不受语言、文化、受教育程度和性别等人口统计学变量影响,都具有稳定而强劲的葛梯尔型直觉。

(三) 大众有葛梯尔型直觉的原因

实验知识论研究对大众是否有葛梯尔型直觉的争论持不同的观点。斯塔曼斯和弗里德曼认为大众和知识论学者的知识概念不同,原因在于大众没有受到专业的知识论理论教育,比较容易出错,较难发现认知运气;而知识论学者的知识概念来自知识论理论,知识论学者通过理性的反思能够辨别出认知运气因素,从而否定认知者知道命题 p。

与以上观点相反,图瑞、内格尔、麦西瑞等人认为大众有葛梯尔型直觉,而且葛梯尔型直觉是大众知识论的一个核心概念。在他们看来,葛梯尔型直觉反映了大众认知直觉固有的和普遍的特征。他们的实验支持了人们的葛梯尔型直觉不受种族、文化、性别、社会经济地位等人口统计学变量影响,人们普遍认为葛梯尔化的认知者不知道命题 p。如果这个假设为真,那么

---

① Jennifer Nagel, Valerie San Juan, and Raymond A. Mar, "Lay Denial of Knowledge for Justified True Beliefs," *Cognition*, 2013, 129(3), pp. 652-661.

不同文化语境下人们的知识概念不只包含 JTB。[①] 首先,葛梯尔问题不可避免的根本原因在于人类认知能力的有限性。图瑞认为 JTB 面临的最大挑战是人们的理智能力与真信念之间存在认知鸿沟。虽然人们通过理智能力才能获得知识,例如人们通过知觉获得感知知识,通过理性推理获得必然真的知识,通过反思获得心灵状态的内省知识,而且这些理智能力是倾向性的,并不一定都会产生认知结果。JTB 的局限性也解释了葛梯尔型直觉对知识三元要素的挑战。[②] 这也是葛梯尔型直觉具有稳定性和普遍性的根源。其次,麦西瑞认为从目的论的角度来说,葛梯尔型直觉的普遍性与克雷格的主张一致。克雷格认为知识归赋的功能是识别可靠的信息源。这一主张告诉人们为什么要在意认知者的认知立场强度和理智能力是否能够满足认知者"知道"的要求,因为人们对他人有认知期待,可靠信息的传递在人们的社会交往、认知心理和实践活动中起重要的作用,所以凭运气知道某事的认知者是不可靠的信息源。人们会考察认知者的认知立场强度是否能够满足实践活动所需要的可靠信息报告人的要求。这也解释了不同文化语境下人们有葛梯尔型直觉的原因。因此,从认知判断角度来说,人们在判断某人的认知状态时,期待此人以可靠的认知机制形成信念,能够尽量满足反葛梯尔条件,避免认知运气,以达到求真不出错的目的。

综上,葛梯尔型直觉对传统的知识三元定义的充分性构成挑战。近年来的实验结果表明,大众具有稳定的葛梯尔型直觉,普遍认为确证的真信念不构成知识的充分条件,而且这一立场不因种族、文化、性别和社会经济地位等人口统计学变量而不同。即使人们有葛梯尔型直觉,这并不意味着不同文化语境下人们的知识概念是一样的。传统的知识三元要素是否是大众知识概念的必要因素? 后文将会详细讨论这个问题。

[①] Edouard Machery, Stephen Stich, David Rose, Amita Chatterjee, Kaori Karasawa, Noel Struchiner, Smita Sirker, Naoki Usui, and Takaaki Hashimoto, "Gettier Across Cultures," *Noûs*, 2015, 51(3), pp. 651-653.

[②] John Turri, "Is Knowledge Justified True Belief," *Synthese*, 2012, 184(3), pp. 247-259.

二、确证的非必要性之争

葛梯尔问题的提出使得"确证"成为当代知识论的核心论题。自柏拉图给出知识三元定义以来,知识论学者一直认为确证是知识的必要条件。当人们说某人的信念得到确证,就可以说某人持有这个信念是在认知上许可的。早在 20 世纪 90 年代,克里斯平·萨特维尔(Crispin Sartwell)对这一传统提出挑战。他主张正确的知识归赋并不总是需要确证,因为有时候人们在很弱的确证甚至没有确证的情况下也常常归赋知识;或者人们在强确证的情况下,也会否定知识。①

乔纳森·克万维格(Jonathan Kvanvig)和威廉·莱肯(William Lycan)并不赞同这一观点。克万维格从外在主义角度给出确证必要性反例,一名精神障碍患者脑海里的声音告诉他 2+2＝4,于是他就认为 2+2＝4。莱肯认为在没有确证的情况下,知识仅是真信念并且很容易获得。② 戴维·萨克瑞斯(David Sackris)和毕比认为这两种反驳没有对萨特维尔的观点构成威胁,理由如下:一是人们可以质疑精神障碍患者的确证方法,却不必否定他知道命题 p;二是莱肯的反驳是针对确证非必要性导致的后果来说的,而不是确证非必要性本身。③ 近年来,实验知识论对确证是否必要这一问题也有诸多讨论。例如萨克瑞斯和毕比的实验结果表明,大众知识概念中,确证不是知识的必要条件。亚历山德拉·诺特(Alexandra Nolte)等人的实验结果表明,大众一般认为确证是知识的必要条件。④ 学者对实验结果产生分歧

① Crispin Sartwell, "Knowledge is Merely True Belief," *American Philosophical Quarterly*, 1991, 28 (2), pp. 157-165.

② Jonathan Kvanvig, *The Value of Knowledge and the Pursuit of Understanding*. New York: Cambridge University Press, 2003. William Lycan, "Sartwell's Minimalist Analysis of Knowing," *Philosophical Studies*, 1994,73(1),pp. 1-3.

③ David Sackris and James R. Beebe, "Is Justification Necessary for Knowledge," in James R. Beebe (ed.), *Advances in Experimental Epistemology*. New York: Bloomsbury Publishing, 2014,pp. 176-191.

④ Alexandra Nolte, David Rose, and John Turri, "Experimental Evidence that Knowledge Entails Justification," in Tania Lombrozo, Shaun Nichols, and Joshua Knobe (eds.), *Oxford Studies in Experimental Philosophy*, *Vol. 4*. Oxford, UK: Oxford University Press, 2021.

的原因在于实验是否受到主体投射的影响。

（一）确证的非必要性的实证研究

为了回应克万维格和莱肯对萨特维尔的质疑，萨克瑞斯和毕比在《确证是知识的必要条件》一文中进行了三组实验。① 第一组实验检测大众是否认为随机获得的真信念不是真信念。第二组实验检测大众是否认为梦境或错觉中的认知者有真信念。第三组实验检测大众是否认为认知者在证据不当的情况下进行知识归赋。

第一组实验设计了三个案例，分别为奥斯卡奖案例、篮球案例和赛马场案例，下面以其中一个案例为例：

> 奥斯卡奖案例：迈克对奥斯卡奖提名人选的情况一无所知，但为了参与办公室举行的一场竞猜活动，他要填写一份调查问卷，预测奥斯卡奖的结果。迈克用被提名的演员名单，随机地预测了奥斯卡奖的结果。随后，他提交了调查问卷。令迈克高兴的是，他赢得了这场竞猜活动。
>
> 问题：你在多大程度上同意或不同意以下主张："迈克提交他的调查问卷时，他相信自己会赢得这场竞猜活动。"②

实验结果与萨特维尔所预测的结果一致，大多数受试者在这些案例中不愿归赋信念。③ 受试者认为认知者随机选择的不是真信念，认知者也没有相关命题的知识。在他们看来，认知者可能希望自己猜测的是正确的，但是并不会认为它一定是正确的。因此，萨克瑞斯和毕比认为这种类型的反

① David Sackris and James R. Beebe, "Is Justification Necessary for Knowledge," in James R. Beebe (ed.), *Advances in Experimental Epistemology*. New York: Bloomsbury Publishing, 2014, pp. 176-191.

② David Sackris and James R. Beebe, "Is Justification Necessary for Knowledge," in James R. Beebe (ed.), *Advances in Experimental Epistemology*. New York: Bloomsbury Publishing, 2014, pp. 182-183.

③ 实验采用了 7 分量表，1—7 标注从"完全不同意"到"完全同意"。赛马场案例信念归赋的平均值为 3.21，篮球案例信念归赋的平均值为 2.67，奥斯卡奖案例信念归赋的平均值为 2.69。在这三个案例中，62.2% 的受试者信念归赋的平均值低于中值，而且三个案例知识归赋的平均值都在中线以下，分别为 1.35、1.43 和 1.48。

例不能作为支持确证必要性论题的有效例证。

第二组实验设计了五个案例。前两个案例分为两个阶段,第一阶段认知者患有妄想症,出现幻觉,相信魔鬼所说的话;第二阶段,认知者恢复健康后,确证患病期间的幻觉居然为真,据此,认为自己患妄想症时,知道"125是15 625的平方根"这一事实。第五个案例的内容是认知者在梦境中形成一个真信念。下面以一组案例为例:

　　平方根案例1:乔丹是一名大学生,他患了妄想症。他声称魔鬼在与他说话,告诉他各种各样的事情。他深信魔鬼所说的一切。魔鬼告诉他,125是15 625的平方根。他就相信了125是15 625的平方根。事实证明,的确如此。

　　问题:你在多大程度上同意或不同意以下主张:"乔丹知道,125是15 625的平方根。"

　　平方根案例2:乔丹是一名即将读大学的适龄学生,他患了妄想症。他声称魔鬼在与他说话,告诉他各种各样的事情。他深信魔鬼对他所说的一切。魔鬼说,125是15 625的平方根。他相信了125是15 625的平方根。事实证明,的确如此。身体康复后,他用计算器算出15 625的平方根是125。乔丹因此认为:"我患妄想症时,第一次获得这一事实性知识。"

　　问题:你在多大程度上同意或不同意以下主张:"乔丹患妄想症时,他知道,125是15 625的平方根。"①

实验结果为,受试者知识归赋的平均值明显高于中值;而且在所有的案例里,受试者知识归赋的平均值有54.5%高于中值,34.3%低于中值。② 受

---

① David Sackris and James R. Beebe, "Is Justification Necessary for Knowledge," in James R. Beebe (ed.), *Advances in Experimental Epistemology*. New York:Bloomsbury Publishing, 2014,pp. 184-186.

② David Sackris and James R. Beebe, "Is Justification Necessary for Knowledge," in James R. Beebe (ed.), *Advances in Experimental Epistemology*. New York:Bloomsbury Publishing, 2014,p. 186.

试者在患有妄想症或在梦境中,倾向于认知者知道命题 p,但是这种情境下的真信念在知识论上不能成为知识。在萨克瑞斯和毕比看来,如果大众知识概念要求有认知上的保证,那么这个实验结果表明未受过哲学训练的大众对知识概念的使用不符合知识确证的要求。

第三组实验一共有三个案例,这些案例都是关于认知者在没有合适证据的情况下获得真信念。以其中一个案例为例:

> 米奇案例:医生告诉桑德拉的丈夫米奇,他妻子的癌症已无法治愈,余日不多。听到这些,丈夫米奇仍坚信妻子能够战胜癌症。最终,桑德拉活了下来,且又活了 35 年。
>
> 问题 1:你在多大程度上同意或不同意以下主张:"米奇一直知道妻子能够活下来。"
>
> 问题 2:妻子桑德拉活了下来,且又活了 35 年,根据丈夫米奇获得的信息,妻子活下来的可能性有多大?[1]

实验结果为,受试者在案例中更倾向于把知识归赋给认知者,但不认为认知者的证据可能是正确的。知识归赋的平均值明显高于中值,可能性的平均值明显低于中值,而且知识归赋的平均值与可能性的平均值有显著性差异。[2] 这个实验结果支持了确证的非必要性的观点。

简言之,萨克瑞斯和毕比认为大众知识概念中,确证不是知识的必要条件。实验结果表明,大众在以下两种情况中更倾向于归赋知识给认知者,一是真信念在恶魔、梦境或错觉的情况下形成;二是真信念在证据缺乏的情况下形成。在传统知识论学者看来,这两种情况下的真信念显然不能成为

①　David Sackris and James R. Beebe, "Is Justification Necessary for Knowledge," in James R. Beebe (ed.), *Advances in Experimental Epistemology*. New York: Bloomsbury Publishing, 2014, pp. 187-188.

②　知识归赋与可能性的平均值和 *t* 值分别是:约翰案例为 4.43 和 3.62,$t(85) = 2.259$,$p < 0.05$;米奇案例为 4.50 和 2.94,$t(86) = 4.274$,$p < 0.001$;鲍勃案例为 4.82 和 3.79,$t(86) = 2.676$,$p < 0.01$。

知识。

大众的认知直觉挑战了知识论学者长久以来的共识。确证在大众知识概念中是否为必要的？这一问题并没有定论。人们不能简单地因为大众会在不可靠证据的情况下归赋知识，就推出确证的非必要性结论。只有在排除主角投射的可能性后，人们才能谨慎地得出确证的必要性不是大众知识的核心概念。

查德·冈纳曼（Chad Gonnerman）等人在《我们的立场还是认知者的立场？知识、确证和投射》一文中指出，实验如果可以排除主角投射的相关选择项，人们才可以说大众不把确证作为知识的必要条件。① 因为当问及来自梦境或错觉的信念能否成为知识时，日常的会话原则可能使受试者受到主角投射②的影响。受试者的归赋可能表达的是受试者自己的情况，而不是认知者是否知道命题 p。在这种情况下，人们不能得出受试者拒绝确证的必要性的结论，只能表示受试者认为某人具有"知道不蕴含确证"的概念。为了考察萨克瑞斯和毕比的实验结果是否受到主角投射的影响，以及实验控制主角投射因素是否有效，冈纳曼等人做了以下实证研究。

首先，他们采用萨克瑞斯和毕比的勾股定理案例：

勾股定理案例：布莱恩是一个 10 岁的小男孩，刚开始学几何学。某一天晚上睡觉时，他梦到直角三角形直角边的平方和等于斜边的平方。由于这个梦，他相信了勾股定理。几天后，老师在学校里第一次介绍了勾股定理。布莱恩认为"我早就知道直角三角形直角边的平方和

---

① Chad Gonnerman, Lee Poag, Logan Redden, Jacob Robbins, and Stephen Crowley, "In Our Shoes or the Protagonist's? Knowledge, Justification, and Projection," in Tania Lombrozo, Shaun Nichols, and Joshua Knobe (eds.), *Oxford Studies in Experimental Philosophy*, *Vol. 3*. Oxford, UK: Oxford University Press, 2020, pp. 189-212.

② 主角投射意味着说话者采用他人视角描述事情，而不是对事情的真正描述。主角投射的语句是一种假信念。Andreas Stokke, "Protagnist Projection," *Mind and Language*, 2013, 28(2), pp. 204-232.

等于斜边的平方"。

标准问题：你是否同意以下主张："布莱恩知道勾股定理为真。"

投射问题：你认为以下哪句话更好地描述了布莱恩的情况？

（1）布莱恩认为他知道勾股定理为真。

（2）布莱恩的确已知道勾股定理为真。

受试者都需要回答：用 7 分量表从"1"表示的"非常不自信"到"7"表示的"非常自信"，表示你对以上问题的回答有多大的信心。①

实验结果为，投射解释的条件会降低人们归赋知识的意愿。虽然在主角投射条件下，知识归赋百分比只有 40.4%，还不足以充分支持投射假设，但至少说明萨克瑞斯和毕比的实验结果部分受到主角投射影响。②

其次，为了进一步考察其他案例是否也受到主角投射影响，他们采用了萨克瑞斯和毕比的米奇案例和约翰案例。与第一组实验结果类似，实验结果为，与投射问题条件相比，受试者更倾向于在标准问题条件下归赋知识。③ 这些实验结果表明，主角投射较少影响受试者归赋知识的意愿。这也说明了萨克瑞斯和毕比的实验结果较少受到主角投射影响。

再次，为了进一步排除主角投射影响的可能性，他们考察了萨克瑞斯和毕比的实验是否受会话原则影响。在投射问题条件下，受试者更愿意

① Chad Gonnerman, Lee Poag, Logan Redden, Jacob Robbins, and Stephen Crowley, "In Our Shoes or the Protagonist's? Knowledge, Justification, and Projection," in Tania Lombrozo, Shaun Nichols, and Joshua Knobe (eds.), *Oxford Studies in Experimental Philosophy*, Vol. 3. Oxford, UK: Oxford University Press, 2020, p. 183.

② 在标准问题条件下，知识归赋百分比为 74.7%；而在投射问题条件下，知识归赋百分比为 40.4%，两者之间有统计学意义上的显著性差异：$X^2(1, N=186)=22.17, p<0.001$。在投射问题条件下，综合得分在中线以下；而在标准问题条件下，综合得分在中线以上。

③ 在标准问题条件下归赋知识，知识归赋百分比分别为米奇案例 66.7%，约翰案例 81.8%；而在投射问题条件下归赋知识，知识归赋百分比分别为米奇案例 25.9%，约翰案例 31.8%。实验通过回归分析发现，案例类型没有主效应，问题类型和问题类型之间没有交互效应。方差分析结果显示，问题类型对综合得分有主效应：$F(1\ 169)=44.13, p<0.001$，而案例类型对综合得分没有主效应：$F(1\ 169)=2.56, p=0.112$，问题类型和案例类型之间没有交互效应：$F(1\ 169)=0.13, p=0.715$。在投射问题条件下，综合得分在中线以下；而在标准问题条件下，综合得分在中线以上。

把知识归赋给无确证的真信念的认知者,而不是确证的真信念的认知者。如果会话原则起作用,投射问题条件会降低受试者归赋知识的意愿。

最后,他们改编萨克瑞斯和毕比的克林顿案例和平方根案例:

苏尼尔确证[无确证]:苏尼尔是一名交换生,他患有严重的妄想症。他告诉一个朋友,一位德高望重的政治学教授给他们上政治课程[或来自地狱的一个凶恶魔鬼一直在他的头脑里与他说话]。苏尼尔相信教授在课堂上所说的每件事,包括×××是现在的国务卿。苏尼尔从不关注政治,但是他相信×××是现在的国务卿。事实上,×××正是现在的国务卿。

乔丹确证[无确证]:乔丹是一名到了读大学年龄的学生,他患有严重的妄想症。他告诉一个朋友,一位德高望重的政治学教授给他们上政治课程[或来自地狱的一个凶恶魔鬼一直在他的头脑里与他说话]。乔丹相信教授在课堂上所说的每件事[相信魔鬼说的一切],其中一件事是 125 是 15 625 的平方根。根据这个理由,他开始相信 125 是 15 625 的平方根。事实证明,125 真的是 15 625 的平方根。

标准问题:你是否同意苏尼尔知道×××是现在的国务卿?

投射问题:依你看,以下哪句话更好地描述了苏尼尔的状况?

(1)苏尼尔的确知道×××是现在的国务卿。

(2)苏尼尔只是认为他知道×××是现在的国务卿。

受试者都需要回答:用 7 分量表从"1"表示的"非常不自信"到"7"表示的"非常自信",表示你对以上问题的回答有多大的信心。[①]

---

① 　Chad Gonnerman, Lee Poag, Logan Redden, Jacob Robbins, and Stephen Crowley, "In Our Shoes or the Protagonist's? Knowledge, Justification, and Projection," in Tania Lombrozo, Shaun Nichols, and Joshua Knobe (eds.), *Oxford Studies in Experimental Philosophy*, Vol. 3. Oxford, UK: Oxford University Press, 2020, p. 199.

回归分析的统计结果表明,问题类型对知识归赋有主效应,确证状态和案例类型对知识归赋都没有主效应,问题类型和案例类型之间没有交互效应。方差分析的结果与之相同。单因素方差分析结果显示,受试者在无确证案例中,较少在投射问题条件下归赋知识,而较多在标准问题条件下归赋知识。受试者在无确证案例中比在确证案例中更认同投射问题。他们的实验结果与假设正好相反,在回答标准问题时,受试者更愿意在确证案例中归赋知识。①

简言之,实验结果表明,萨克瑞斯和毕比的实验结果没有受到主角投射的广泛影响。虽然前两个案例结果与主角投射基本一致,但是投射问题条件下知识归赋比率小,且两个实验结果与主角投射的假设相反。冈纳曼等人考察了萨克瑞斯和毕比的实验,排除了实验结果大范围地受到主角投射影响。他们的考察结果支持萨克瑞斯和毕比的实验结果,确证不是大众知识概念的必要条件。

（二）　确证的必要性的实证研究

诺特等人反对萨克瑞斯和毕比的结论,其理由如下:一是萨克瑞斯和毕比的实验呈现出基于错觉的知识归赋趋向,而在知识论学者看来,错觉与确证无关;二是实验没有问及认知者的信念是否得到确证,只是回答知道与否,这样得出结论过于仓促。他们认为大众知识概念中,确证仍旧是必要条件,通过实验考察知识和确证的关系,发现确证非必要性是主角投射所致。②

第一组实验,受试者随机分配五个案例中的一个。这五个案例分别为平方根案例、欺骗案例、指控案例、梦境案例和 8 个球案例。其中前两个案例来自萨克瑞斯和毕比的实验,其余三个案例由诺特等人改编而来,案例的

---

①　Chad Gonnerman, Lee Poag, Logan Redden, Jacob Robbins, and Stephen Crowley, "In Our Shoes or the Protagonist's? Knowledge, Justification, and Projection," in Tania Lombrozo, Shaun Nichols, and Joshua Knobe (eds.), *Oxford Studies in Experimental Philosophy*, *Vol. 3*. Oxford, UK: Oxford University Press, 2020, pp. 199-212.

②　Alexandra Nolte, David Rose, and John Turri, "Experimental Evidence that Knowledge Entails Justification," in Tania Lombrozo, Shaun Nichols, and Joshua Knobe (eds.), *Oxford Studies in Experimental Philosophy*, *Vol. 4*. Oxford, UK: Oxford University Press, 2021, pp. 1-30.

形式以指控案例为例：

> 指控案例：安迪的女儿被指控犯罪。她没有不在场的证据，而且有强有力的证据指向她。即使这些安迪都考虑过，但是他仍然相信自己的女儿是无辜的。事实上，安迪是对的，他女儿是无辜的。

> 问题：你在多大程度上同意以下断言（从"1"表示的"极其不同意"到"5"表示的"极其同意"）：

> （1）安迪确证地相信女儿是无辜的。

> （2）安迪知道女儿是无辜的。[①]

实验结果为，确证归赋的平均值普遍高于知识归赋的平均值。[②] 这一实验结果没有支持确证的非必要性观点。因为如果知识不蕴含确证，那么知识归赋的平均值应该高于确证归赋的平均值。他们认为这个实验结果可能是实践理由所致，而非认知确证所致。诺特等人进一步考察认知确证，设计了第二组实验。

第二组实验案例和实验步骤与第一组实验相同，只是在结尾处改变了确证问题，把"确证地相信"改为"证据确证了认知者相信命题 p"。以指控案例问题为例：

> 安迪确证地相信女儿是无辜的。（实验一）

> 证据确证了安迪相信女儿是无辜的。（实验二）[③]

---

① Alexandra Nolte, David Rose, and John Turri, "Experimental Evidence that Knowledge Entails Justification," in Tania Lombrozo, Shaun Nichols, and James Knobe (eds.), *Oxford Studies in Experimental Philosophy*, Vol. 4. Oxford, UK: Oxford University Press, 2021, p. 7.

② 确证归赋的平均值为 3.99，高于知识归赋的平均值 3.73，而且两者之间有统计学意义上的显著性差异：$t(260) = 2.89, p = 0.004$。

③ Alexandra Nolte, David Rose, and John Turri, "Experimental Evidence that Knowledge Entails Justification," in Tania Lombrozo, Shaun Nichols, and Joshua Knobe (eds.), *Oxford Studies in Experimental Philosophy*, Vol. 4. Oxford, UK: Oxford University Press, 2021, p. 12.

实验结果为,确证归赋的平均值为 3.33,知识归赋的平均值为 3.8,两者之间有统计学意义上的显著性差异。[1] 整体来说,25%的受试者归赋知识并否定确证。但是在指控案例和欺骗案例中则不同,这两个案例中,49%的受试者归赋知识并否定确证,这远远高于既归赋知识又归赋确证的 29%的百分比,且这两种情况有统计学意义上的显著性差异。[2] 此外,在指控案例和欺骗案例中,63%的受试者否定确证必要性。这组实验结果推翻了原来的假设,支持了知识不蕴含确证。但是诺特等人怀疑这个实验结果是因为受试者采取的视角不同。为了验证这个假设,他们进行了第三组实验和第四组实验。

第三组实验将问题改为:安迪＿＿＿女儿是无辜的。(只是认为他知道或的确知道)[3]

实验结果为,知识归赋百分比为 24.8%,远低于中线。这个实验结果支持了他们的假设,即第二组实验结果可能是主角投射因素所致。他们进一步考察主角投射是否对知识和确证有不同的影响,以及有抑制作用的主角投射是否降低了确证归赋。

第四组实验以指控案例为例,把问题改为:

(1) 安迪＿＿＿相信女儿是无辜的。(只是认为他确证地;实际上确证)

(2) 安迪＿＿＿女儿是无辜的。(只是认为他知道;实际上知道)[4]

---

[1] $t(260) = -3.91, MD = -0.47, p < 0.001$。

[2] $t(104) = 0.29, K = 51, p < 0.001$。

[3] Alexandra Nolte, David Rose, and John Turri, "Experimental Evidence that Knowledge Entails Justification," in Tania Lombrozo, Shaun Nichols, and Joshua Knobe (eds.), *Oxford Studies in Experimental Philosophy*, Vol. 4. Oxford, UK: Oxford University Press, 2021, p. 17.

[4] Alexandra Nolte, David Rose, and John Turri, "Experimental Evidence that Knowledge Entails Justification," in Tania Lombrozo, Shaun Nichols, and Joshua Knobe (eds.), *Oxford Studies in Experimental Philosophy*, Vol. 4. Oxford, UK: Oxford University Press, 2021, p. 19.

实验结果为,确证归赋的百分比为 47% ,知识归赋的百分比为 32% ,两者之间有统计学意义上的显著性差异。① 只是在梦境案例中,知识归赋的百分比高于确证归赋的百分比。总体而言,这个实验结果表明,萨克瑞斯和毕比的实验中主角投射因素对知识归赋结果的影响,所以诺特等人认为确证非必要性并不成立。主角投射因素是阻碍真正的知识归赋的原因,实验是否控制主角投射因素对大众知识归赋结果有显著的影响。因此诺特等人主张排除主角投射因素,实际上在大众知识概念中确证不可或缺。

从以上结果可以看出,大众知识概念中,确证的必要性还无定论。产生分歧的原因在于实验是否能够排除主角投射因素的影响。冈纳曼等人的实验反对确证的必要性,诺特等人的实验支持大众知识概念中确证的必要性,而诺特等人并不能否定大众知识概念中确证的非必要性。因为两个实验的侧重点不同,冈纳曼等人侧重考察萨克瑞斯和毕比的实验是否排除了主角投射因素的影响;诺特等人在前者实验的基础上,考察了在主角投射条件下,受试者倾向于知识归赋还是信念归赋,以及知识归赋和确证归赋的关系,所以后者的实验结果并不能否定前者的实验结果。

简言之,萨克瑞斯和毕比通过实验调查大众的认知立场强度,得出大众知识概念中确证非必要性结果。这一结果支持了 20 世纪 90 年代开始的确证非必要性论题。与之相反,诺特等人的实验结果表明,大众知识概念中,确证仍然是必要条件。他们认为萨克瑞斯和毕比的实验结果是主角投射因素所致,而非真正的知识归赋。

(三) 为确证的必要性辩护

知识和确证的关系一直是知识论的焦点。如果确证是知识的必要条件,那么如何解释有些确证的真信念不是知识? 这本质上是葛梯尔问题。如果确证不是知识的必要构成要素,那么如何保证某人的信念能够成为知识?

在这一论题上,曹剑波主张确证非必要性。原因如下:第一,确证的必

---

① $\chi^2(1) = 17.58, p < 0.001$。

要性与知识定义中的"真"重复。知识的定义之所以需要确证是为了让认知者知道自己的理由是否追踪了"真"。如果人们确切知道一个命题为真,那么是否确证就不是必要的。第二,他历时两年考察中国人的知识概念中最重要的五个特征,其中选择"确证的"即"得到证明的"有49.6%,位列第四。在大众看来,确证不是知识概念最重要的特征。第三,他认为彩票案例的实证研究结果在一定程度上支持确证的非必要性。在推理的彩票案例中,80%的受试者进行确证归赋,只有9%的受试者进行知识归赋;在州几率案例中,98%的受试者进行确证归赋,只有27%的受试者进行知识归赋;在黑手党案例中,77%的受试者进行确证归赋,只有14%的受试者进行知识归赋。因此可以得出,确证不是知识的必要条件。[①]

但是这一观点可能会受到质疑。第一,真信念不足以成为知识,因为它无法避免由于猜测、臆想所产生的碰巧为真的信念。第二,彩票案例中,确证归赋和知识归赋的不对称,并不能否定确证的必要性,原因可能是,彩票案例中,某人的信念能够成为知识,除了认知确证,还要考虑认知概率和实践利益等因素。

在笔者看来,确证对于知识的必要性在于:从认知判断的维度来看,确证可用于衡量认知者的信念是否为真、是否由可靠的认知过程形成等。首先,从认知判断的目的来说,人们的确需要衡量认知者的信念是否得到确证,因为经过理性反思的确证关乎信息的稳定性和可靠性。德克兰·史密西斯(Declan Smithies)认为确证是一种批判性反思,它的重要性在于能够标识出对自己的信念和行为负责的认知者,也能够使人避免盲信、偏见和逻辑谬误;他认为温伯格等人实验研究表明的认知多样性,告诉人们要采取一种批判性反思策略,这样才能从认知规范上决定接受还是拒绝某些直觉判断。[②]

---

① 曹剑波:《确证非必要性论题的实证研究》,《世界哲学》2019年第1期,第156—159页。
② Declan Smithies, "Why Justification Matters," in David Henderson and John Greco (eds.), *Epistemic Evaluation: Purposeful Epistemology*. Oxford, UK: Oxford University Press, 2015, pp. 240-242.

　　其次,人们通过对认知者确证的评价来判断认知者认知状态的评价。只有某人的信念 p 得到确证,人们才能认为他知道命题 p。在桑福德·戈德伯格(Sanford Goldberg)看来,人们作出认知判断比认知者作出知识宣称的要求严格。因为人们需要排除认知者因认知运气而宣称知道命题 p,才能认为他知道命题 p。① 正是葛梯尔问题,凸显了确证作为知识的必要条件的重要性。若是要判断某人是否知道命题 p,即使对外在主义者来说,确证也是必不可少的。因为认知官能和认知过程并不能避免葛梯尔条件,比如认知聚焦偏差效应,认知者会赋予已知信息更高的权重,从而造成认知错觉,所以只有某人的信念得到确证,人们才会认为他知道命题 p。

　　最后,从生活实践的角度来看,笔者认为对大众来说,确证不单纯是一个认识概念,也会受到其他规范性概念的规定。比如安德鲁·赖斯纳(Andrew Reisner)区分了信念的证据规范性理由和实用规范性理由。② 认知确证是一个规范性概念,确证涉及人们应该或者不应该相信某事,除了认知规范、审慎确证等规范性概念,规定着人们应该不应该相信某事。比如米奇案例,妻子患癌症,余日不多,但是丈夫仍然坚信妻子可以战胜病魔。妻子果真奇迹般地活了下来。又比如指控案例,女儿被指控犯罪,父亲没有证据,但仍然相信女儿是无辜的。父亲是对的,女儿的确是无辜的。这两个案例中,实践理由是他们在无充分证据的情况下,仍然知道命题 p。正如凯特·诺尔菲(Kate Nolfi)认为,非证据考量通过有利于决定认知规范的内容,或决定由认知规范批准进行哪种认知转换,或决定认知者所持有的证据能够确证哪些信念的方式影响认知者的认知状态。③

　　不可否认,实用因素会影响认知确证这一观点挑战了理智主义传统。

① Sanford Goldberg (ed.), *To the Best of Our Knowledge: Social Expectations and Epistemic Normativity*. Oxford, UK: Oxford University Press, 2018, p. 20.

② Andrew Reisner, "Weighing Pragmatic and Evidential Reasons for Belief," *Philosophical Studies*, 2008, 138(1), pp. 17-27.

③ Kate Nolfi, "Why only Evidential Considerations Can Justify Belief," in Conor McHugh, Jonathan Way, and Daniel Whiting (ed.), *Normativity: Epistemic and Practical*. Oxford, UK: Oxford University Press, 2018, p. 197.

理智主义者认为知识确证只是受真值相关因素影响，而与认知者的实践利益、道德等因素无关。徐向东强调认知意义上的许可与实践意义上的许可有本质区别。例如，如果因为某信念有利于人们的生活或对生活有重要影响但是没有充分的证据来支持，那么该信念没有得到认知确证，如同一个丈夫不愿接受妻子患癌症的事实，仍然相信妻子可以长命百岁。徐向东认为，人们虽然有各种理由决定接受还是拒斥一个信念，但是认知的合理性和道德的合理性是有差别的。[①] 近年来的实用侵入观挑战了实践和认知理性传统的二分法。就认识确证方面，有的实用侵入者认为，实践推理是认知确证的必要条件，某人的信念能否成为知识不仅受到认知因素影响，也受到实践利益、道德、审美等非认知意义上的规范性概念影响。因此，笔者认为，大众并不认为知识不需要确证，而是认为规范他们进行确证的不仅有认知因素上的理由，也有非认知因素上的理由。然而，这一主张又会导致知识的非理智主义和非事实性的问题。后文将讨论大众知识概念的非事实性转向和知识的似真性特征。

三、"真"的非必要性之争

主流知识论认为"真"是知识的必要条件，即只有命题 p 为真，某人才能知道命题 p。劳伦斯·邦久（Laurence Bonjour）曾经谈到，很多哲学家认为"真"的必要性无可争议。[②] 即使威廉姆森认为知识是不可还原的概念，他也主张知识蕴含真，"知道"是最一般的事实性状态。[③] 近年来，学界出现了"真"是否必要的争论。艾伦·黑兹利特（Allan Hazlett）从日常语言实践出发，指出大众知识归赋具有非事实性的一面；图瑞、巴克沃尔特和迈克尔·汉农（Michael Hannon）反对黑兹利特的观点，他们认为"知道"的非事

---

① 徐向东：《怀疑论、知识与辩护》，北京：北京大学出版社，2006 年，第 9 页。

② Laurence Bonjour, *Epistemology: Classic Problems and Contemporary Responses*. Lanham MD: Rowman and Littlefield Publishers, 2002, p. 30.

③ ［英］蒂摩西·威廉姆森：《知识及其限度》，刘占峰、陈丽译，陈波校，北京：人民出版社，2013 年，第 40 页。

实性是主角投射因素所致。实验知识论研究发现,大众知识归赋有真值敏感性,但是当认知结果受到责备时,它又没有真值敏感性。在此基础上,图瑞指出大众知识概念具有似真性特征。

（一）黑兹利特的"知道"的非事实性论证

黑兹利特在《事实性动词之谜》一文中质疑"真"是知识的必要条件。他认为"S 知道 p"并非直接蕴含真,而是在会话含义的层面上隐含着真的可能性,这需要在具体的语境和交流中去理解和解读。人们在日常生活中说"知道"时,通常不是事实性的。①

首先,他从"知道"在日常使用中的非事实性来论证"真"的非必要性。具体示例如下:

（1）两名澳大利亚医生在 20 世纪 80 年代证明溃疡是细菌感染所致之前,人人都知道压力导致溃疡。

（2）当船要转弯的时候,他们发现了前方有足以使船沉没的冰川。但是船身太大,船舵又太小……来不及转弯了。他所知道的一切都是错误的。

（3）人们以前被告知第一次世界大战是为世界民主而战,但是事实上它只是为了维护西方帝国主义的利益。

（4）"我"呼吸困难,疼痛难忍。几根肋骨骨折,部分器官衰竭。而"我"的身边没有真正的救援人员,这时"我"认识到"我"要死在那里了。②

以上例子构成了事实性的反例。即使在日常生活中某人知道一个假命

---

① Allan Hazlett, "The Myth of Factive Verbs," *Philosophy and Phenomenological Research*, 2010, 80（3）, pp. 497-522.
② Allan Hazlett, "The Myth of Factive Verbs," *Philosophy and Phenomenological Research*, 2010, 80（3）, p. 501.

题,人们也没有觉得不妥或不可接受。这意味着,即使命题 p 为假,人们也可能认为"S 知道 p"仍为真。如果这一主张成立,那么知识归赋语句为真的必要条件为:

（非事实 1）知识归赋语句"S 知道 p"为真,仅当 S 相信命题 p。

（非事实 2）知识归赋语句"S 知道 p"为真,仅当 S 对命题 p 或信念 p 有认知保证。[①]

依据黑兹利特的观点,认知保证是指认知上有保证的信念趋向于真,且认知保证的反思是外在主义的方式。具体来说,一是只要 S 关于命题 p 的信念为真,那么 S 的信念 p 是有保证的;二是只要 S 以可靠的方式形成关于命题 p 的信念,那么 S 的信念 p 在认知上是有保证的。在他看来,信念 p 的真值是该信念能够成为知识的充分条件,而不是必要条件。

其次,根据保罗·格莱斯(Paul Grice)的语用主张,日常知识归赋语句"S 知道 p"隐含了命题 p 为真,不是传统知识论所主张的"S 知道 p"蕴含了真。例如,以下的知识归赋语句看似是已知的真命题,但是并不能保证已知的命题为真。在格莱斯看来,"知道"在日常生活中主要有以下三种用法:

（1）以"知道"代替证言。

如果 A 和 B 是警察,他们正在调查一起爆炸案。

A：有没有收到×××关于炸弹构造的信息?

B：他们知道这是自制炸弹。

（2）"知道"描述他人的信念,并预设命题的真值。

如果 A 和 B 是原告律师。

---

① Allan Hazlett, "The Myth of Factive Verbs," *Philosophy and Phenomenological Research*, 2010, 80 (3), p. 508.

A：相关被告人是否有意犯罪。

B：她知道她所做的是在犯罪。

（3）"知道"用来保证一些命题的真值。

如果 A 和 B 在进行抽样调查。

A：人们能确定这是一种寄居蟹吗？

B："我"知道这是寄居蟹的一个品种。①

根据格莱斯的合作原则，日常会话的顺利进行需要遵守以下原则：

质量原则：不说你认为为假的命题或你没有理由相信为真的命题。

数量原则：提供所需要的信息。

关系原则：与会话相关。②

以爆炸案为例，根据质量原则，B 隐含了他相信那个是自制炸弹，同时他也希望 A 相信这一点。要不然，他会说："×××认为这是自制炸弹，他们错了。"这里的知识归赋蕴含了×××拥有对信念 p 的认知保证。此外，根据相关原则，A 假设 B 所说的是相关的。尽管×××对信念 p 有认知保证，但是 B 不认为这是自制炸弹，那么 B 就不应该说信念是有认知保证的，因为这会误导 A 认为其信念为真。因此，他们知道这是自制炸弹，并不蕴含这就是自制炸弹。正如，当一个当地人说前方拐弯处有一个加油站时，这隐含着这个加油站在营业；但是"拐弯处有一个加油站"并不蕴含"这个加油站在营业"。

最后，黑兹利特在语义预设和语用预设的层面再为"知道"非事实性进行辩护。他在《事实性预设和知识的真值条件》一文中指出，"知道"的事实

---

① Allan Hazlett，"The Myth of Factive Verbs，" *Philosophy and Phenomenological Research*，2010，80（3），pp. 510-511.

② Paul Grice，*Studies in the Way of Words*. Cambridge，Massachusetts：Harvard University Press，1989，p. 28.

性问题是一个语义预设的问题，但语义预设并不隐含"真"是知识的必要条件。①

语义预设与蕴含都用于描述命题之间的关系，但它们之间存在明显的区别。具体来说，"S 知道 p"预设命题 p 并不隐含着"S 知道 p"蕴含命题 p。根据戈特洛布·弗雷格（Gottlob Frege）、彼得·弗雷德里克·斯特劳森（Peter Frederick Strawson）等人的语义预设解释，语义预设是由具体词语的惯常用法产生的。对于"S 知道 p"而言，它的日常含义预设了命题 p 为真。从语义预设的观点来看，如果"S 知道 p"为真，那么命题 p 必须为真。这也意味着，S 拥有关于事实 p 的知识。但是，要想把事实 p 的知识归赋给认知者，首先要存在认知者 S 和事实 p，否则"S 知道 p"就没有真值。其次，人们需要考察认知者 S 和事实 p 是否处于"知道"的关系之中。如果"S 知道 p"预设命题 p，那么就会出现一个问题，因为肯定语句有预设，否定语句同样也有预设。就是说，如果"Skp"预设命题 p，那么"￢Skp"也预设命题 p。人们不能说，某人知道命题 p，但命题 p 为假，因为"某人知道 p"蕴含命题 p。在黑兹利特看来，隐含和蕴含不同。蕴含可以理解为：

（肯定知识）"Skp"蕴含命题 p，当且仅当，必然地，命题 p 为真，那么"Skp"为真。

（否定知识）"￢Skp"蕴含命题 p，仅当，必然地，如果命题 p 为假，那么"￢Skp"为假。②

语义预设与"否定知识"中的蕴含原则不同，根据语义预设，即使命题 p 为假，"￢Skp"也可以为真。这样，"某人不知道 p"并不总是预设命题 p，也

① Allan Hazlett, "Factive Presupposition and the Truth Condition on Knowledge," *Acta Analytica*, 2012, 27(4), pp. 461-478.

② Allan Hazlett, "Factive Presupposition and the Truth Condition on Knowledge," *Acta Analytica*, 2012, 27(4), p. 470.

不蕴含命题 p。如果"真"是知识的必要条件，那么它同样也是"无知识"的必要条件。根据语义预设和蕴含原则，"真"不是"无知识"的必要条件，因此黑兹利特再次否定"真"是知识的必要条件。

　　除了"知道"的惯常含义，"知道"的事实性预设是一个语用问题。语用预设不是说"S 知道 p"预设命题 p，而是说，某话语"S 知道 p"预设命题 p。根据这一观点，人们不是说"知道"是事实性的，而是说，对"知道"这个词语的使用是事实性的。首先，在罗伯特·斯塔纳克（Robert Stalnaker）看来，当某人说"S 知道 p"或"S 不知道 p"都预设了命题 p。某说话者在特定语境下的语用预设是指在此语境下说话者达成共识的信念背景。[①] 他认为如果"S 知道 p"蕴含命题 p，那么在大多数情况下，断言或否定"S 知道 p"预设命题 p。假设某说话者在不确定命题 p 是否为真时，断言某人在某语境下知道命题 p。他这么做不是要作出命题 p 为真的主张，也不是断言此人的认知状态，这样会话的意图和目的就不清楚了。但是在日常生活中，人们交际是有目的的，因此这样断言或否定"S 知道 p"就不合理。人们在不确定命题 p 的真值时，就断言"S 知道 p"也是不合理的。因为如果说话者相信断言的理由是他认为命题 p 为假，或者某人不相信命题 p，或没有理由相信命题 p，那么他的主张就相当弱且无必要。黑兹利特认为事实性预设具有语境敏感性，同一个断言在某语境下有事实性预设，而在另一种语境下则没有，以溃疡案例为例：

　　（1）直到 20 世纪 80 年代，人们才发现细菌感染导致溃疡的证据。之前人们认为压力导致溃疡。1975 年，一名医生对他的病人说："我在医学院学过，知道压力大会导致溃疡，所以你近期尽量避免做讲座。"

　　（2）在 1995 年，一名医生对他的同事说："我在医学院学过，知道

---

① Robert Stalnaker, "Pragmatic Presuppositions," *Context and Content: Essays on Intentionality in Speech and Thought*. New York: Oxford University Press, 1999, pp. 47-62.

压力导致溃疡,你能相信他们教的是什么。"①

在(1)中,医生预设了压力会导致溃疡,在(2)中没有预设。在(2)中医生话语的合适性可以被废止,因为这个事实性预设的证据是语用层面的,而不是语义层面的。简言之,黑兹利特从语用预设角度为日常用语中"知道"的非事实性用法进行辩护。

语用预设解释面临一个难题,斯塔纳克既主张"S 知道 p"隐含命题 p,也主张其蕴含命题 p;而黑兹利特主张"S 知道 p"隐含命题 p,但不蕴含命题 p。如果前者成立,那么"S 知道 p,但非 p"就不可接受。如果它不可接受,那么隐含之意就不能被废止或撤销。如果隐含之意不可废止,它就不是真正的隐含之意。

简言之,黑兹利特从"知道"的日常语言使用和日常的知识归赋中,分析得出大众日常生活中的知识概念不是事实性的。一方面由于人们普遍认为知识有可能出错;另一方面日常知识归赋中,人们有可能知道错误的命题。在他看来,"知道"的非事实性在逻辑上并不矛盾,只违背了会话合作原则。知识归赋语句只是隐含了命题 p 为真,并非蕴含命题 p 为真。正因为如此,在他看来,传统知识论不应诉诸"知道"的日常用法。

（二）对黑兹利特的质疑

学者认为人们质疑"知道"日常用法的非事实性,可能有以下三个原因,比如人们对可取消性概念的误用,以及日常语言的歧义或主角投射因素影响。

1. 可取消性概念的误用和日常语言的歧义

图瑞认为黑兹利特的非事实性解释存在两个问题。第一,根据黑兹利特的语用解释,会话含义是可以直接或合适地取消,这对于知识来说是反直

---

① 黑兹利特在这里使用的是事实性动词"学过"。他认为"知道""学过""发现"等属于事实性动词。这里只是讨论"知道",所以为了不引起歧义,文中把黑兹利特示例中的"学过"改为"知道"。

觉的。以炸弹案例为例,如果人们把知识归赋给 B 隐含着×××的信念为真,根据隐含条件是可以直接或合适地取消,就会得出反直觉的结果:他们知道这是自制炸弹,但这不是自制炸弹。图瑞认为黑兹利特误解了格莱斯的可取消性概念。在格莱斯看来,所有的会话含义是可取消的,但是可取消性只是表明有些语句的使用不是隐含之意。黑兹利特反对这种观点,因为一方面,明显的可取消性不是真正的隐含之意的必要条件;另一方面,不可接受某断言并不否定它具有的隐含之意。比如,"他们知道这是自制炸弹,但这不是自制炸弹"这句话,对于人们来说这一断言是不可接受的,这并不意味着它隐含"这是自制炸弹"之意。

第二,黑兹利特选取的有关"知道"的日常使用的两个例子并不能说明日常的知识概念是非事实性的。因为在黑兹利特给出的例子中,三个知识归赋为真,并不需要"知道"的非事实性解释。以第一个知识归赋语句"人人都知道压力导致溃疡"为例。如果这里"真"是指每个人都知道,那么这个知识宣称显然有夸张之嫌。另外,压力导致所有的溃疡,还是某些溃疡? 或两名澳大利亚医生证明细菌感染导致所有溃疡,还是某些溃疡? 这个知识宣称的意思是,在两名澳大利亚医生证明细菌感染会导致某些溃疡之前,某些人知道压力会导致某些溃疡。因此知识归赋语句为真并不需要"知道"非事实性条件。汉农也认为黑兹利特的辩护并不成功。[①] 他给出反例指出,日常语言并不支持黑兹利特的观点。例如,当船要转弯的时候,他们真的知道有足够的时间使船躲过能够看得到的冰川吗? 古人知道地球是平的,他们真的知道地球的形状吗? 对于这两个语句,人们会倾向于否定回答,撤回原来的知识宣称。

2. 非事实性:主角投射现象而非真正的知识归赋

汉农和巴克沃特认为,在日常语言实践中"知道"的非事实性是由于受主角投射因素影响,并没有否定知识的事实性要求。理查德·霍尔顿

---

① Michael Hannon, "'Knows' Entails Truth," *Journal of Philosophical Research*, 2013, 38, pp. 349-366.

（Richard Holton）认为主角投射的语句给人们的是一种假信念，因为人们以不恰当的方式使用主角的错误词语。① 在他看来，受主角投射因素影响的语句归赋了一种假信念。例如，他给某个女孩一枚钻戒，但事实上这枚戒指是玻璃的。这句话表示，某人错误地相信这是一枚钻戒。该语境要求给出主体的态度。这个主体可能是送戒指的人，且此人认为这是一枚钻戒，也可能是收戒指的人，还可能是说话者。

黑兹利特认为他的论证不受主角投射因素影响。如果人们受主角投射因素影响，他们会对所描述的事情是否真的是那样，作出否定回答。例如，某人说"他给了她一枚钻戒，而钻居然是玻璃的"时，此人会认为这枚戒指不是钻戒。如果在其他例子中，人们不会作出否定回答，那就说明他们的例子没有主角投射。其他例子与"玻璃钻石"例子不同的原因在于：第一，在溃疡案例（1）中，人们是否真的知道压力导致溃疡。即使问题凸显，他们还是会肯定地回答知道这个错误的命题。第二，根据霍尔顿的主角投射观点，错误的话语是有意为之。比如，说话者知道他的话语是错误的。这一点与"知道"这一词语误用不同。当某人说"他送她一枚钻戒，却是玻璃的"时，他相信玻璃不是钻石，所以"他送她一枚钻戒"为假。对人们来说，"人人都知道压力导致溃疡"不是明显为假。这与"不能知道假信念"相容，因为人会犯错。如果这个假命题对大部分人来说不明显，那么它就不涉及主角投射，因为主角投射必须是有意的。要想是有意的，说话者肯定知道他们不能知道错误的信念。第三，"玻璃不是钻石"是一个自然科学问题，但是黑兹利特认为知识不是自然科学问题，人们不需要自然科学理由决定人们不能知道假命题，因为知识论谈论的是概念上的真。②

安德烈亚斯·斯托克（Andreas Stokke）不认同黑兹利特的论证，并相应

---

① Richard Holton, "Some Telling Examples: A Reply to Tsohatzidis," *Journal of Pragmatics*, 1997, 28 (5), pp. 625-628.
② Allan Hazlett, "The Myth of Factive Verbs," *Philosophy and Phenomenological Research*, 2010, 80 (3), pp. 516-517.

地给出回应。① 他质疑黑兹利特认为钻石案例与他的事实性动词案例不能类比。一方面是因为这个结论完全取决于"真的"（really）一词在具体问题中的作用。比如，"真的"一词导致语境变化，进而使知识归赋的结果不同。以"身高"为例，A 和 B 两人谈论他们的朋友约翰。

> A：约翰很高。
>
> B：约翰真的很高吗？

在这个对话中，A 以一般标准来判断约翰的身高，B 以吉尼斯世界纪录的标准来衡量约翰的身高。因此，"真的"一词表明了 B 所提的问题的有效语境。

另一方面，对"真的"问题的否定回答比肯定回答更合适。以溃疡案例为例：

> A：两名澳大利亚医生在 20 世纪 80 年代证明溃疡是细菌感染所致之前，人人都知道压力导致溃疡。
>
> B：等一下，人们真的知道吗？
>
> A：不，当然不是，人们只是认为他们知道。/是的，他们知道，他们十分肯定。②

可以看出，这个案例与钻石案例并没有不同。首先，"人人都知道压力导致溃疡"的知识宣称也是主角投射现象，而非真正的知识归赋。其次，针对黑兹利特的归赋假信念是有意为之的观点，他认为，说话者有意采用主角视角作出判断，这并不是说，说话者必须接受假命题。说话者有意接受一个假命题，这并不承诺说话者认为"不能知道假命题"。最后，针对"没有钻石

---

① Andreas Stokke，"Protagnist Projection，" *Mind and Language*，2013，28（2），pp. 204-232.
② Ibid.

是玻璃的"案例和事实性论题的证据不同的观点,斯托克认为,黑兹利特观点成立的前提是语句"他送某个女孩一枚钻戒,结果却是玻璃的"为假,即使"玻璃不是钻石"是一个自然科学问题而事实性是形而上学意义上的真,这个区别也与命题的真假无关。

总之,黑兹利特论证了日常生活中"知道"一词使用的非事实性。他指出某人知道命题 p,但是并不蕴含命题 p 为真。学者可能会质疑"知道"的非事实性是对可取消性概念的误用,或主角投射,或日常语言的歧义引起。汉农则指出,要解决这一僵局,实验调查或许有借鉴的意义。巴克沃尔特在《事实性动词与主角投射》中的实验结果支持汉农的论断。他的实验调查发现"知道"的非事实性用法是主角投射现象,而非真正的知识归赋。

3. 巴克沃尔特的实证研究:否定非事实性

巴克沃尔特实验研究表明"知道"的非事实性使用不是真正的知识归赋,而是主角投射现象。[①] 为了考察它是否是主角投射的结果,以及大众是否认为认知者知道假信念,他一共设计了五组实验。前四组实验采用黑兹利特的日常语句例子。受试者随机接受一个例句并回答:(1)人们认为他们知道(主角投射回答);还是(2)人们的确知道(非投射)。第一组和第二组实验发现,人们倾向于采用案例中的主角视角;并且发现事实性动词的投射现象,但是主角投射现象并不能直接证明命题的真假导致主角投射或非事实性回答。

为了考察这一点,他进行了第三组实验,实验采用主体间设计,案例为黑兹利特的炸弹案例,一半受试者看假命题,一半受试者看真命题。

假命题:这颗炸弹看上去是自制的,事实上它是由专家在高科技化学工厂制造的。

---

① Wesley Buckwalter, "Factive Verbs and Protagonist Projection," *Episteme*, 2014, 11(4), pp. 391-409.

　　　　真命题：事实上，这颗炸弹是由业余人士在地下室制造的。

　　　　以下哪句话更好地描述了×××的情况：

　　　　A：×××认为他们知道。

　　　　B：×××真的知道。①

　　实验结果为，命题为真时，86%的受试者认为×××真的知道；命题为假时，只有12%的受试者归赋知识，两者之间有统计学意义上的显著性差异。② 这表明命题的真假与归赋者的语境一致。事实性仍是大众知识的重要原则。

　　第四组实验是第三组实验的重复，实验结果再次支持了第三组实验的结果。只有7%的受试者认为认知者知道假命题。第五组实验以银行案例为例，发现受试者在对哲学家的思想实验作出自己的判断时，会出现主角投射现象。总之，实验整体上反映出人们更倾向于站在案例中认知者的视角来阐释而非真正地把知识归赋给案例中的有假信念的认知者。根据以上实验结果，受试者在对黑兹利特的例子和哲学家的思想实验作出判断时，会出现主角投射现象，因此巴克沃尔特认为，人们知道假命题是主角投射的缘故。

　　黑兹利特坚决反对"知道"的非事实性用法是主角投射现象。首先对汉农的主张，他认为人们是否普遍知道不可以知道的假命题，这一点没有一致的结论，因此，人们不能确定"知道"的非事实性用法是否是主角投射现象。其次，他认为巴克沃尔特的实验结果并不能很好地证明"知道"的非事实性用法是主角投射现象。"人们真的知道 p"还是"人们认为他们知道 p"，这两个问题有歧义。一方面，回答前者隐含命题 p，回答后者隐含着认知者明白但非命题 p；另一方面，他认为这两个问题有两种理解方式：对某

---

① Wesley Buckwalter, "Factive Verbs and Protagonist Projection," *Episteme*, 2014,11(4), p. 399.

② Wesley Buckwalter, "Factive Verbs and Protagonist Projection," *Episteme*, 2014,11(4), p. 400.

人心灵状态的归赋或隐含有关外在世界的信息。所以这两个问题的歧义在于,它们可能是有关认知者心灵状态的问题,也可能是关于外在世界信息真假的问题。他举了一个会话含义的例子:一个当地人说前方路口有一个加油站,你到了那里才发现,加油站已关闭。当地人说的话隐含而非蕴含这个加油站在营业。问题是"前方路口真有加油站,还是这个当地人误导你",答案显然是后者,因为这不是"前方是否有加油站"存在的问题。同理,在他看来,"人们认为他们知道"并不意味着它不是关于"人们是否知道"的问题。也就是说,"知道"的非事实性用法并不是主角投射现象。

(三) 似真性

在知识论中,"真"一直被认为是知识的必要条件。然而,鉴于人类认知能力的局限性和实用因素对知识归赋的影响,巴克沃尔特和图瑞主张放宽对"真"要素的要求,提出知识的似真性。[1] 依据他们的观点,除了人类认知官能限制了人们精确地把握客观事实的能力这一原因,"知道"和常识标准、社会交往和认知探究的实践目的也与此密切相关。

似真性有两个方面的特性,从概念来看,"真"是似真性是否合适的标准,即为"真"设置了容错边界;从知识本身来看,理想的知识示例是严格上为真的,而常识可以是接近真,越接近真越好。在实践理由充足的情况下,即使不能保证知识的确定性,它仍旧可能为真。从这两个方面可以看出,似真性与知识的实用侵入相融贯。巴克沃尔特和图瑞认为,如果可行性是知识的构成性要素[2],且似真性对于实践又是必要的,那么把似真性和知识的实用侵入解释相融贯就是合理的。[3] 霍桑、斯坦利、范特尔和麦格拉思等人主张知识与行动、实践利益紧密相关,认为某人的信念能否成为知识部分地

---

[1] Wesley Buckwalter and John Turri, "Knowledge and Truth: A Skeptical Challenge," *Pacific Philosophical Quarterly*, 2019, 101(1), pp. 93-101.

[2] John Turri and Wesley Buckwalter, "Descartes's Schism, Locke's Reunion: Completing the Pragmatic Turn in Epistemology," *American Philosophical Quarterly*, 2017, 54(1), pp. 25-46.

[3] Wesley Buckwalter and John Turri, "Knowledge and Truth: A Skeptical Challenge," *Pacific Philosophical Quarterly*, 2019, 101(1), pp. 93-101.

取决于在特定情境中能否把该命题作为行动的理由。这意味着,某人是否持有知识与他在不同情境中的行动有关,也就是说,在特定的实践情境中,他知道命题 p,仅当某人基于命题 p 有充足的可行性。

似真性的优点在于:它与认知规范性和实践推理的认知条件相融贯。例如,肖弗的观点认为似真性反映了实践考量在认知维度的理性推理,即使命题 p 不严格为真,只要它是解决问题的有效方法,人们在实践推理中也可能接受。依他看来,实践推理所依据的命题在精确程度上存在差异,但这并不与认知理性相悖,因为在实际操作中,适度地权衡命题的精确性,才能更好地发挥认知理性的作用。若人们过于追求命题的绝对真实性,则可能导致行动迟滞,问题无法得到及时解决。因此,似真性有利于高效地解决问题。①

此外,巴克沃尔特和图瑞实验考察了事实性和实践充足性之间的关系,发现实践充足性影响真值相关因素,对大众知识归赋起决定性作用。实验假设知识归赋受真值条件影响,然而,在命题为假的情况下,人们由于有充足的实践理由也会归赋知识。实验采用 2(真值:真、假)、$X2$(充足性:严格、宽松)、$X5$(场景:战争、驯鹿、车票、风景、基地)设计。② 具体来说,实验设计为:真值是说被归赋的命题 p 的真假值;充足性是说成功的实践活动要求严格的真,还是有容错边界的真;场景是说认知者所考虑的问题。829名受试者随机分配到二十种条件中的一种。实验采用线性交互效应分析,发现存在真值主效应、标准无主效应、标准与真值具有交互效应。

实验结果为,控制变量真值影响受试者对相关命题的真值判断;控制变量标准影响受试者判断认知者答案的实践充足性;知识归赋是受试者对命题真值和实践充足性共同作用的结果。此外,实验采用线性回归分析发现,

---

① Michael J. Shaffer, "Not-Exact-Truths, Pragmatic Encroachment, and the Epistemic Norm of Practical Reasoning," *Logos and Episteme*, 2012,3(2),p. 252.

② Wesley Buckwalter and John Turri, "Knowledge, Adequacy, and Approximate Truth," *Consciousness and Cognition*, 2020,83(4),pp. 1029-1050.

命题真值和实践充足性对知识归赋都具有统计学意义上的显著性差异,它们的 β 值分别为 0.344 和 0.386。① 这些实验结果表明真值相关因素对知识归赋的影响很大。命题为真时,知识归赋的结果高于命题为假时。这也符合常识和直觉。当命题为假时,实践充足性情况下的知识归赋高于实践非充足性情况下的知识归赋。当一个假命题不具有实践充足性,受试者倾向于否定知识;与之相反,当一个假命题具有实践充足性,受试者倾向于归赋知识。尽管集中趋势是受试者会在命题为假却有实践充足性的情况下归赋知识;但是与命题为真且具有实践充足性的情况相比,前者远低于后者。

总之,即使命题为假,但如果具有实践上的必要,人们也会归赋知识于认知者。在巴克沃尔特和图瑞看来,"真"不是知识的必要条件,而且知识归赋受到实践充足性影响。② 受试者在似真的情况下归赋知识,尤其在认知者的实践目的凸显时会归赋知识;相反,在没有充足的实践理由的情况下会否定知识。这一情况可能是根植于大众知识论的"后真相时代"③的分歧。它们的分歧不是命题本身的真假所导致的,而是实践充足性判断和人们对已知意见的不同立场所导致的。④

格肯对图瑞的真值不敏感性表示质疑。⑤ 在他看来,图瑞仅仅是从内在主义立场考察认知理性对"真"的不敏感性,依据外在主义者的观点,"真"是认知保证的构成要素。首先,在正常的认知环境中,人们的认知具有客观性、利真性,并且人们的认知官能具有真值敏感性。其次,认知者的信念在幻觉的情况下可以得到一次性的保证,而不是在所有幻觉情况下都

---

① Wesley Buckwalter and John Turri, "Knowledge, Adequacy, and Approximate Truth," *Consciousness and Cognition*, 2020,83(4),pp. 1029-1050.

② Ibid.

③ "后真相时代"人们感兴趣的不是客观事实,而是更多关注自己的主观感受或表达自己的立场。[英]赫克托·麦克唐纳:《后真相时代:当真相被操纵、利用,我们该如何看、如何听、如何思考》,刘清山译,北京:民主与建设出版社,2019 年。

④ Wesley Buckwalter and John Turri, "Knowledge, Adequacy, and Approximate Truth," *Consciousness and Cognition*, 2020,83(4),pp. 1029-1050.

⑤ Mikkel Gerken, "Truth-Sensitivity and Folk Epistemology," *Philosophy and Phenomenological Research*, 2020,100(1),pp. 3-25.

会得到保证。格肯认为"缸中之脑"中认知者的信念是没有得到保证的。再次，真值敏感性并不拒斥认知上的瑕疵，格肯指出"真"与认知保证所要求的真值敏感性不同。真信念并非都得到保证，没有得到保证的信念并非不为真。"真"是范导认知理性的规范。也就是说，一个信念是否满足认知规范有赖于认知者的认知能力是否是利真的。只有一个信念满足"真"的知识标准，它在知识论意义上才是正确的。最后，格肯认为真值不敏感不是由于免于责备，而是一种认知后果偏差。认知保证、认知规范与认知能力的利真性有关，而非免于责备。外在主义者认为可能由于信念利真性而免于责备。大众知识论常常把免于责备和认知保证混为一谈。比如，A 和 B 在做一项实验研究，A 的结果好，而 B 的结果差。尽管认知能力或过程的利真性是一样的，但人们一般会认为 A 的信念为真，且有认知上的保证；相反，人们一般会认为 B 的信念为假。由于人们认知能力的局限性，大众的认知实践以探究为动力，但认知偏差与大众的认知探究紧密相随，进而导致系统性的归赋错误。因此格肯建议防范大众知识归赋的误导。笔者并不认同格肯的观点。人们认知官能的局限性并不能否定人们对世界的认知能力，人们具有理智德性，能够通过反思、推理等达到求真不出错的认知目的。大众认知探究的价值除了求真不出错，也须服务于实践的需要。似真性并不完全否定"真"，而是不能够彻底地、确切地获得"真"。从解决实践问题的功效来说，似真性知识在社会实践中不可或缺。

　　综上，黑兹利特以日常语言使用为例，指出"知道"的非事实性用法，并从语义和语用层面为之辩护，主张"知道"隐含真，但不蕴含真。图瑞、巴克沃尔特等反对者认为，"知道"的非事实性用法是主角投射现象，而非真正的知识归赋。黑兹利特对此作出回应，并再次从语义预设和语用预设层面为"知道"日常使用的非事实性辩护。此外巴克沃尔特和图瑞主张"真"不是知识的必要条件，鉴于实用侵入知识，从实践考量出发，提出似真性。他们认为，从社会实践角度来看，似真性仍具有认知价值。这一主张受到格肯的质疑，他认为"真"是认知理性的必要的构成性条件，并站在外在主义立场为之辩护;此外,他指出大众知识规范的真值敏感性是认知后果偏差,是一种基础性的归赋错误。

四、信念的非必要性之争

传统知识论认为人们只有相信命题 p,才能知道命题 p。然而,20 世纪 60 年代以来,有的知识论学者认为某人知道命题 p,并不意味着他相信命题 p。近年来,在思辨层面和实验研究层面,信念是否是知识的必要条件有诸多讨论。实验知识论针对这一论题进行了一系列调查研究,考察大众认知直觉对这一问题的判断。

（一） 知识蕴含信念论题的提出

自柏拉图的知识三元定义以来,学界普遍认为知识蕴含信念。科林·拉德福德(Colin Radford)最早提出无信念的命题知识论题。[1] 他给出蕴含论题的反例即不自信考生案例:

> 简要参加历史考试。她说她不懂历史,考试全靠猜测。有一次,她正确地回答出伊丽莎白一世于 1603 年去世。有人质疑她:"你不能一直凭猜测做题。"简回答:"说到这里,我记得我曾经学过这个。"[2]

拉德福德认为这个反例表明简知道命题 p,但是不相信命题 p。凯思·莱勒(Keith Lehrer)认为拉德福德的反例并不成功,原因在于这个案例不是关于知识,虽然简回答出伊丽莎白一世于 1603 年去世,但是这一点没有得到确证,因此不能说她拥有知识。戴维·阿姆斯特朗(David Armstrong)认为这个案例既关乎知识也关乎信念。当人们问及这个问题时,认知者看上去猜测答案好像是 1603 年。实际上,她曾经学过这个,曾经的学习记忆是

①　Colin Radford, "Knowledge: By Examples," *Analysis*, 1966,27(1),pp. 1-11.
②　Colin Radford, "Knowledge: By Examples," *Analysis*, 1966,27(1),pp. 4-5.

她选择这个年份的理由。① 也就是说,尽管简对自己持有基于记忆形成的信念并不特别自信,但是她还是具有"伊丽莎白一世于 1603 年去世"的信念。

(二) 知识蕴含信念的实证研究之争

近年来,实验知识论对这一问题进行了一系列研究。布莱克·迈尔斯-舒尔茨(Blake Myers-Schulz)和埃里克·施威茨格贝尔(Eric Schwitzgebel)的实验研究发现,受试者在没有信念的情况下也会进行知识归赋。戴维·罗斯(David Rose)和肖弗反对这个结论,他们认为信念可分为当下信念和倾向性信念,迈尔斯-舒尔茨的实验结果只能说明知识不蕴含当下信念,但是没有否定知识蕴含倾向性信念。迪伦·默里(Dylan Murray)等人支持知识不蕴含信念,不认同知识蕴含倾向性信念。而巴克沃尔特等人也不认同反蕴含论题,他们区分了厚信念和薄信念,认为知识蕴含薄信念。

1. 支持信念的非必要性的实验

为了检验知识是否蕴含信念,迈尔斯-舒尔茨和施威茨格贝尔设计了一组主体间实验。实验采用历史考试案例。

> 历史考试案例:凯特要参加历史考试,她花费很多时间准备。现在,她正在考试,题目做得很顺利,还剩最后一道题,题目是"伊丽莎白一世于哪一年去世"。这道题她复习过很多次,几个小时前她还讲给朋友听。因此,当她看到这道题时,松了一口气,自信地回想这个答案。而她还没想起来,老师却说,考试快要结束了,给大家一分钟检查一下试卷。凯特抬头看了一下手表,突然慌乱起来,心想,"哦,这压力大我考不好。"她紧紧地握住铅笔,绞尽脑汁,但没有想起来答案。她很灰心,对自己说:"我只能靠猜了。"她失望地叹了一口气,决定填写"1603

---

① David Armstrong, "II-Does Knowledge Entail Belief," *Proceedings of the Aristotelian Society*, 1970,70 (1),pp. 21-36.

年"。实际上,这个答案是正确的。

问题 1:凯特知道伊丽莎白一世于 1603 年去世吗?

问题 2:认知者相信伊丽莎白一世于 1603 年去世吗?[①]

实验结果为,第一组中 87% 的受试者认为凯特知道伊丽莎白一世于 1603 年去世;第二组中 37% 的受试者认为凯特相信伊丽莎白一世于 1603 年去世。[②] 这个实验结果表明,受试者更倾向于认为凯特知道而非相信命题 p。

郑伟平认为知识和信念之间有根本的区别。为了检验知识是否蕴含信念,他设计了两组实验,第一个案例改写了历史考试案例,第二个案例为悲伤母亲案例。[③] 实验结果为,不自信考生案例中 30.8% 的受试者认为认知者知道命题 p,64.1% 的受试者认为认知者不知道命题 p;51% 的受试者认为认知者相信命题 p,46% 的受试者认为认知者不相信命题 p。在悲伤母亲案例中,68.2% 的受试者认为母亲有无信念的知识,27.8% 的受试者认为母亲知道命题 p,并且相信命题 p。[④] 这一实验结果表明信念不是知识的必要条件。

此外,默里等人的实验研究表明,人们普遍认为信念不是知识的必要条件。他设计了上帝案例、牧羊犬案例、收银机案例和人类案例。以前两组实验为例:

上帝案例:受试者随机回答两个问题。(1)上帝知道 2+2=4 吗?
(2)上帝相信 2+2=4 吗?

---

① Blake Myers-Schulz and Eric Schwitzgebel, "Knowing That P without Believing That P," *Noûs*, 2013, 47(2), p.374.

② Blake Myers-Schulz and Eric Schwitzgebel, "Knowing That P without Believing That P," *Noûs*, 2013, 47(2), p.378.

③ 郑伟平:《知识与信念关系的哲学论证和实验研究》,《世界哲学》2014 年第 1 期,第 60—62 页。

④ 郑伟平:《知识与信念关系的哲学论证和实验研究》,《世界哲学》2014 年第 1 期,第 62 页。

　　牧羊犬案例：研究人员发现，有些品种的狗非常聪明，其中最聪明的狗当属边境牧羊犬，有的甚至能回答简单的数学题。比如，你问它 2+2 等于几，它会叫 4 下；你问它 4+5 等于几，它会叫 9 下。[①]

　　实验结果发现，两组实验一致表现为受试者倾向于归赋知识，而不归赋信念。上帝案例的实验结果为，收到第一个问题的受试者中有 93.1% 回答上帝知道，而收到第二个问题的受试者中有 65.9% 认为上帝相信，两者之间有统计学意义上的显著性差异。牧羊犬案例实验结果为，归赋知识的受试者中有 53% 没有归赋信念，而归赋信念的受试者中有 45.7% 归赋知识，两者之间有统计学意义上的显著性差异。[②] 第三组实验的结果和第四组实验的结果与以上两者一致。这一实验结果表明，人们倾向于认为信念不是知识的必要条件。

2. 支持信念的必要性的实证研究

　　以上实验方法并不合理，因为实验需要采取主体内而不是主体间设计，而且同时检验受试者归赋知识和信念的情况，这样无法保证可靠的实验结果。

　　与反蕴含论题的主张不同，戴维·罗斯和肖弗主张知识蕴含倾向性信念，他们把信念区分为当下信念和倾向性信念。如果你知道命题 p，那么你倾向于相信命题 p。为了考察这个观点，他们将问题改为"凯特仍然相信（即使她不能获得这个信息，她仍然认为自己相信）伊丽莎白一世于 1603年去世吗"。

　　实验结果显示，约 60% 的受试者认为凯特拥有知识和信念，而且其中70% 的受试者进行了信念归赋。这一实验结果支持了知识蕴含倾向性信念。他们认为不自信考生案例中，凯特有倾向性信念是因为她之前的学习

---

① Dylan Murray, Justin Sytsma, and Jonathan Livengood, "God Knows (But does God Believe)," *Philosophical Studies*, 2013, 166(1), pp. 89-90.

② 第一组为 $\chi^2 = 10.48$, $df = 1$, $p = 0.001\,2$；第二组为 $\chi^2 = 46.25$, $df = 1$, $p < 0.001$。

信息存储在大脑中,暂时的慌乱没有彻底消除她的记忆。虽然她现在无法想起伊丽莎白一世于哪年去世,但是脑海中的记忆痕迹指导她作出判断。人们只有在有意识地信息处理受阻的情况下,才可以用倾向性信念来解释。不自信考生案例的结果是,与信念有关的信息处理受阻,而这些信息并不一定构成信念的内容。比如,凯特没有当下信念的原因在于确证这个命题的信息处理受阻,无法通达认知者。如果信息处理没有受阻,凯特会倾向于相信这个命题。凯特因为考试时间到了,心里紧张,暂时阻碍了她正常地通达、存储信息。因此,在不自信考生案例中,凯特具有倾向性信念。这也解释了戴维·罗斯和肖弗的受试者为何归赋倾向性信念。

　　此外,巴克沃尔特等人主张知识蕴含薄信念,表示为:必然地,如果你知道命题 p,那么你勉强地相信命题 p。① 他们把信念分为薄信念和厚信念,并指出薄信念是一种纯粹的认知前态度。薄信念 p 会使你勉强相信命题 p,并把命题 p 作为真信息提取、存储。它不要求你喜欢命题 p 为真,不需要你在情感上认可,也不需要你明确承认命题 p 为真或命题 p 有意义。而厚信念有多种表现方式,包括情感和欲求等非理智因素,例如,你可能喜欢命题 p 为真,在情感上认可命题 p 为真,明确承认命题 p 为真,赋予命题 p 意义。在他们看来,默里等人的实验结果为,知识归赋高于信念归赋的原因在于他们调查的是厚信念而非薄信念。虽然实验结果否定知识蕴含厚信念,但并没有否定知识蕴含薄信念。为了证明知识蕴含薄信念,巴克沃尔特等人进行了假设。如果知识蕴含薄信念假设成立,就会出现四种情况:第一,厚信念案例中的信念归赋显著高于原版案例;第二,薄信念案例中的信念归赋显著高于原版案例;第三,薄信念案例中的信念归赋高于知识归赋;第四,薄信念案例中的归赋知识和否定信念低于原版案例。实验采用了新的提问策略:至少在某种程度上,S 想到命题 p。实验采用默里等人的案例,以地

① Wesley Buckwalter, David Rose, and John Turri, "Belief Through Thick and Thin," *Noûs*, 2015, 49 (4), p. 756.

球中心案例为例：

> 地球中心案例（薄信念）：凯伦是一名大一学生，就读于名牌大学。她学习成绩很不错。当前她在上物理学课程，课堂上她所学的是地球围绕太阳转。上大学前，父母告诉她，地球是宇宙的中心。她已接受了父母的观点。因此，虽然她一直在上物理学课程，但是坚信地球不围绕太阳转。期末考试时有一道题是判断地球围绕太阳转是对还是错。凯伦的答案是"对的"，回答正确，且考试成绩得了满分。
>
> 问题：凯伦是否知道地球围绕太阳转？或者，在某种程度上，凯伦是否想到地球围绕太阳转？
>
> 地球中心案例（厚信念）：考试结束后，凯伦跟朋友解释为何这么回答。她说道："我要尊重我的父母，但是我又无法否认课堂上掌握的证据。"
>
> 问题：凯伦是否知道地球围绕太阳转？或者，凯伦是否相信地球围绕太阳转？[1]

实验结果为，默里等人的原版案例中，信念归赋百分比为 11%；厚信念案例中，信念归赋百分比为 61%；薄信念案例中，信念归赋百分比为 66%，知识归赋百分比为 47%，前者明显高于后者。反蕴含论题中受试者归赋信念的百分比为 12%，远低于原版案例 37% 的百分比。其余两组实验的结果与第一组一致，在原版和厚信念条件下，信念归赋百分比为 46%，知识归赋百分比为 60%，知识归赋百分比比信念归赋百分比高；在薄信念条件下，信念归赋百分比为 65%，知识归赋百分比为 52%，知识归赋百分比比信念归

---

① Wesley Buckwalter, David Rose, and John Turri, "Belief Through Thick and Thin," *Noûs*, 2015, 49 (4), pp. 759-761.

赋百分比低。① 这一实验结果支持了巴克沃尔特等人的假设：信念有厚薄之分，且知识蕴含薄信念。他们认为这个实验结果推翻了默里等人的实验结果，因为默里等人调查的是厚信念，但案例并未描述认知者清楚地拥有厚信念。通过薄信念的问题设计，归赋知识而否定信念的百分比降低。这意味着，知识蕴含薄信念。

以上实验结果支持了修正的蕴含论题，包括知识蕴含倾向性信念，知识蕴含薄信念。蕴含论题争议的根源在于信念有多重性质，案例对信念特征有不同的侧重，从而导致实验结果不同。后文从知识和信念的关系、获得知识的方法角度，解释大众知识归赋中信念非必要性的原因。

（三）　信念的非必要性的原因

学者主张信念非必要性的理由主要有：首先是外在主义的认知途径。卡特琳·福尔考什（Katalin Farkas）认为信念并不是通达知识所需信息的唯一方法。他从知识归赋的功能出发为反蕴含论题辩护。② 他认为迈尔斯-舒尔茨和施威茨贝尔的思想实验案例不合理，存在本能情感反应、习惯性行为、无意识偏见和自欺的问题。因此，他给出以下情境：奥托因为曾受到极大的记忆损伤，所以他会把重要的信息记在笔记本上随身携带。他想去现代美术馆时，他会查看现代美术馆的位置，找到它在第53街，于是就朝那里走去。③

案例中，奥托知道但并不相信现代美术馆在第53街。福尔考什认为知识要求以一种恰当的方式获取并存储信念，但这不是唯一的方式。在这个案例中，虽然奥托没有信念，但是他仍可以通达满足"知道"所需的信息。他认为人们有更多的理由认为奥托拥有知识。第一，日常生活中，人们常常

---

① Wesley Buckwalter, David Rose, and John Turri, "Belief Through Thick and Thin," *Noûs*, 2015, 49 (4), pp. 748-775.

② Katalin Farkas, "Belief May Not Be a Necessary Condition for Knowledge," *Erkenntnis*, 2015, 80(1), pp. 185-200.

③ Katalin Farkas, "Belief May Not Be a Necessary Condition for Knowledge," *Erkenntnis*, 2015, 80(1), p. 190.

有类似奥托的处境，并且在这种处境中常常归赋知识给认知者。例如，如果你问"我"是否知道某人的手机号码，"我"会说"知道"，拿起手机查询电话簿。尽管"我"没记住，但是"我"知道。第二，根据克雷格的观点，知识归赋的功能是识别可靠的信息报告人。奥托有容易获得的可通达的可靠的信息源。因此，人们更倾向于归赋知识给他。克雷格认为尽管一个可靠的信息报告人具有关于某信息的信念，但是信念条件可能缺失，也就是说，无信念的知识是可能的。第三，福尔考什认为，根据外在主义的立场，奥托的记忆受损，不具有可靠的认知能力，人们因而不能确定他是否拥有现代美术馆位置的信念。但是奥托在笔记本上记录、存储和检索信息，因此，人们又认为他具有足够的证据。正因为如此，人们认为他知道。

　　其次，从知识和信念的多元关系来看，知识并不必然是一种信念，信念也不必然是知识的前提条件。郑伟平提出知识与信念之间不是种属关系，而是交叉关系。① 在他看来，从发生学的角度出发，直接性认知可以反驳信念是获得知识的前提条件；另外，知识和信念有明显的区别：信念有程度之分，而知识则没有程度之分。曹剑波不认同他的观点。他认为信念有程度之分，知识也有程度之分。因为知识三元要素都有程度之分，比如信念度、确证度和似真度，所以知识也有程度之分。郑伟平认为知识度与知识的确定性本质相悖。如果把知识程度化之后，程度之间的比较是无法完成的任务。他认为知识和信念的另一个区别在于，信念以认可为前提条件，而知识不以认可为前提条件，它只表明认知者知道某事。② 曹剑波对此持不同意见。他认为郑伟平否定的是知识蕴含厚信念，而不能否定知识蕴含薄信念；薄信念不以认可为前提条件。在他看来，薄信念通常是基于感知不自觉形成的，是无意识状态，不以认知者认可为前提条件。③

　　实验知识论在信念必要性上的争论未有定论，支持信念必要性的观点

---

① 郑伟平：《知识与信念关系的哲学论证和实验研究》，《世界哲学》2014 年第 1 期，第 55—63 页。
② 郑伟平：《知识与信念关系的哲学论证和实验研究》，《世界哲学》2014 年第 1 期，第 60—62 页。
③ 曹剑波：《实验知识论研究》，厦门：厦门大学出版社，2018 年，第 210—212 页。

主张知识蕴含倾向性信念或薄信念,但是对信念的阶段和程度的划分会有陷入琐碎的风险。人们还是会质疑,倾向性信念和薄信念会导致错觉、误导,以及随意和盲目猜测的问题,也会把信念与欲求、一厢情愿、期望等相混淆。

综上所述,本章主要讨论了大众认知直觉对自柏拉图以来的传统知识三元定义的挑战,大众知识概念有其区别于传统知识概念的特征,例如萨克瑞斯、毕比、图瑞等人的确证的非必要性争论;黑兹利特、图瑞、巴克沃尔特等人的"真"的非必要性争论;迈尔斯-舒尔茨和施威茨格贝尔与戴维·罗斯、肖弗、巴克沃尔特等人的信念的非必要性争论。知识论学者对知识三元要素非必要性挑战作出以下回应:在确证的必要性方面,区分认知规范和其他规范,比如审慎、实践利益和道德因素;在"真"的必要性方面,指出大众日常知识归赋的非事实性面向和知识的似真性特征;在信念的必要性方面,提出当下信念和倾向性信念、薄信念和厚信念的区分。大众知识概念与主流知识论的要求有所不同的原因之一在于大众知识归赋受各种非认知因素影响,第三章将着重分析大众知识归赋受到哪些实用因素影响,比如风险、实践利益、道德、审美和基于命题 p 的可行性等因素。

第三章
实用因素影响的大众知识归赋模式

第二章讨论了大众知识概念与主流知识论的差异。大众对知识概念理解和运用的多样性原因之一在于,大众的认知实践除了受到认知因素影响,也受到非认知因素影响。从纯粹主义的观点来看,某人的信念能否成为知识只与真值相关因素有关。然而,近年来实验知识论研究发现,大众知识归赋除了受到真值相关因素影响,也受到各种实用因素影响。

一、风险效应

大众知识归赋是否受到风险因素影响是实验知识论讨论的热点问题之一。研究发现,人们倾向于认为低风险语境下的认知者知道命题 p,而高风险语境下的认知者不知道命题 p。风险效应的讨论早先出现在语境主义的论证中,以风险高低不同的成对案例为例分析风险因素对知识标准的影响。[①] 实验研究没有就风险效应达成一致,实验结果相互冲突的原因在于,学者在实验设计、风险因素与错误可能性凸显的关系上存在分歧。

（一） 风险效应的实证研究纷争

实验知识论对风险因素是否以及如何影响知识归赋这一问题的研究,经历了从否定风险效应的第一波浪潮到肯定风险效应的第二波浪潮。近年

---

① 这部分内容将在本书第四章详细讨论。

来纷争又起,戴维·罗斯等人在全球范围内的实验研究表明,大众知识归赋不受风险因素影响。[1] 与之相反,亚历山大·丁格斯(Alexander Dinges)和朱利亚·扎库(Julia Zakkou)实验研究发现,大众知识归赋的确受到风险因素影响,且对主流知识论构成挑战。[2]

1. 质疑风险效应的实验

学者就风险因素是否影响大众知识归赋进行了一系列实验,有的实验研究不支持风险效应。首先,亚当·费尔茨(Adam Feltz)和克里斯·查澎庭(Chris Zarpentine)在《当事情不太重要时,你知道更多吗》一文中,实验研究得出知识归赋不受风险因素影响的结论。[3] 他们进行了三组实验,实验采用 7 分量表,"1"表示"十分同意","4"表示"中立","7"表示"十分反对"。第一组实验采用斯坦利改编的四个银行案例,它们分别是低风险案例、高风险案例、无知的高风险案例和归赋者低风险-主体高风险案例。[4]

实验结果为,高风险案例综合得分为 4.26,低风险案例综合得分为 3.68,无知的高风险案例综合得分为 3.59,归赋者低风险-主体高风险案例综合得分为 4.75。低风险案例和高风险案例之间,低风险案例和无知的高风险案例之间都没有统计学意义上的显著性差异。[5] 归赋者低风险-主体高风险案例与低风险案例之间,归赋者低风险-主体高风险案例与无知的高风险案例之间都有统计学意义上的显著性差异。[6] 实验结果表明,知识归赋

[1] David Rose, Edouard Machery, Stephen Stich, et al. , "Nothing at Stake in Knowledge," *Noûs*, 2019,53(1),pp.224-247.

[2] Alexander Dinges and Julia Zakkou, "Much at Stake in Knowledge," *Mind and Language*, 2020,36(5),pp.729-749.

[3] Adam Feltz and Chris Zarpentine, "Do You Know More When It Matters Less," *Philosophical Psychology*, 2010,23(5),pp.683-706.

[4] Adam Feltz and Chris Zarpentine, "Do You Know More When It Matters Less," *Philosophical Psychology*, 2010,23(5),pp.683-706. 具体案例也可以参见本书第四章第三部分。

[5] 低风险案例和高风险案例:$t(71)=1.213,p=0.23$;低风险案例和无知的高风险案例:$t(71)=0.19,p=0.85$。

[6] 归赋者低风险-主体高风险案例与低风险案例:$t(71)=1.213,p=0.23$;归赋者低风险-主体高风险案例与无知的高风险案例:$t(71)=0.19,p=0.85$。

不受风险因素影响。在他们看来,虽然归赋者低风险-主体高风险案例与低风险案例、无知的高风险案例之间都有统计学意义上的显著性差异,但这并不是因为风险因素,而是由归赋者效应所致。[①]

第二组实验为了检验在排除相关选择项凸显变量,只突出风险因素的情况下,知识归赋是否受风险因素影响。案例如下:

> 最小低风险案例:比尔、吉姆和萨拉徒步来到一个峡谷。峡谷上有一座桥,高5英尺[②]。比尔看着吉姆和萨拉从桥上走过。他对吉姆说:"我知道这座桥足够牢固能够支撑我的体重。"
>
> 最小高风险案例:比尔、吉姆和萨拉徒步来到一个峡谷。峡谷上有一座桥,高100英尺。比尔看着吉姆和萨拉从桥上走过。他对吉姆说:"我知道这座桥足够牢固能够支撑我的体重。"[③]

两个案例的区别在于桥的高度不同。实验结果为,最小低风险案例综合得分为3.29,最小高风险案例综合得分为3.23,两者之间没有统计学意义上的显著性差异。[④] 这再次表明日常知识归赋不受风险因素影响。

第三组实验是为了凸显案例中的风险因素,排除人们因为通常认为不管什么材料的桥梁都足以支撑一个人的重量,而质疑以上案例不能充分体现风险因素的情况。为了解决这个问题,费尔茨和查澎庭改写了银行案例,强调了高风险银行案例和低风险银行案例的差别在于认知者出错的代价不同。实验结果为,高风险银行案例综合得分为3.83,低风险银行案例综合

---

① 费尔茨和查澎庭在《当事情不太重要时,你知道更多吗》一文中指出,归赋者效应是指人们更愿意认同第一人称归赋,而不愿意认同第三人称归赋。他们在文中第二组实验中,设计了归赋者案例检测是否有归赋者效应。实验结果支持该效应。

② 英制中的长度单位。1英尺=(1/3)码=12英寸=0.3048米。

③ Adam Feltz and Chris Zarpentine, "Do You Know More When It Matters Less," *Philosophical Psychology*, 2010,23(5),pp.689-690.

④ 最小低风险案例和最小高风险案例:$t(78)=0.17,p=0.87$。

得分为 3.85,两者之间没有统计学意义上的显著性差异。① 这表明日常知识归赋不受风险因素影响。为了更加突出风险因素,他们又给出卡车过桥案例。前方一座桥横跨在数千英尺高的悬崖之上,晃晃悠悠;后方一座桥横跨在 3 英尺高的水沟上,晃晃悠悠。实验结果仍然支持以上结论。所有高风险语境和所有低风险语境下的数据统计表明,虽然两者存在统计学意义上的显著性差异②,但是他们认为这个实验结果并不支持风险效应,因为高风险案例平均值为 3.91,低风险案例平均值为 3.52,这两个数值在中线同侧,没有根本上的差异。实验结果表明,在排除相关选择项凸显并突出案例中的风险因素后,大众知识归赋的结果也不受风险因素影响。在此基础上他们认为,风险因素对知识归赋没有决定性的影响,而且它也不是大众知识归赋的一个基本特征。③

其次,在《星期六知识没有关闭:日常语言研究》一文中,巴克沃尔特提出风险因素和错误可能性凸显都不影响知识归赋的结果,认为大众知识归赋与语境主义、主体敏感不变主义理论上的主张不一致。④ 他改编了银行案例,前两个案例仍旧突出高风险因素、低风险因素,第三个案例只强调出错的相关可能性,没有出错的代价高低。实验结果为,三个案例的综合得分均高于中线,而且它们之间都没有统计学意义上的显著性差异。⑤ 这一实验结果表明,大众知识归赋不受风险因素影响,也不受错误可能性凸显影响。

再次,与巴克沃尔特类似,约书亚·梅(Joshua May)等人的实验考察风

---

① 低风险银行案例和高风险银行案例:$t(79) = 1.53, p = 0.13$。Adam Feltz and Chris Zarpentine, "Do You Know More When It Matters Less," *Philosophical Psychology*, 2010, 23(5), pp. 691-699.

② 单向方差分析结果为 $F(1,452) = 4.2, p = 0.04$。

③ Adam Feltz and Chris Zarpentine, "Do You Know More When It Matters Less," *Philosophical Psychology*, 2010, 23(5), p. 694.

④ Wesley Buckwalter, "Knowledge Isn't Closed on Saturday: A Study in Ordinary Language," *Review of Philosophy and Psychology*, 2010, 1(3), pp. 400-405.

⑤ 低风险案例与高风险案例的差异:$t(362) = 0.987, p = 0.234$;低风险案例与高风险案例的错误可能性:$t(361) = 1.637, p = 0.14$。

险因素和相关选择项是否影响知识归赋。[①] 实验案例改编自银行案例,共有四种情况,分别为低风险-无相关选择项,高风险-无相关选择项,低风险-有相关选择项,高风险-有相关选择项。实验结果为,四种情况的平均值都在中线以上,而且它们之间也没有统计学意义上的显著性差异。[②] 这一实验结果也不支持风险因素影响大众知识归赋。

最后,戴维·罗斯等人为了检验不同文化语境下的知识归赋是否受风险因素影响,在全球范围内展开调查。实验研究发现,大众知识归赋不受风险因素影响,而且风险效应不是大众知识归赋的基本特征。[③] 在他们看来,之前实验没有检测出风险效应可能有两个原因:一是受试者对案例中风险高低的判断是否与案例呈现的相一致;二是受试者是否受主角投射因素影响。[④] 对此,他们改进实验设计,将银行案例中第一人称的归赋者改为第三人称鲍勃和他的妻子。

问题:依你之见,当鲍勃说"我知道银行明天营业"时,他说的是真的吗?

(1)是的,鲍勃说的是真的。

(2)不,鲍勃说的是假的。

为了排除主角投射的问题,实验增加了一个问题:依你之见,以下哪句话更好地描述了鲍勃的处境?

知识归赋:鲍勃知道银行星期六营业。

严格知识归赋:鲍勃只是认为他知道银行星期六营业,但是实际

---

① Joshua May, Walter Sinnott-Armstrong, Jay G. Hull, and Aaron Zimmerman, "Practical Interests, Relevant Alternatives, and Knowledge Attributions: An Empirical Study," *Review of Philosophy and Psychology*, 2010, 1(2), pp. 265-273.

② 四种情况的平均值依次为 5.33、5.07、5.30 和 4.60;是否有相关选择项结果差异:$F(1,237)=1.16, p>0.25$;风险变量和相关选择项相互作用的影响差异:$F(1,237)=0.87, p>0.25$。

③ David Rose, Edouard Machery, Stephen Stich, et al., "Nothing at Stake in Knowledge," *Noûs*, 2019, 53(1), pp. 224-247.

④ 受试者把自己设想为认知者,并从认知者的视角判断知识归赋语句的真值。

上他不知道。①

实验结果为：第一，受试者对风险的理解没有歧义。第二，高风险、低风险对大众知识归赋的影响没有明显的差异。低风险语境下85%的受试者归赋知识，高风险语境下82%的受试者归赋知识。两者之间只相差3%，风险的高低对大众知识归赋的影响差异可以忽略。第三，实验结果不支持风险因素影响知识归赋。受试者来自19个国家和地区，其中只有西班牙、英国和日本3个国家呈现出显著的风险效应。此外，对数回归模型显示，在知识归赋上地区和风险没有交互效应，不同语言文化群体的知识归赋不受风险因素影响。第四，针对主角投射因素影响的实验发现，19个国家和地区中有2个国家（德国和美国），在严格知识归赋问题上有显著的风险效应。在这个问题上，其他国家和地区与风险之间没有交互效应，也不支持大众知识归赋受风险因素影响。② 全球范围的跨文化语境调查结果表明，大众知识归赋不具有风险敏感性。在此基础上，戴维·罗斯等人认为风险不能反映大众知识归赋的核心理念。

简言之，以上实验考察了各种不同的成对案例，有的案例区分了归赋者风险和认知者风险，有的案例区分了风险和相关选择项变量，有的案例区分了标准问题和投射问题。实验结果发现，在这些成对案例中，知识归赋的结果并无显著性差异，这也否定了大众知识归赋的风险效应。

2. 支持风险效应的实验

与以上实验结果相反，诸多学者采用不同的实验设计，支持大众知识归赋的风险效应。比如，皮尼洛斯和辛普森在《支持知识的非理智主义的实验证据》一文中对归赋者的风险因素、认知者的风险因素和认知者误解的

---

① David Rose, Edouard Machery, Stephen Stich, et al., "Nothing at Stake in Knowledge," *Noûs*, 2019,53（1）,pp. 232-233. 德娄斯的银行案例可以参见本书第四章第一部分。

② David Rose, Edouard Machery, Stephen Stich, et al., "Nothing at Stake in Knowledge," *Noûs*, 2019,53（1）,pp. 224-247.

风险因素三种情况进行了一组实验。[1] 他们从两个方面改进了实验设计：第一，实验采用前文中的寻找证据的方法，将问题设置为询问受试者、认知者需要多少证据才能满足"知道"的要求；第二，为了检验风险因素对归赋者的影响，实验设计消除了认知者面临的高风险因素，以避免认知者的风险因素影响知识归赋的结果。具体案例如下：

> 名单案例：杰西是一名乘务员，飞行国际航班。在起飞前，她要检查、确认某些人是否都在登记的名单上。每次这样做是为了随机选择经济舱乘客进行升舱。她需要从两百人中找一个人。如果她没有找到合适的人，也没有关系。她找了一遍后，发现名单上没有这个人。事实上，名单上的确没有这个人的名字。

> 问题：你认为需要检查整个名单几次，她才知道这个人的名字不在名单上。[2]

根据杰西的实践利益和事件发生的可能性高低，皮尼洛斯和辛普森分别给出四个条件。第一，高风险高可能性。如果杰西错了，此人极有可能在飞机上，而且他是一个被通缉的重犯。如果他在飞机上，就会劫机。第二，高风险低可能性。如果杰西错了，这个人是一个被通缉的重犯。如果他在飞机上，即使劫机的概率很小，飞机也有可能被劫持。第三，低风险高可能性。如果杰西错了，名单上很大概率有这个人的名字，而且他乐意升舱。第四，低风险低可能性。此人不大可能在名单上，也不大可能升舱。

实验结果为，低风险低可能性所需的平均次数为 1.6，低风险高可能性

---

① Nestor Ángel Pinillos and Shawn Simpson, "Experimental Evidence in Support of Anti-Intellectualism about Knowledge," in James R. Beebe (ed.), *Advances in Experimental Epistemology*. New York: Bloomsbury Publishing, 2014, pp. 18-19.

② Nestor Ángel Pinillos and Shawn Simpson, "Experimental Evidence in Support of Anti-Intellectualism about Knowledge," in James R. Beebe (ed.), *Advances in Experimental Epistemology*. New York: Bloomsbury Publishing, 2014, pp. 20-21.

所需的平均次数为 1.76,高风险低可能性所需的平均次数为 1.93,高风险高可能性所需的平均次数为 2.15。实验结果具有统计学意义上的显著性差异。[1] 风险高低具有主效应,风险可能性不具有主效应,风险高低和风险可能性之间不具有交互效应。这一实验结果表明,认知者的风险因素影响知识归赋。

此外,钱德拉·塞哈尔·施瑞帕德(Chandra Sekhar Sripada)和斯坦利为了检验风险因素是否影响所需证据的质量,他们设计了三组案例,分别为基本低风险案例和基本高风险案例、不言明高风险案例和言明高风险案例,以及无意识低风险案例和无意识高风险案例。他们把问题设计为证据的强弱程度,要求受试者评价认知者所寻找的证据的质量,还要求受试者直接评价认知者是否知道命题 p。实验结果为:第一,所有高低风险案例中知识归赋的结果都具有统计学意义上的显著性差异;第二,证据的强弱与风险的高低负相关。[2] 因此,该实验支持了风险因素通过影响证据质量而间接影响知识归赋的观点。

近来,丁格斯和扎库通过受试者判断认知者在风险因素提高的情况下,认知者是否撤回原来的知识宣称的实验方式,来表明大众知识归赋是否受风险因素影响。[3] 他们进行了两组实验。第一组实验的目的是从撤回原来的知识宣称的角度检验是否有风险效应。第二组实验采用不同的案例再次检验实验结果是否与第一组一致。

第一组实验改编自皮尼洛斯的拼写错误案例,有中立、风险和证据三个情境。受试者随机收到三个情境中的一个。具体案例如下:

中立情境:汉娜第一次向你透露,她一直是"后街男孩"的粉丝。

---

[1]　$F(3,224) = 3.211, p < 0.05$。

[2]　Chandra Sekhar Sripada and Jason Stanley, "Empirical Tests of Interest-Relative Invariantism," *Episteme*, 2012, 9(1), pp. 11-14.

[3]　Alexander Dinges and Julia Zakkou, "Much at Stake in Knowledge," *Mind and Language*, 2020, 36 (5), pp. 729-749.

你从来不喜欢"后街男孩",但你喜欢汉娜,你答应听一听她特别推荐的几首歌。你怀疑她会改变你的想法,但尝试一下也无大碍。到了提交论文的时候,汉娜问你是否还坚持原来的想法,你知道论文里没有错别字。

风险情境:汉娜第一次向你透露,她要在英语课上得到一个 A,她能不能拿到奖学金就看这个了。如果没有拿到奖学金,她必须退学。如果论文里有一个错误,她就很可能得不到 A,所以论文里没有错别字对她来说至关重要。到了提交论文的时间了,汉娜问你是否仍然坚持之前的知识宣称,你知道她的论文里没有错别字。

证据情境:汉娜第一次向你透露,她偷偷地读了你以前的学期论文。即使你说你有仔细校对,她也发现很多错别字。她很抱歉没有早一点告诉你。你有点失望但原谅了她。汉娜是一个好朋友,你很感激她,因为她对你很诚实。到了提交论文的时间,汉娜问你是否坚持以前的想法,你知道你的论文里没有错别字。①

在三种情境中,撤回原来的知识宣称的百分比分别为 5.9%、24% 和 59%,三种情境中关于撤回原来的知识宣称具有统计学意义上的显著性差异。② 在三种情境之间,是否撤回原来的知识宣称都具有统计学意义上的显著性差异。相较于中立情境,受试者更倾向于在风险情境下撤回原来的知识宣称;相较于风险情境,受试者更倾向于在证据情境下撤回原来的知识宣称;相较于中立情境,受试者更倾向于在证据情境下撤回原来的知识宣称。③ 此外,关于信念度的实验结果表明,受试者在风险情境下和证据情境

---

① Alexander Dinges and Julia Zakkou, "Much at Stake in Knowledge," *Mind and Language*, 2020, 36 (5), pp. 729-749.

② 卡方独立检验值为 $\chi^2(1, N=151) = 34.169, p<0.001$。

③ 风险情境与中立情境的差异:$\chi^2(1, N=101) = 6.554, p = 0.01$;证据情境和风险情境的差异:$\chi^2(1, N=100) = 11.947, p = 0.001$;证据情境与中立情境的差异:$\chi^2(1, N=101) = 31.683, p<0.01$。

下比在中立情境下更愿意撤回原来的知识宣称,而且他们在证据情境下比在风险情境下更愿意撤回原来的知识宣称。①

丁格斯和扎库认为,实验结果支持了风险因素和证据因素影响知识归赋。当风险因素增加,撤回原来的知识宣称的百分比从 5.9% 上升到 24%;当证据因素增加,撤回原来的知识宣称的百分比从 5.9% 上升到 58%。但是证据因素对知识归赋的强烈影响并不会否定风险因素的影响。两者并不冲突,因为知识归赋受多种因素影响。证据是影响知识归赋的与真值相关的认知因素,而风险是影响知识归赋的与非真值相关的认知因素。

为了验证这个实验结果是否具有可重复性,他们按照第一组的实验方式进行了两次实验,采用改编的银行案例,仍然分为中立、风险和证据三种情境。② 第二组实验的结果与第一组实验的结果类似,但这次实验结果是风险效应更加突出。三种情境关于撤回原来的知识宣称的差异具有统计学意义上的显著性差异。另外,撤回与否分别在这三种情境中也都有统计学意义上的显著性差异。同样,相较于中立情境,受试者更倾向于在风险情境下撤回原来的知识宣称;相较于风险情境,受试者更倾向于在证据情境下撤回原来的知识宣称;相较于中立情境,受试者更倾向于在证据情境下撤回原来的知识宣称。③ 此外,关于信念度的实验结果同样表明,受试者在风险情境下和证据情境下比在中立情境下更愿意撤回原来的知识宣称,而且他们在证据情境下比在风险情境下更愿意撤回原来的知识宣称。④

由此,诸多学者通过不同实验方式产生的实验结果,均支持大众知识归

---

① 风险情境:$M=3.32, SD=5.19, p=0.036$;证据情境:$M=-0.4, SD=5.19, p<0.001$;中立情境:$M=5.43, SD=2.82$;证据情境与风险情境的差异:$p<0.001$。

② Alexander Dinges and Julia Zakkou, "Much at Stake in Knowledge," *Mind and Language*, 2020, 36 (5), pp. 729-749.

③ 风险情境与中立情境的差异:$\chi^2(1, N=101)=17.996, p<0.001$;证据情境和风险情境的差异:$\chi^2(1, N=101)=29.126, p<0.001$;证据情境与中立情境的差异:$\chi^2(1, N=102)=76.185, p<0.001$。

④ 风险情境:$M=1.10, SD=5.08, p<0.001$;证据情境:$M=-4.53, SD=2.46, p<0.001$;中立情境:$M=5.06, SD=3.27$;证据情境与风险情境的差异:$p<0.001$。

赋的风险效应。知识归赋受风险因素影响有以下两种情况：一种是风险因素通过影响满足"知道"所需证据的数量和质量进而影响大众知识归赋；另一种是归赋者的风险因素、认知者的风险因素都影响知识归赋的结果。此外，丁格斯和扎库的实验通过调查风险因素是否影响撤回原来的知识宣称，表明撤回原来的知识宣称与知识归赋的风险效应相关，这也是知识归赋受风险因素影响的典型体现。

（二）产生分歧的原因

学者因案例设计和实验方式不同产生了不同的实验结果。从实验设计方面来看，如何描述、呈现案例，如何提问都会影响知识归赋的结果。除此之外，混淆风险因素与错误可能性凸显的关系也是实验结果产生分歧的原因。

1. 实验设计问题

丁格斯和扎库指出，学者主要通过两种实验模式考察风险因素是否影响大众知识归赋。第一种是标准模式，具体来说，案例主要叙述了认知者处于或高或低的风险情境。在高风险、低风险的成对案例中，认知者的证据是一样的，不因风险高低而改变。受试者需要阅读案例并对案例中认知者的知识宣称作出评定，例如，是否同意或多大程度上同意他们的知识宣称。第二种是寻找证据模式，具体来说，认知者的证据不再体现在案例中，而是受试者给出认知者在高风险、低风险不同的情况下，需要多少证据或多强的证据才能满足"知道"的认知立场强度的要求。①

在成对案例的实验设计方面，施瑞帕德和斯坦利指出，有的实验没有检测出风险效应，原因如下：第一，嵌入式语境的复杂化或错误的问题设计。例如，银行案例中，问题为："当某人说'汉纳知道银行明天营业'时，此人所说的是真的。"他们认为受试者有可能出于礼貌不愿意与他人的断言相

---

① Alexander Dinges and Julia Zakkou, "Much at Stake in Knowledge," *Mind and Language*, 2020, 36 (5), pp. 729-749.

冲突,这些语用因素会削弱知识归赋中的风险效应。第二,案例设计的变量不正确。他们认为,在日常生活中,大众主要关注"真"与"相信"两个概念,却不关注"确证"这个概念,然而风险因素对前两者的影响不如对确证的影响大。他们建议用与知识有关的认知概念作为因变量,例如,证据的质量、保证等概念。第三,案例中有叙述者暗示问题。具体来说,实验设计的风险大小和受试者理解的风险大小可能不同。以过桥案例为例,案例中的最小低风险设置为"从 5 英尺高的桥上掉下来不会有大损伤",而受试者或许认为从 5 英尺高的桥上掉下来不会受重伤,但也会很痛。另外,案例对低风险的描述着墨很多,会误导受试者认为这个风险很重要。第四,存在抑制效应问题。① 施瑞帕德和斯坦利认为,之前的实验之所以没有检测到风险效应,是因为实验没有排除或控制抑制效应。②

在寻找证据模式实验设计方面,有的学者反对通过收集证据多少来衡量知识归赋的结果。比如,纳特·汉森(Nat Hansen)通过采用皮尼洛斯的拼写案例,实验研究发现,寻找的证据的数量和质量不是判断认知者是否满足"知道"的要求时所需,而是认知者形成信念时所需。③ 在他看来,获得的证据不等于知识。另外,巴克沃尔特和肖弗认为,寻找证据的问题设计不能反映大众日常如何使用知识,因为这个问题设计得出的差异性结果不仅反映在知识归赋上,也反映在其他心灵状态上,例如,相信、希望和猜测。④ 此外,他们质疑案例内容有误导,拼写案例中写"彼得已经检查了两次"。这会影响高风险案例、低风险案例中所需寻找证据的多少。⑤

① 抑制效应是指有利于真相的调查是风险效应的抑制物。它会减轻风险效应,因为过高的风险会使人们更加坚定地认为案例中的认知者已经收集了更多的证据。
② Chandra Sekhar Sripada and Jason Stanley,"Empirical Tests of Interest-Relative Invariantism,"*Episteme*,2012,9(1),pp. 3-11.
③ Nat Hansen,"Contrasting Cases,"in James R. Beebe(ed.),*Advances in Experimental Epistemology*.New York:Bloomsbury Publishing,2014,pp. 71-95.
④ 他们把"知道"去掉,保留情态动词,仍有风险效应;而保留"知道",去掉情态动词,就没有了风险效应。这意味着,这是情态动词的风险效应,而非"知道"的风险效应。
⑤ Welsey Buckwalter and Jonathan Schaffer,"Knowledge, Stakes, and Mistakes,"*Noûs*,2015,49(2),pp. 201-234.

2. 风险因素与错误可能性凸显的关系

有的学者认为导致实验结果相冲突的原因在于,人们混淆了风险因素与错误可能性凸显的关系。有的实验支持风险因素而非错误可能性凸显影响知识归赋,有的实验支持凸显效应而非风险效应影响知识归赋。是风险因素还是错误可能性凸显导致知识归赋结果的差异？两者之间有什么关系？

（1）风险因素与错误可能性凸显的不同

有的学者认为大众知识归赋不是对风险因素敏感,而是对错误可能性敏感。比如,肖弗和约书亚·诺布（Joshua Knobe）在《对比知识调查》①一文中,设计了珠宝盗窃案例,案例中给出了对比项,凸显了错误可能性。案例如下：

> 昨夜,彼得抢劫了一家珠宝店。他破窗而入,撬开保险柜,盗走了里面的红宝石。但是,他没有戴手套,也没有注意到监视器。
>
> 侦探玛丽今天到现场侦查,到目前为止,她掌握了以下证据：保险柜上有彼得的指纹,监视器中也有彼得撬开保险柜的视频。
>
> 第一组问题："现在玛丽知道是彼得而不是其他人偷了红宝石"和"现在玛丽知道彼得偷的是红宝石而不是其他东西"。
>
> 第二组问题："玛丽知道是谁偷了红宝石"和"玛丽知道彼得偷了什么"。②

第一组问题的实验结果是,小偷条件下的平均值为 4.6,珠宝条件下的平均值为 3.1,两者之间有统计学意义上的显著性差异。③ 第二组问题的实

---

① Jonathan Schaffer and Joshua Knobe, "Contrastive Knowledge Surveyed," *Noûs*, 2010, 46（4）, pp. 675-708.

② Jonathan Schaffer and Joshua Knobe, "Contrastive Knowledge Surveyed," *Noûs*, 2010, 46（4）, p. 689.

③ $N = 100, t(98) = 3.4, p = 0.001$。

验结果是,小偷条件下的平均值为 4.91,珠宝条件下的平均值为 2.62,两者之间有统计学意义上的显著性差异。① 这一实验结果表明,错误可能性凸显影响大众知识归赋的结果。肖弗和诺布为了验证错误可能性凸显的假设,进行了第二组实验。他们修改了银行案例,以形象生动的方式叙述"银行改变营业时间的可能性",凸显错误可能性。实验结果与假设的一样,确实支持了错误可能性凸显影响大众知识归赋。

由此可见,肖弗和诺布认为实验结果表明,是错误可能性凸显而非风险因素影响大众知识归赋。此外,巴克沃尔特和约书亚·亚历山大(Joshua Alexander)等人也支持凸显效应否定风险效应。② 但是,对于这一实验结果,人们可能会有以下疑问:其一,即使实验结果支持了凸显效应,也并不能因此否定风险效应;其二,错误可能性大小是否影响风险高低变化,进而凸显错误的实践后果。

(2)风险效应不能还原为凸显效应

为了研究风险效应能否还原为凸显效应,丁格斯和扎库提出了"还原假设",即对风险效应的解释或多或少都是对凸显效应的解释。

为了验证这个假设,他们提出了"中介假设"。具体来说,如果受试者认为自己在高风险案例中,就会额外想到错误可能性,而正是这一点导致他们撤回原来的知识宣称。③ 两者之间的关系是,如果"中介假设"成立,那么"还原假设"就会成立。因此,实验设计要回答两个问题:一是受试者为何在风险提高时,会想到错误可能性? 二是这为什么会导致受试者撤回原来的知识宣称? 实验结果表明,中介效应不明显,单独的错误可能性会直接影

---

① $N = 200, t(198) = 7.2, p < 0.001$。

② Wesley Buckwalter, "The Mystery of Stakes and Error in Ascriber Intuitions," in James R. Beebe (ed.), *Advances in Experimental Epistemology*. New York:Bloomsbury Publishing, 2014, pp. 153-158. Joshua Alexander, Chad Gonnerman, and John Waterman, "Salience and Epistemic Egocentrism:An Empirical Study," in James R. Beebe (ed.), *Advances in Experimental Epistemology*. New York:Bloomsbury Publishing, 2014, pp. 97-118.

③ Alexander Dinges and Julia Zakkou, "Much at Stake in Knowledge," *Mind and Language*, 2020, 36 (5), pp. 729-749.

响知识归赋的结果。错误可能性对综合得分有直接影响。这也表明风险因素和错误可能性凸显分别以不同的方式影响知识归赋。

简言之，学者对风险因素与错误可能性凸显的关系的不同理解是实验结果出现分歧的原因，有人认为是错误可能性凸显而不是风险因素影响大众知识归赋的结果，也有人认为是风险因素而不是错误可能性凸显影响大众知识归赋的结果。风险效应不能还原为凸显效应，即使实验研究发现凸显效应，也不能否定风险效应。

以上对风险效应的实证研究的结果不稳定，有的实验结果表明没有风险效应，有的实验结果表明风险效应较弱，有的实验结果表明风险效应显著。实验结果相互冲突，原因在于实验设计的分歧以及混淆了风险因素与错误可能性凸显的关系。然而，风险因素是大众知识归赋难以避免的因素，因为从知识归赋的目的和功能来说，除了认知理由，各种实践理由是大众认知判断不可忽略的因素。接下来，本书将继续讨论除了风险因素，其他实用因素对大众知识归赋的影响。

二、认知副作用效应

本章第一部分讨论了风险因素对知识归赋的影响。近年来的实验知识论研究发现，除了风险因素，道德、实践利益和审美等因素也影响知识归赋的结果。在这些因素的影响下，归赋者倾向于认知者知道不利行为的副效果，不知道有利行为的副效果，甚至出现过度归赋知识的问题。

（一）认知副作用效应的演变

实验知识论研究发现，某人的行为是否受到责备影响人们判断他是否知道命题 p。一般情况下，如果认知者的行为副效果违背了道德原则、审慎原则、审美价值和社会规范等评价因素的要求，那么人们倾向于认为他知道行为副效果会发生；相反，如果行为副效果遵循了以上要求，那么人们倾向于认为他不知道行为副效果会发生。这种不对称的知识归赋被称为"认知副作用效应"，而且在不同类型的诺布案例中，认知副作用效应具有普遍性。

1. 从诺布效应到认知副作用效应

认知副作用效应源于诺布的诺布效应,它是实验哲学中的重要发现之一。诺布发现行为副效果的好坏影响认知者的意图判断。[①] 如果行为副效果是不利的,那么受试者倾向于认为这是有意为之,反之,则是无意为之。比如在环境案例中,83%的破坏环境的意向性归赋远远大于23%的改善环境的意向性归赋,结果发现道德考量对意向性归赋的影响。十多年来,学者从多个角度对诺布效应进行了广泛研究。在日常生活中,人们经常会判断某种行为是有意为之还是无意为之,判断的结果影响着归赋者的心理和行为,甚至直接决定了行为主体的命运。在认知副作用效应案例中,哪些因素影响意向性归赋一直是实验哲学关注的领域。目前的研究揭示了道德考量、权衡假设和语用因素对意向性归赋的影响。此外,国内学界对诺布效应的研究主要从伦理学、心理学和语言学方面讨论行为副效果的道德效价对意图判断的影响,也有从实验哲学方面讨论其对意图判断和知识归赋的影响。[②]

毕比和巴克沃尔特以此类推,通过实验研究发现了大众知识归赋的认知副作用效应。具体地说,行为副效果的好坏影响认知者的知识归赋:如果行为副效果是有利的,归赋者较少认为认知者知道行为副效果会发生;如果行为副效果是不利的,归赋者较多认为认知者知道行为副效果会发生。也就是说,知识归赋的结果受行为副效果本身好坏影响。毕比改编诺布的

---

① 行为副效果是主体要实施并成功实施某种行为所带来的后果。Joshua Knobe, "Intentional Action in Folk Psychology: An Experimental Investigation," *Philosophical Psychology*, 2003, 16(2), pp. 309-325. Joshua Knobe, "Intention, Intentional Action and Moral Considerations," *Analysis*, 2004, 64(2), pp. 181-187.

② 陈思琪:《称赞与责备的非对称性——兼论"诺布效应"及其价值论说明》,硕士学位论文,上海:华东师范大学,2015年。杜晓晓、郑全全:《诺布效应及其理论阐释》,《心理科学进展》2010年第18卷第1期,第91—96页。刘龙根、朱晓真:《有意所为抑或无心之举——从道德相关论转向TCP的诺布效应阐释》,《中国外语》2017年第14卷第2期,第26—34页。杨英云:《中国语境下诺布效应的实验研究》,《自然辩证法通讯》2015年第37卷第6期,第32—36页。

环境案例,经研究发现,道德考量的影响不仅延伸到意向性归赋,还影响大众知识归赋。具体案例如下:

> 改善环境案例:公司副总经理向董事长提议:"人们考虑实施一项新计划。该计划有助于公司提升利润,同时会改善环境。"董事长回答:"我一点也不在乎是否改善环境这件事,我只想尽可能地提升公司的利润。开始这个新计划吧。"新计划得以实施,结果如原先所预料的,环境得到改善。
>
> 破坏环境案例:公司副总经理向董事长提议:"人们考虑实施一项新计划。该计划有助于公司提升利润,但是会破坏环境。"董事长回答:"我一点也不在乎是否破坏环境这件事,我只想尽可能地提升公司的利润。开始这个新计划吧。"新计划得以实施,结果如原先所预料的,环境受到破坏。[1]

案例中,改善环境条件下的知识归赋的平均值为 0.91,破坏环境条件下的知识归赋的平均值为 2.25,两者之间有统计学意义上的显著性差异。[2] 然而这个实验结果的可靠性受到质疑,诺布采用同样的案例和问题,以 20 名说印地语的学生作为受试者,得出了相反的实验结果,其中 90% 的学生认为董事长知道新计划会改善环境,80% 的学生认为董事长知道新计划会破坏环境,两者之间没有统计学意义上的显著性差异。毕比和巴克沃尔特认为这个实验的样本量太少,此反对观点不具有说服力。

2. 实用影响因素的扩展:道德、审美和实践利益

在以上实验的基础上,毕比和马克·詹森(Mark Jensen)分别采用三种

---

[1] James R. Beebe and Wesley Buckwalter, "The Epistemic Side-Effect Effect," *Mind and Language*, 2010, 25(4), p. 490.

[2] 毕比和巴克沃尔特采用诺布原版案例,把问题设置为:董事长是否知道新计划会改善或破坏环境。实验结果表明,破坏环境案例: $M = 2.25, SD = 1.50$;改善环境案例: $M = 0.91, SD = 2.09$;两者之间有统计学意义上的显著性差异: $t(747) = -10.126, p < 0.001$。

改编的诺布案例,考察认知副作用效应在非道德负载的案例中是否具有普遍性。根据行为副效果的特点,每个案例分为有利条件和不利条件两种情况。具体案例如下:

电影案例:某影视公司副总经理向董事长提议:"人们考虑实施一项新政策。该政策有助于公司提升利润,同时/但是会提高/降低电影的艺术性。"董事长回答:"我一点也不在乎提高/降低电影的艺术性这件事,我只想尽可能地提升公司的利润。实施这个新政策吧。"新政策得以实施,结果如原先所预料的,它提高/降低了电影的艺术性。

公司案例:苏珊是一家IT公司的董事长。一天,她的副总经理向她提议:"人们考虑实施一项改组公司的新计划。该计划有助于精简公司机构,同时/但是会提高/降低公司在新泽西州下个季度的销量。"苏珊回答:"我一点也不在乎公司在新泽西州下个季度的销量会怎么样。我只想尽可能地精简公司机构。开始这个新计划吧。"新计划得以实施,结果如原先所预料的,它提高/降低了公司在新泽西州下个季度的销量。

×××法案例:某组织颁布了×××法。这个法律规范颁布不久,一个小型公司的董事长决定做一些组织模式上的改变。副总经理说:"通过这些改变,公司的利润肯定会提升,但是你会遵守/违背×××法的要求。"董事长说:"我一点也不在乎这点,我所在乎的是尽可能地赚取利润。开始做公司组织模式上的改变吧。"随着董事长的一声令下,公司开始做组织模式上的改变。

问题:

受试者在多大程度上同意以下知识宣称:董事长知道新政策会提高/降低电影的艺术性;董事长知道改组公司会提高/降低公司在新泽西州下个季度的销量;董事长知道改变公司的组织模式会遵守/违背×

××法的要求。①

实验采用主体间设计,7分量表从"-3"到"3"分别表示从"完全不同意"到"完全同意"。实验结果发现,电影案例中,提高艺术性条件下的知识归赋的平均值为0.92,降低艺术性条件下的知识归赋的平均值为1.50;公司案例中,提高销量条件下的知识归赋的平均值为0.80,降低销量条件下的知识归赋的平均值为1.50;×××法案例中,遵守×××法条件下的知识归赋的平均值为0.96,违背×××法条件下的知识归赋的平均值为1.81。这些差异都具有统计学意义上的显著性。② 电影案例实验结果和公司案例实验结果表明,受试者更倾向于认为董事长知道新政策会导致电影的艺术性下降,知道新计划会降低销量。在这两个案例中,副总经理告诉董事长该行为会带来什么样的副效果,在有利副效果条件和不利副效果条件下,董事长都有同样的证据,但是受试者普遍认为在不利副效果条件下董事长知道行为副效果会发生,在有利副效果条件下,董事长不知道行为副效果会发生。人们这样归赋知识意在表明,董事长在行动之前已经知道该行为会带来什么样的后果,但他还是决定要执行新政策/新计划,这是有意为之。人们归赋知识给董事长,表示对其行为进行谴责。也就是说,如果某人的行为副作用效应违背了审美价值和实践利益,人们倾向于认为他知道命题p。

但是×××法案例的实验结果与前两个案例的实验结果不同。×××法案例中,违背×××法,一定程度上拯救了无辜的人,但是这么做又不符合当时的法律规范。如果董事长无意识地遵守新的法律规范,那么他的行为会受到更多谴责;相反,如果他有意不遵守新的法律规范,那么他的行为是免于责备的,因为这个行为拯救了无辜的人。因此,不管认知者的行为是否违背

---

① James R. Beebe and Mark Jensen, "Surprising Connections between Knowledge and Action: The Robustness of the Epistemic Side-Effect Effect," *Philosophical Psychology*, 2012, 25(5), pp. 690-696.

② 诺布环境案例: $t(747) = -10.126, p<0.001$;电影案例: $t(231) = -2.204, p<0.05$;公司案例: $t(134) = -2.680, p<0.01$;×××法案例: $t(242) = -4.138, p<0.001$。

法律规范,只要某人的行为受到责备,就会影响人们归赋知识的意愿。这也说明知识归赋与责备密切相关。简言之,认知副作用效应具有普遍性。不管是在非道德负载的案例中,还是在行为副效果免于责备的中性案例、无道德因素的审美案例和无反思直觉判断的案例中,人们倾向于认为认知者知道不利的行为副效果,不知道有利的行为副效果。

综上所述,人们对行为副效果的评价影响了归赋知识的意愿。① 如果行为副效果违背了道德原则、审慎原则、审美价值和社会规范等评价因素的要求,那么人们倾向于认为认知者知道行为副效果会发生;相反,如果行为副效果遵循了以上要求,那么人们倾向于认为认知者不知道行为副效果会发生。接下来将讨论这个不对称的知识归赋结果在葛梯尔化的、无确证的和假信念的诺布案例中表现依旧强劲。

（二）过度归赋知识的问题

人们根据对行为后果的评价来判断认知者是否知道命题 p,存在过度归赋知识的问题。例如,毕比和约瑟夫·谢伊(Joseph Shea)进一步研究发现,在葛梯尔化的诺布案例中,受试者仍然将知识归赋给带来不利的行为副效果的行为主体,而较少地将知识归赋给带来有利或中性的行为副效果的行为主体。②

他们将环境案例改编为水源案例,其他三个案例相同,并在每个案例中,补充了葛梯尔化的条件。实验采取主体间设计,采用"1"到"7"的 7 分量表。具体案例如下:

水源案例:某公司的副总经理对董事长说:"人们在考虑实施一个新项目,这个新项目会提高公司的利润,同时/但是会改善/污染当地的

---

① James R. Beebe, "Evaluative Effects on Knowledge Attributions," in Justin Sytsma and Wesley Buckwalter (eds.), *A Companion to Experimental Philosophy*. New Jersey: John Wiley & Sons, Ltd, 2016, p. 365.

② James R. Beebe and Joseph Shea, "Gettierized Knobe Effects," *Episteme*, 2013,10(3), pp. 219-240.

水质,因为新项目的实施会停止/开始向工厂后面的河流排放污水。"董事长回答:"我一点也不在乎改善/污染当地的水质,我只是想尽可能地获取最大的利润。"然后他作出决定:"开始实施这个新项目吧,获取最大的利润。"公司随即启动了这个新项目,当然,接下来的几个月,公司的利润急剧地增长,同时/但是它改善/污染了当地的水质。

水源案例补充条件:公司开始实施新项目,但是副总经理对新项目实施的副效果预测是错误的。然而,新项目实施后不久,市政建立了一个新水厂提高水质/另一个公司向水源排放有毒物质,董事长对此一无所知。他认为新项目会改善/污染当地的水质。

电影案例补充条件:公司开始实施新政策,但是副总经理对新政策实施的副效果预测是错误的。公司的另一个副总经理辞退无经验的编剧,聘用了最好的编剧,但是董事长对此一无所知。他认为新政策会提高/降低电影的艺术性。

公司案例补充条件:公司开始实施改组的新计划,但是副总经理对新计划实施的副效果预测是错误的。苏珊在新泽西州的最大客户决定升级电脑系统以获得更多的订单或实施了大裁员和缩小预算,但是苏珊对此一无所知。她认为新计划会提高/降低公司在新泽西州下个季度的销量。

×××法案例补充条件:公司开始做组织模式上的改变,但是副总经理对公司组织模式上的改变的副效果预测是错误的。在公司做组织模式上的改变后不久,某组织修改了×××法,公司组织模式上的改变遵守/违背了×××法的要求,但是董事长对此一无所知。他认为公司组织模式上的改变会遵守/违背×××法的要求。①

实验结果表明,在葛梯尔化的诺布案例中,不利副效果条件下的知识归

---

① James R. Beebe and Joseph Shea, "Gettierized Knobe Effects," *Episteme*, 2013, 10(3), pp. 223-230.

赋的平均值都高于有利副效果条件下的知识归赋的平均值。其中在水源案例和×××法案例中,不利副效果条件下的知识归赋的平均值和有利副效果条件下的知识归赋的平均值有统计学意义上的显著性差异。在电影案例和公司案例中,不利副效果条件下和有利副效果条件下的知识归赋的平均值比较接近,知识归赋结果无显著性差异。[①] 整体来看,四个案例在不利副效果条件下知识归赋的平均值、中数和众数都高于中线且高于有利副效果条件下的知识归赋。这反映出在葛梯尔化的案例中,人们倾向于认为认知者知道不利的行为副效果会发生的集中趋势。

图瑞进一步追问:在无确证真信念要素的情况下,认知副作用效应是否依然存在? 他改编了水源案例,并分别增加以下三种条件:第一,无信念。董事长同意新项目会提高公司利润,但是不同意它会改善或污染当地的水质。第二,错误信念。副总经理错误地认为当地的水质不会得到改善或受到污染。第三,无确证的真信念:这个新项目会提高公司利润,但是有极小的概率会污染当地的水质,因为有可能会向工厂后面的河流排放污水,但是这个几乎不会发生,结果当地的水质还是受到污染。或者无确证的假信念:结果副总经理错了,新项目一点也没有污染当地的水质。实验采用5分量表,从"1"到"5"分别表示从"非常反对"到"非常赞同"。问题:你在多大程度上同意董事长知道?[②]

实验结果为,在无信念和错误信念情况下,不利副效果条件下的知识归赋的平均值分别为 3.6 和 2.94,有利副效果条件下的知识归赋的平均值分别为 2 和 1.73,这两个具有统计学意义上的显著性差异。[③] 不管是在无信念情况下还是在错误信念情况下,人们仍然倾向于认为认知者知道不利的行为副效果,而较少认为认知者知道有利的行为副效果。即使认知者处于

[①] 葛梯尔化水源案例:$t(88) = -2.462, p < 0.05$;葛梯尔化电影案例:$t(92) = -1.804, p > 0.05$;葛梯尔化公司案例:$t(92) = -1.807, p > 0.05$;葛梯尔化×××法案例:$t(90) = -5.15, p < 0.0001$。

[②] John Turri, "The Problem of ESEE Knowledge," *Ergo: An Open Access Journal of Philosophy*, 2014, 1(4), pp. 114-116.

[③] 无信念案例:$t(50) = 4.64, p < 0.001$;错误信念案例:$t(55) = 3.6, p < 0.001$。

无确证的真信念或无确证的假信念的认知立场强度时,不利副效果条件下的知识归赋的平均值位于中线附近,分别为 3. 25 和 2. 87。这一实验结果表明,即使在没有知识三元要素的情况下,归赋者仍然倾向于持中立态度。

简言之,归赋者对行为副效果的评价导致了过度归赋知识的问题。在葛梯尔化的或无确证的真信念/假信念案例中,人们都倾向于把知识归赋给带来不利的行为副效果的认知者,因为人们归赋知识的意愿与认知者的行为副效果是否因违背社会规范而受责备有关。

总之,诺布案例的实验结果表明,在道德、审美和价值等因素影响下,知识归赋表现出不对称。如果行为副效果是有利的,那么归赋者认为董事长不知道;如果行为副效果是不利的,那么归赋者认为董事长知道。有利副效果条件和不利副效果条件的区别在于,该行为副效果是否违背社会规范或审美价值。如果违背,那么人们对行为副效果持消极的评价态度;如果没有违背,那么人们对行为副效果持积极的评价态度。评价态度与认知者行为是否受到责备有关。责备对诺布案例的意向性归赋起重要作用。① 如果行为副效果不利,那么认知者会受到责备,为之负责,所以知识归赋的百分比较高;如果行为副效果有利,那么认知者不会受到责备,不需要负责,所以知识归赋的百分比较低。然而,在有利副效果条件和不利副效果条件下的成对案例中,副总经理的证言是相同的,因此,两个案例中认知者的认知立场强度相同。这种情况下,按照理智主义的观点,如果两个主体对于一个真命题处于相同的认知立场强度,那么他们能够知道命题 p,但是人们知识归赋的结果不一致。由此便可以认为,人们对行为副效果的评价态度在大众知识归赋中起一部分决定作用。然而,这一观点受到理智主义者质疑。

(三) 对认知副作用效应的质疑

以上实验中,在葛梯尔条件下和无确证的真信念/假信念条件下,认知

---

① Fred Adams and Annie Steadman, "Intentional Action and Moral Considerations: Still Pragmatic," *Analysis*, 2004,64(3), pp. 268-276.

副作用效应依旧显著。虽然这是一种过度归赋知识的现象,但是它表明归赋者的评价态度直接影响知识归赋语句的真值。就这种情况而言,实用因素如同确证、"真"和信念一样,成为知识的构成性要素。具体来说,人们根据行为副效果的好坏断定"某人是否知道 p"。这个主张可能受到以下反驳:

第一,该主张会受到理智主义拒斥。比如在巴伦·里德(Baron Reed)看来,知识只与利真性因素有关,而实践考量错误地理解了知识概念的本质要求,混淆了实践和知识的关系。① 如果大众知识归赋依赖归赋者对道德、审美和价值等效果好坏的评价,那么这样会削弱甚至消解证言、确证、真信念等真值相关因素的作用。例如,在诺布案例中,因为在有利副效果条件下和不利副效果条件下,董事长与归赋者同样拥有副总经理的证言,所以他们处于相同的认知立场强度,但是知识归赋的结果不一致。这表明人们在断定某人的信念能够成为知识时,归赋者对行为副效果好坏的考量影响了证言的知识确证作用。根据理智主义的观点,某人对于命题 p 的认知立场强度只与认知因素有关,知识归赋取决于与"真"相关的证据和信念形成机制可靠性等因素,与实用因素无关,并且人们断定某人是否知道某事,取决于他的信念是否为确证的真信念,且不是碰巧为真。因此,如果行为副效果的有利或不利会影响人们对认知者的知识归赋,那么就会背离认知规范,与理智主义的要求相冲突。

第二,邦久认为实用因素对日常知识归赋具有误导性。② 在他看来,虽然基于实用因素考量而归赋知识是合适的,但是这并不能保证知识宣称的真值。"知道"是最常见的事实性命题态度。威廉姆森认为一个命题态度是事实性的,当且仅当这个命题态度只与"真"有关。③ 归赋者断定"某人知

① Baron Reed, "Practical Matters Do Not Affect Whether You Know," in Matthias Steup, John Turri, and Ernest Sosa (eds.), *Contemporary Debates in Epistemology* (2nd edition). Malden, MA: Wiley-Blackwell, 2013, pp. 95-106.

② Laurence Bonjour, "The Myth of Knowledge," *Philosophical Perspectives*, 2010, 24(1), pp. 57-83.

③ Timothy Williamson, *Knowledge and Its Limits*. New York: Oxford University Press, 2000, pp. 33-34.

道 p"，意思是归赋者把事实性命题态度归赋给认知者。然而，某人相信命题 p 和命题 p 为真之间存在认知上的鸿沟，他的信念能否成为知识取决于他是否掌握充分的证据。在诺布案例中，人们根据行为副效果的好坏而忽略认知者对于命题 p 的认知立场强度来判断某人是否知道命题 p。这种情况误导了人们认为此知识宣称为真或为假，因此出现了在葛梯尔化、无确证、真信念条件下仍然归赋知识给认知者的过度归赋问题。

由此可见，除了风险因素，道德、审美和实践利益等实用因素也影响大众知识归赋。在认知副作用效应中，人们对行为副效果的评价态度部分地决定了某人是否知道命题 p，这也是实用因素侵入知识的一种方式。

三、基于命题 p 的可行性效应

风险效应和认知副作用效应的一系列实验研究表明，知识归赋与行动之间有着密切的关系。一方面，风险因素与实践考量直接相关；另一方面，人们对行为副效果的评价态度直接影响知识归赋的结果。近年来，实验知识论研究发现实用因素可以通过能否基于命题 p 采取行动影响知识归赋的结果。

（一）非理智主义的古典渊源

21 世纪以来，学者对实用因素影响知识归赋的讨论逐渐多了起来。正如前文所言，风险、实践利益和道德等因素影响人们是否归赋知识。根据这个观点，某人的信念能否成为知识除了取决于证据、信念形成机制可靠性等真值相关因素，也部分地取决于实用因素，例如出错的代价、认知的意图和期待等。学者关于这一非理智主义的立场的争论有其古典渊源。

风险因素影响某人是否知道命题 p，这一观点早在近代认知论中已经有诸多的讨论。比如，威廉·克利福德（William Clifford）以沉船案例表明，在正常情况下，船主的证据能够保证他的信念成为知识，但是由于有性命之忧，人们认为船主不知道命题 p。约翰·洛克认为当人们需要权衡出错的代价时，他们要满足更高的要求才能知道。勒内·笛卡儿在《第一哲学沉思集：反驳和答辩》里谈到，日常生活中，人们对知识的判断、对实践风险因素敏感，但是为了探究纯粹的认知目的，需要排除影响知识判断的实践因素。①

图瑞和巴克沃尔特认为当代实用侵入的争论是笛卡儿式和洛克式知识观的继续。他们在《笛卡儿的分裂、洛克的联合：知识论的实用转向》一文中指出，在几个世纪前笛卡儿和洛克就开启了知识和实践的关系的争论。②在他们看来，笛卡儿式的观点主张知识和实践相互分离，知识的必要条件仍然是真值相关因素。具体而言，某人是否知道命题 p 是由真、证据、信念等真值相关因素决定，而实践因素通过影响这些真值相关因素，间接地影响知识。而洛克式的观点主张两者相互联系。他认为知识是人类生生不息的保障，在变动不居的世界中为人类指引行动的方向。在洛克式知识观中，知识和实践紧密相连。实践因素是知识的构成性部分。它与真值相关因素一样，成为知识的必要条件。以上两种观点主张实践因素以直接或间接方式影响知识。在图瑞和巴克沃尔特看来，这两种方式只是考虑到风险因素，没有考虑到基于命题 p 是否具有可行性对知识归赋的影响，也就是说，人们根据认知者能否基于命题 p 来行动判断其是否知道命题 p。

（二）基于命题 p 的可行性模型

图瑞和巴克沃尔特在笛卡儿式和洛克式模型基础上增加了可行性这一因素。为了检验知识归赋是否直接受实践因素影响，他们进行了两组实验。实验采用简短且贴近日常生活的案例。变量的范围较广，比如，证据来源、知识归赋语句的肯定还是否定、第一人称还是第三人称。实验③如下：

---

① William Clifford, "The Ethics of Belief," The *Ethics of Belief and Other Essays*. Amherst, NY：Prometheus Books, 1999. [英]约翰·洛克：《人类理解论》，谭善明、徐文秀编译，西安：陕西人民出版社，2007 年。[法]勒内·笛卡儿：《第一哲学沉思集：反驳和答辩》，庞景仁译，北京：商务印书馆，1986 年。

② John Turri and Wesley Buckwalter, "Descartes's Schism, Locke's Reunion：Completing the Pragmatic Turn in Epistemology," *American Philosophical Quarterly*, 2017,54(1), pp. 25-46.

③ John Turri and Wesley Buckwalter, "Descartes's Schism, Locke's Reunion：Completing the Pragmatic Turn in Epistemology," *American Philosophical Quarterly*, 2017,54(1), pp. 31-32.

实验采用主体间设计,5(信念来源)×2(风险)×2(人称)×2(内容),共计40个情境。受试者共602名,随机收到40个情境中的一个,并回答一组问题。变量分为四种。信念来源:直觉、推论、证言、记忆和知觉;人称:第一人称和第三人称;实验采用7分量表,从左到右"-3"到"3"表示从"非常不同意"到"非常同意";风险:高风险和低风险;内容:肯定语句和否定语句。

基本案例情境如下:一名情报分析员正在研究一个名叫伊万的神秘境外特工的档案。来源因素随着某些信息源而变化。人称的变量有两个,案例中的分析师是第三人称的珍妮弗和归赋者本人。风险因素分为无关紧要之琐事和至关重要之事。内容因素是关于相关信息是肯定还是否定。

阅读完案例后,受试者就以下五个句子作出评定:该命题是否为真;分析师关于命题的证据是否足够好;分析师是否应该根据档案上的内容采取行动;命题的真值是否重要;分析师是否知道该命题。因案例数量大,图瑞和巴克沃尔特具体以两个情境为例:

情境1:第三人称、低风险、证言、肯定的断言。

珍妮弗是一名情报分析员,在研究一个名叫伊万的神秘境外特工的档案,她收到了伊万是左撇子的消息。

情境2:第一人称、高风险、直觉、否定的断言。

你是一名情报分析员,在研究一个名叫伊万的神秘境外特工的档案。在分析伊万的档案时,你的直觉很强烈地告诉你,伊万没有购买核武器。

情境1需要回答的问题:

(1)珍妮弗认为伊万是左撇子。

(2)伊万是左撇子为真。

(3)珍妮弗有好的证据证明伊万是左撇子。

(4)珍妮弗应该在档案中写上:伊万是左撇子。

（5）伊万是左撇子，这个事实很重要。

（6）珍妮弗知道伊万是左撇子。

情境 2 需要回答的问题：

（1）你认为伊万没有购买核武器。

（2）伊万没有购买核武器为真。

（3）你有好的证据证明伊万没有购买核武器。

（4）你应该在档案中写上：伊万没有购买核武器。

（5）伊万是否购买核武器，这个事实很重要。

（6）你知道伊万没有购买核武器。[①]

　　实验结果是，风险因素对满足"知道"所需证据多少有显著性差异[②]，但是风险因素不影响信念得分[③]。回归分析显示"重要性"问题没有预测知识得分[④]，而风险明显地预测了知识得分[⑤]。风险对真值和证据得分都有中介效应，且间接影响大于直接影响。此外，回归分析显示行动得分可以明显地预测知识得分；行动得分不间接影响信念得分，而是局部地、间接地影响真值得分；行动得分也局部地、间接地影响证据得分。对于真值和证据来说，行动得分的直接影响远远大于间接影响。

　　为了进一步检测行动得分对知识得分的影响，图瑞和巴克沃尔特做了多元回归分析，包括自变量、因变量和人口统计学变量。结果显示，行动得分对知识预测有极其显著的统计学意义。与行动得分较接近的是真值得

---

① John Turri and Wesley Buckwalter, "Descartes's Schism, Locke's Reunion: Completing the Pragmatic Turn in Epistemology," *American Philosophical Quarterly*, 2017, 54(1), p. 32.

② 情境 1，低风险为 $M=0.96, SD=1.56$；高风险为 $M=0.33, SD=1.71$；两者之间有统计意义上的显著性差异：$t(596.26)=4.70, p<0.001$。情境 2，低风险为 $M=0.12, SD=1.36$；高风险为 $M=-0.28, SD=1.49$；两者之间有统计学意义上的显著性差异：$t(596.97)=3.47, p<0.001$。

③ 低风险为 $M=1.81, SD=1.19$；高风险为 $M=1.66, SD=1.18$；两者之间没有统计学意义上的显著性差异：$t(600)=1.53, p<0.127$。

④ $t(600)=-0.67$, Beta$=-0.27$, $p=0.502$。

⑤ $t(600)=-2.85$, Beta$=-1.16$, $p<0.005$），校正 $R^2=0.012$。

分,而风险预测和内容重要性判断对知识预测没有统计学意义。

实验结果表明,内容重要性判断不影响知识归赋,高风险只是间接影响知识归赋;风险效应不以信念为中介影响知识归赋;此外,可行性直接影响知识归赋,而且影响的程度很大;可行性只有一部分以传统真值相关因素"真"和证据为中介,而不以信念为中介。为了检验这个实验结果的稳定性,图瑞和巴克沃尔特进行了重复性实验,只是更换了案例和问题的内容。实验结果具有可重复性,第二组实验的结果与第一组实验的结果类似,风险因素不直接影响知识归赋,但是可行性直接影响知识归赋,而且在很大程度上影响知识归赋。[①]

以上的实验结果表明风险因素间接影响知识归赋,可行性直接影响知识归赋。在《笛卡儿的分裂、洛克的联合:知识论的实用转向》一文的第二部分,支持风险效应的实验发现,风险因素以证据为中介影响知识归赋;有的实验发现,风险效应以错误可能性凸显为中介影响知识归赋。图瑞和巴克沃尔特把风险、行动和知识的关系以两个图的方式表示。

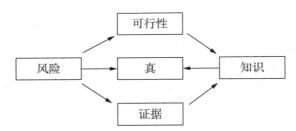

图1 风险、行动和知识的第一种关系[②]

图1中,风险、行动和知识的关系是可行性直接影响知识归赋。它与真值相关因素一样,是构成知识的必要条件。行动与实践推理成为知识归赋的前提。而风险因素通过间接影响可行性、真和证据来影响知识。[③] 风险、

① John Turri and Wesley Buckwalter, "Descartes's Schism, Locke's Reunion: Completing the Pragmatic Turn in Epistemology," *American Philosophical Quarterly*, 2017,54(1),pp. 25-46.

② John Turri and Wesley Buckwalter, "Descartes's Schism, Locke's Reunion: Completing the Pragmatic Turn in Epistemology," *American Philosophical Quarterly*, 2017,54(1),p. 31.

③ John Turri and Wesley Buckwalter, "Descartes's Schism, Locke's Reunion: Completing the Pragmatic Turn in Epistemology," *American Philosophical Quarterly*, 2017,54(1),p. 37.

行动和知识的第二种关系见图 2。

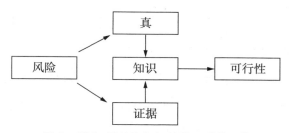

图 2　风险、行动和知识的第二种关系①

从图 1、图 2 可以看出,风险、行动和知识之间相互影响。图 1 表明可行性成为知识的构成性要素,也就是说,如果基于命题 p 的行为是可行的,那么 S 知道命题 p。图 2 有两个方面,一方面,风险因素通过影响真、证据因素间接地影响知识归赋,而知识由真值相关因素直接决定;另一方面,知识是行动的规范。② 风险和行动是如何影响知识归赋的,这是图 1、图 2 的不同所在。风险因素是衡量可行性的重要因素。它要么通过可行性考量,要么影响真值相关因素,间接影响知识归赋。因此这两个模型支持了通过寻找证据的数量和质量检验风险效应的实验。图瑞和巴克沃尔特在文末总结道,如果把知识论与人类生活实践相结合,最好的方法是洛克式的联合,而非笛卡儿式的分裂。这样实践因素就成为知识的构成性要素。③

简言之,知识归赋的风险效应与可行性有关,从实践推理的维度来看,知识和行动紧密相连,基于命题 p 是否具有可行性影响人们是否归赋知识。此外,风险因素考量不可回避。风险等实用因素通过影响可行性、真、证据因素,间接影响知识归赋,它们也是人们判断某人是否具有知识时不可忽略的影响因素。

（三）　知识与实践理由的实验

风险效应和认知副作用效应表明大众知识归赋对实用因素敏感。实验

---

①　John Turri and Wesley Buckwalter, "Descartes's Schism, Locke's Reunion: Completing the Pragmatic Turn in Epistemology," *American Philosophical Quarterly*, 2017,54(1), p. 37.

②　Ibid.

③　Ibid.

知识论进一步考察实践利益对大众知识归赋的影响。皮尼洛斯和辛普森在《支持知识的非理智主义的实验证据》一文中调查了大众对知识和行动关系的观点。① 他们设计了两组实验,分别考察大众是否接受知识-理由原则和知识-行动原则。这两个原则表明知识与行动的规范性主张紧密联系,由此在实验中把知识和行动的关系转换成规范性问题。第一组实验针对霍桑和斯坦利的知识-理由原则:即只要某人的选择依赖命题 p,把命题 p 作为行动的理由是合适的,当且仅当他知道命题 p。② 具体案例略过,问题如下:

> 规范问题:杰西已经看了一遍名单。你认为她至少应该看＿＿遍才能知道名单上是否有此人。
>
> 知识问题:你认为杰西需要看＿＿遍才能知道名单上无此人。③

实验结果为,受试者对规范问题和知识问题的回答显著相关。④ 这表明受试者以同样的方式看待规范问题和知识问题。如果受试者接受这一原则,那么他们对规范问题的回答应与对知识问题的回答具有一致性。例如案例中,杰西只有在多次核实名单后,报告名单上无此人的行为才是合适的。在他们看来,实验结果支持了大众接受知识-理由原则的观点。

第二组实验中,他们考察了三个不同版本案例的归赋情况。《支持知识的非理智主义的实验证据》一文以名单案例为例,讨论大众是否接受知识-行动原则,即如果认知者不能基于命题 p 来行动,他不知道命题 p。他们将问题

① Nestor Ángel Pinillos and Shawn Simpson, "Experimental Evidence in Support of Anti-Intellectualism about Knowledge," in James R. Beebe (ed.), *Advances in Experimental Epistemology*. New York: Bloomsbury Publishing, 2014, pp. 25-26.

② John Hawthorne and Jason Stanley, "Knowledge and Action," *The Journal of Philosophy*, 2008, 105 (10), p. 578.

③ 具体案例参见本章第一部分的名单案例。Nestor Ángel Pinillos and Shawn Simpson, "Experimental Evidence in Support of Anti-Intellectualism about Knowledge," in James R. Beebe (ed.), *Advances in Experimental Epistemology*. New York: Bloomsbury Publishing, 2014, pp. 20-21.

④ 规范问题:$M = 1.75, SD = 0.994, r = 0.708, p < 0.001$;知识问题:$M = 1.87, SD = 0.996$。

改为：

> 规范问题：杰西已经看了一遍名单。你认为她是否应该再次核实一下名单。[1]

实验采用 5 分李克特量表，"3"表示"中立"，"5"表示"极其同意"。实验结果为，回答"应该"和"不应该"之间有显著性差异。[2] 这一实验结果表明，受试者认为如果认知者对于是否可以基于命题 p 来行动没有足够的信息，那么他就不知道命题 p。这间接地支持了知识-行动原则。由此可知，皮尼洛斯和辛普森的两组实验支持了大众知识归赋受认知者是否应该行动影响。这些实验结果也支持了知识归赋和可行性之间有直接关系的观点。

概而言之，大众知识归赋各实用因素模式反映了人们进行知识归赋的新方式。与证据、确证等认知因素相比，实用因素对人们是否进行知识归赋有显著的影响。这些因素以不同的方式影响人们归赋知识的意愿，在风险效应中，归赋者或认知者的实践利益影响知识归赋；在认知副作用效应中，人们对行为副效果的评价态度部分地决定了某人是否知道命题 p，甚至出现过度归赋知识的问题。在知识和行动关系的实验中，基于命题 p 来行动是否具有可行性直接影响人们归赋知识的意愿。由此可以看出，大众对知识概念的理解和运用与知识论学者对知识概念的理解和运用有所差异。正如第二章讨论过的大众对知识概念中三元要素非必要性的争论。近几年国内实验知识论研究发现了与以上结果类似的现象，大众知识概念与主流知识论定义有所不同。例如曹剑波在《普通大众的知识概念及知识归赋的实证研究》和《确证非必要性论题的实证研究》的实验研究中发现，大众更重

---

[1]　Nestor Ángel Pinillos and Shawn Simpson，"Experimental Evidence in Support of Anti-Intellectualism about Knowledge，" in James R. Beebe（ed.），*Advances in Experimental Epistemology*. New York：Bloomsbury Publishing，2014，p. 28.

[2]　应该：$M = 1.96, SD = 0.908$；不应该：$M = 2.88, SD = 1.246, t(53) = 2.5, p = 0.016, d = 0.95$。

视知识概念的实用因素而不认为确证的真信念是知识构成的必要条件。①
如果是这样,那么实用因素是如何影响大众知识归赋的呢?②

根据实用侵入观,实用因素影响某人是否知道命题 p。比如,范特尔和
麦格拉思主张,某人知道命题 p,仅当命题 p 足以保证为你的行动辩护。③
霍桑和斯坦利主张,某人知道命题 p,仅当命题 p 是行动的理由。④ 他们认
为,认知者的实践因素考量影响某人是否知道命题 p。是否归赋知识不仅
取决于利真性因素,也取决于风险或实践利益,因为认知者考量命题 p 是否
为真的风险或实践利益影响其关于命题 p 的认知立场强度,从而间接影响
他是否能够知道命题 p。而毕比认为认知副作用效应反映了大众对知识本
质的不同理解,揭示了知识和实践推理的另一层关系,即人们对认知者行为
副效果的评价态度部分地决定了认知者的信念能否成为知识。⑤

然而,在理智主义者看来,这一观点是不合理的。如果大众知识归赋是
因实践理由而不是认知理由作出的,那么这是不理智的。在实用因素影响
下,知识归赋关系着认知者应该知道或应该不知道某事。如果因为某一信
念对归赋者的生活有重要的影响,或者有利于人们的生活,将知识归赋给认
知者,那么该知识归赋就缺乏认知上的利真性因素的保证。然而,人们需要
依赖真值相关的认知因素来避免不良的实践后果。知识如果不建立在充分
证据、证言等认知确证的因素上,会降低知识标准,也会导致不良的实践后
果。大众知识归赋的实用敏感性是否合理? 第四章将着重从认知语境主义
角度审视知识归赋的实用敏感性。

---

① 曹剑波:《确证非必要性论题的实证研究》,《世界哲学》2019 年第 1 期,第 151—159 页。曹剑波:
《普通大众的知识概念及知识归赋的实证研究》,《东南学术》2019 年第 6 期,第 164—173 页。
② 对这个问题的讨论将在本书第四章、第五章和第六章详细展开。
③ Jeremy Fantl and Matthew McGrath, "On Pragmatic Encroachment in Epistemology," *Philosophy and
Phenomenological Research*, 2007,75(3),p.559.
④ John Hawthorne and Jason Stanley, "Knowledge and Action," *The Journal of Philosophy*, 2008,105
(10),pp.571-590.
⑤ James R. Beebe, "Evaluative Effects on Knowledge Attributions," in Justin Sytsma and Wesley Buckwalter
(eds.), *A Companion to Experimental Philosophy*. New Jersey: John Wiley & Sons, Ltd., 2016,pp.361-
365.

第四章
认知语境主义的实用因素解释

　　21 世纪初以来,认知语境主义一直是英美知识论重点研究的对象,其核心主张是知识标准随归赋者会话语境的变化而变化。该理论秉持理智主义立场,虽然知识归赋受实用因素影响,但是被归赋的命题的真值只由认知者的真值相关因素决定。① 根据认知语境主义观点,归赋者的实践语境决定了知识归赋语句的真值。本章将讨论实用因素对归赋者语境敏感机制的作用,然后分析认知语境主义自身的难题,以及来自各种不变主义变体的质疑。

一、归赋者实践语境敏感性

　　认知语境主义旨在通过人们日常语境下如何使用"知道"一词来解决怀疑主义问题。德娄斯和柯亨设计的银行案例和机场案例为认知语境主义提供了辩护。这两个案例突出风险高低之分会导致知识归赋结果的差异,以此来表明风险因素影响知识标准。布朗质疑其案例设计的合理性。在她看来,这些案例既包含实践因素也包含错误可能性,由于两者影响知识标准变化的机制不相同,因此并不能说明是风险因素还是错误可能性影响了知

---

① Keith DeRose, *The Case for Contextualism: Knowledge, Skepticism, and Context*, Vol. 1. New York: Oxford University Press, 2009, pp. 185-188.

识标准。正如德娄斯在《语境主义、怀疑主义和实验哲学调查》一文中指出的，从怀疑主义的意义来说，认知语境主义真正在意的不是风险高低，而是通过风险的高低诊断错误可能性的高低。① 错误可能性和风险因素是什么关系？肖弗认为，认知语境主义要解决怀疑主义问题，就要排除案例中的风险因素。虽然他强调错误可能性影响知识标准的变化，但是他并不否认风险因素影响人们的认知直觉判断。② 学者对风险因素在认知语境主义中的作用存在争议，正如第三章的实验所表明的那样，凸显效应与风险效应不同，前者不能还原为后者，错误可能性凸显影响知识归赋的结果，并不能认为风险因素对知识归赋的结果没有影响。认知语境主义有实用因素考量的渊源。归赋者实践语境对知识标准的变化和知识归赋语句的真值起重要作用。

（一）归赋者语境的实用渊源

在第三章风险效应的讨论中，有的实验研究发现风险因素不影响知识归赋。德娄斯在回应这些实验结果时指出，那些否定风险效应和认知语境主义的实验是实验设计的问题，这些实验结果没有否定风险效应，也没有削弱认知语境主义。在他看来，实验的案例表述和提问的方式存在问题，受试者有被误导的嫌疑。例如，梅等人的实验直接问受试者"S 是否知道 p"而不是"某具体情境中的知识宣称是否为真"；巴克沃尔特等人要求受试者评价在高风险情况下的知识宣称，而不是评价在同样情况下的知识否定。③ 因此，德娄斯认为，这些实验没有检测到风险效应，并没有削弱认知语境主义。

认知语境主义有实用因素考量的渊源。虽然它的理论初衷不是解决实用因素影响知识归赋的问题，但认知语境主义者是凭借风险、实践利益等实用因素来论证知识标准如何因语境的变化而变化。认知语境主义的特点是

---

① Keith DeRose, "Contextualism, Contrastivism, and X-Phi Surveys," *Philosophical Studies*, 2011, 156 (1), pp. 81-110.

② Jonathan Schaffer, "The Irrelevance of the Subject: Against Subject-Sensitive Invariantism," *Philosophical Studies*, 2006, 127(1), pp. 87-107.

③ Keith DeRose, "Contextualism, Contrastivism, and X-Phi Surveys," *Philosophical Studies*, 2011, 156 (1), pp. 81-110.

归赋者的语境决定知识标准,决定知识标准的语境主要有归赋者在作出知识归赋时的相关考量,诸如所注意到的错误可能性,归赋者的意图、目的、语用预设、实践利益,听者的期待,凸显关系,会话含义,等等。① 所有这些因素随归赋者的变化而变化。因此,在不同的语境下知识标准不同。德娄斯写道:

> 在某些语境下,判断"S知道p"需要S具有真信念并且S对于命题p有很强的认知立场。但是在另一些语境下,对同一语句的断言除了S要有真信念,S的认知立场强度只需要满足低知识标准。②

认知语境主义的目的是归赋者在不同的会话语境下,标识出认知者对命题p的认知立场强度是否满足知识标准。以德娄斯、刘易斯和柯亨为代表的认知语境主义者主张"S知道p"或"S不知道p"的真值条件,在某种形式上,是由归赋者的会话语境所决定的。作为这种语境依赖的结果,知识归赋语句的真值因归赋者的实践语境而不同。人们诉诸直觉判断具体情境下认知者的知识宣称是否为真:在高风险语境下,否定知识;在低风险语境下,归赋知识。这两个知识归赋语句都为真。

在认知语境主义者看来,"知道"具有语境敏感性表现在高风险、低风险不同语境下,同一个归赋者对同一个命题的知识归赋语句的真值不同。人们以不同的知识标准判断同一个认知者在不同语境下是否拥有知识。对

---

① Keith DeRose, "Contextualism and Knowledge Attributions," *Philosophy and Phenomenological Research*, 1992, 52 (4), pp. 914-915. Keith DeRose, *The Case for Contextualism: Knowledge, Skepticism, and Context*, Vol. 1. New York: Oxford University Press, 2009, pp. 2-3. Stewart Cohen, "Contextualism, Skepticism, and the Structure of Reasons," *Philosophical Perspectives*, 1999, 33 (S13), pp. 59-61. David Lewis, "Elusive Knowledge," *Australasian Journal of Philosophy*, 1996, 74 (4), p. 559. Michael Blome-Tillmann, *Knowledge and Presuppositions*. Oxford, UK: Oxford University Press, 2014, pp. 22-35.

② Keith DeRose, *The Case for Contextualism: Knowledge, Skepticism, and Context*, Vol. 1. New York: Oxford University Press, 2009, p. 3.

同一个认知者来说,他在高风险语境下否定知识并不影响他在低风险语境下归赋知识。因此,德娄斯认为知识标准的高低随语境的变化而变化支持了归赋者语境的实用敏感性。

（二）实用因素与语境敏感机制:以德娄斯、刘易斯和柯亨为例

风险、实践利益、期待和目的等实用因素作为语境的标识,在认知语境主义的论证中起重要作用。该理论主张知识归赋语句的真值有赖于归赋者的语境。在高风险语境下,人们认为认知者不知道命题 p;在低风险语境下,人们认为认知者知道命题 p。不同的认知语境主义者就此有不同的看法。德娄斯设计了两个银行案例来说明日常知识归赋的语境敏感性。

> 银行案例 A:某个星期五下午,凯斯和妻子开车回家,计划顺路去银行存钱。他们开车经过银行时,看到和往常一样,银行里面办理业务的人很多。尽管大家希望尽快把钱存入银行,但这不是特别要紧的事,因此凯斯建议先回家,明天上午再来。妻子说:"银行明天可能不会营业,很多银行星期六关门。"凯斯回应道:"不,我知道银行会营业,因为两周前的星期六我来过,银行会一直营业到中午才关门。"
>
> 银行案例 B:某个星期五下午,凯斯和妻子开车回家,计划顺路到银行存钱。他们开车经过银行时,看到和往常一样,银行里面办理业务的人很多。凯斯建议先回家,明天上午再来,因为两周前的星期六他来过,银行会一直营业到中午才关门。不过,他们刚开了一张大额支票。如果下个星期一之前没有把钱存入账户,就会被银行退票。这样,他们的生活会陷入困境。妻子提醒凯斯:"银行星期日不会营业。不过银行有时也会改变营业时间,你知道银行明天营业吗?"凯斯和之前一样认为银行明天会营业,但是他回应道:"哦,我不知道,我们最好进去问清楚。"[1]

---

[1] Keith DeRose, "Contextualism and Knowledge Attributions," *Philosophy and Phenomenological Research*, 1992,52(4),p. 913.

在这两个案例中,认知者所具有的证据相同,但会话语境不同,具体来说,认知者的目的和所面临的实践风险不同。在银行案例 A 中,存钱不是特别要紧的事,认知者的断言没有那么重要。这种情况下风险低,人们倾向于归赋知识。在银行案例 B 中,妻子提到银行有改变营业时间的可能性。如果大额支票不能及时处理,就会被银行退票,他们的生活会陷入困境。这种情况下风险高,人们倾向于否定知识。这意味着:其一,说话者的实践利益影响知识归赋语句的真值。知识标准因语境而不同,在低风险语境下,知识标准低,人们认为认知者知道银行明天营业;在高风险语境下,知识标准高,人们认为认知者不知道银行明天营业。在高风险、低风险不同的语境下,虽然认知者对相同的命题有相同的证据,但知识归赋的结果不同。尽管如此,在低风险语境下的知识归赋和在高风险语境下的知识否定,两者都为真,并不冲突。其二,认知者满足知识标准的认知立场强度在特定的语境下由特定的语境因素决定。在高风险语境下,认知者必须具有非常强的认知立场才能满足"知道"的要求;相反,在低风险语境下,认知者只要具有宽松的认知立场就可以满足"知道"的要求。简言之,实践利益对知识归赋语句真值的认知语境主义解释有重要影响。在德娄斯的论证中,风险因素影响所在会话语境下的知识标准高低和认知立场强度是否满足"知道"的要求。

刘易斯是认知语境主义的主要支持者之一,他和德娄斯的认知语境主义主张有所不同,其认知语境主义观点如下:

> 认知者 S 在某语境下知道命题 p,当且仅当 S 的证据除了某语境下可以适当忽略的可能性,可以排除所有 ¬ p 世界。[1]

根据这一观点,认知者的证据不能排除或忽略掉命题 p 为假的所有可能性。只有在其证据与其整个感知经验和记忆等不一致时,他才能排除命

---

[1]　David Lewis, "Elusive Knowledge," *Australasian Journal of Philosophy*, 1996, 74(4), p. 553.

题 p 为假的可能性。他给出一系列可以适当忽略的可能性语境,包括现实规则、信念规则、相似规则、可靠性规则、方法规则、保守性规则和注意规则。以上规则规定了在某语境下哪些可能性不能被忽略,哪些可能性能被忽略,决定了具体语境因素如何影响"知道"的内容。在这些规则中,刘易斯主要通过注意规则来说明"知道"的语境敏感性。

> 注意规则:当某种可能性被注意到,它就是相关的,不能被忽略。也就是说,在某语境下,你试图忽略它,而事实上你没有忽略它,这时这种可能性是不能被忽略的,它是相关选择项。①

依据注意规则,在银行案例中,因为银行近来改变营业时间,所以归赋者不能够排除银行星期六不营业的可能性。在高风险语境下不能够忽略这种可能性,但是在低风险语境下能够忽略这种可能性。原因在于归赋者在低风险语境下不会注意到,而在高风险语境下会注意到银行星期六关门的可能性。因此,根据刘易斯的观点,归赋者在低风险语境下归赋知识,在高风险语境下否定知识,是合理的。

在刘易斯看来,日常语境下,虽然人们的证据依旧不能排除所有的错误可能性,但是人们可以适当地忽略某些可能性,进而归赋知识;当语境变化至高风险语境,之前不相关的选择项会变得相关,而人们的证据无法排除这些相关选择项时,人们就认为认知者不具有知识。刘易斯允许人们知道在特定语境下能够适当地忽略有可能性的选择项。这也是他为何说知识是难以捉摸的。

虽然人们的认知能力是有限的,人们无法追踪证据所排除的可能性的精确踪迹,也无法精确地说出证据所排除的可能性;然而,人们还是有足够的智慧能够追踪证据,排除那些与语境因素有关的可能性。刘易斯给出的

---

① David Lewis, "Elusive Knowledge," *Australasian Journal of Philosophy*, 1996,74(4),pp. 554-559.

一系列规则有助于适当地忽略相关可能性,缓和不可错论和怀疑主义之间的张力。

柯亨赞同刘易斯的排除相关选择项的语境敏感机制。在《如何成为可错论者》一文中,柯亨提出自己的相关选择论,主张知识需要证据或理由来确证。① 依据柯亨的观点,相关选择论主要有以下特征:可错的,语境敏感的,需要证据或理由来确证的。他认为知识归赋语句的真值因语境的变化而变化是因为知识需要确证,而满足知识所需要的确证强度因语境的变化而变化。② 也就是说,认知者要有足够强的确证,归赋者才可以认为其具有知识,而确证强度依赖归赋者的语境。他强调知识归赋具有归赋者语境敏感性,知识归赋语句的真值有赖于归赋者断言知识归赋语句的目的、意图、期待和预设等。③ 此外,他认为人们的直觉判断能力受到认知者所持证据影响。鉴于人们的直觉既受到个人所持证据的内在影响,也受到证据之外条件的影响,他把相关标准分为内在标准和外在标准。前者是说,如果认知者没有充分的证据或理由否定某命题的选择项的可能性,那么这个选择项是相关的。后者是说,相关选择项可能性的高低取决于语境。如果某命题的选择项的可能性很高,并且此选择项有其理由也有其所处语境的特征,那么这个选择项就是相关的。④

由此可见,相关性的内外标准具有语境敏感性,满足"知道"所需证据的数量或充分程度由归赋者的语境决定,且衡量知识归赋合理性程度的标准也是由归赋者的语境决定。在柯亨看来,基于这些证据或理由,人们可能正确地相信,也可能错误地相信。当错误可能性凸显时,相关标准发生变化,使得某些选择项相关。比如,在日常语境下,人们不会强调错误可能性

---

① Stewart Cohen, "How to be a Fallibilist," *Philosophical Perspectives*, 1988, 2, p.101.
② Stewart Cohen, "Contextualist Solutions to Epistemological Problems: Scepticism, Gettier, and the Lottery," *Australasian Journal of Philosophy*, 1998, 76(2), pp.289-306.
③ Stewart Cohen, "Contextualism, Skepticism, and the Structure of Reasons," *Philosophical Perspectives*, 1999, 33(S13), p.57.
④ Stewart Cohen, "How to be a Fallibilist," *Philosophical Perspectives*, 1988, 2, pp.101-103.

凸显,人们能够基于他们所持的证据断言他们知道命题 p。相反,在高风险语境下,人们强调错误可能性凸显,但是他们所持的证据并不足以排除这个相关选择项,所以不能断言他们知道命题 p。鉴于此,柯亨的相关选择论是可错的,也是基于证据或理由确证的。

为了证明某人是否知道命题 p 是根据其证据或理由的充分性,他给出了机场案例:

> 玛丽和约翰到达洛杉矶机场,准备乘坐某航班飞往芝加哥。他们想知道该航班是否停靠芝加哥机场。正在这时,他们无意间听到有人问一位名叫史密斯的乘客,他是否知道此航班停靠芝加哥机场。史密斯看了看旅行社给他的航班时刻表,说道:"是的,我知道此航班停靠芝加哥机场。"因为玛丽和约翰要在芝加哥机场签订一份重要的商业合同,所以玛丽为了谨慎起见,问道:"这个航班时刻表可靠吗? 它有可能打印错误,航班时刻表也有可能改变。"最后,玛丽和约翰一致认为史密斯并不真正知道此航班是否停靠芝加哥机场,于是他们决定去服务台咨询一下。①

案例中,归赋者和认知者的会话语境不同,因而知识归赋的结果不同。史密斯处于低风险语境,所以他知道此航班停靠芝加哥机场;玛丽和约翰处于高风险语境,所以他们不知道此航班停靠芝加哥机场。在日常生活中,人们一般都会相信报纸、宣传单等。也就是说,在低风险语境下,人们常常可以根据从报纸、宣传单等印刷品获得的信息来确证某人是否知道命题 p。而玛丽和约翰因为有重要的实践利益考量,在他们的语境下,知识标准高,所持印刷品的证据就不能满足知识确证的需要。由此可见,知识归赋的语境敏感性体现在不同语境规定了认知者所持证据的数量和质量能否满足知

---

① Stewart Cohen, "Contextualism, Skepticism, and the Structure of Reasons," *Philosophical Perspectives*, 1999,33(S13),p. 58.

识确证的需要。这也符合柯亨的"认知合理性"概念，在柯亨看来，认知合理性包括证据合理性和非证据合理性两个部分。如果人们有证据支持他们的信念，那么他们的信念具有证据合理性。在高风险语境下，没有证据能够充分支持他们的信念，这时他们的信念就不具有证据合理性。不过在柯亨看来，这种情况下，他们的信念具有非证据合理性。例如对彻底的怀疑主义者而言，非证据合理性包括任何已确证的经验命题。依据柯亨的观点，合理性程度受特定语境影响，并由多种因素共同决定，其中包括说话者的意图和目的、听者的期待、会话预设和凸显性关系等。这些因素相互作用，影响了对合理性的评估。

认知语境主义者认为，人们对知识归赋语句的真值的直觉判断是不稳定的。在低风险语境下，某人知道命题 p 是合理的；而在高风险语境下，人们的认知直觉会产生动摇而否定知识。与此类似，刘易斯认为人们的知识归赋都表现出认知直觉的不稳定性，他以贫穷的比尔案例来加以说明。比尔买彩票，挥霍完所有的钱财，整日为钱所困。从认知直觉来说，人们知道他不会再成为有钱人，但是不知道他不会中大奖。这两种认知直觉相互冲突，人们知道他再也不会成为有钱人，仅当人们知道他不会中大奖。这时，人们的直觉在这两种认知中摇摆不定。当比尔中大奖的可能性不凸显时，人们可以说他们知道比尔不会成为有钱人；而当比尔中大奖的可能性凸显时，人们不能说他们知道比尔不会成为有钱人。认知直觉在这两种语境下产生动摇，当处于可能性凸显的语境下时，人们很容易想到可能会有相反的语境。由此可见，认知直觉具有不稳定性。

针对认知直觉的不稳定性，认知语境主义者认为人们需要考虑某些语境下相关的因素，才能确定某个知识宣称是否合理。这意味着，如果没有语境参照，人们既无法断定某个知识宣称是否得到确证，也无法决定它需要什么条件来确证。他们认识到，当人们判断某人是否知道某事时，实践利益影响人们衡量是否要接受认知者的知识宣称。例如，在银行案例中，如果凯斯未能及时把钱存入银行，他就会面临巨大的财务风险，因此他需要排除错误可能性。这时为了确保万无一失,归赋者就最大限度地提高知识标准,而认知者现有的认知立场强度不能满足"知道"的要求,因此归赋者认为"S 不知道 p"。在日常语境下,如果没有实践上的高风险,人们通常不会考虑到怀疑主义或者认为怀疑主义所假设的可能性并不会出现。也就是说,人们认为在日常生活中,根据证言、证据、记忆等就可以确定"S 知道 p"。正如刘易斯所言:"在日常生活中,人们的确知道很多事情,但是当人们努力审视他们的知识时,知识就消失了。"①

由此可见,认知语境主义者认为归赋者实践语境规定了知识归赋语句的真值条件,语境因素主要包括所注意到的错误可能性,归赋者的意图、目的、语用预设、实践利益,听者的期待,等等。这些因素会影响知识归赋。这些语境因素的变化影响了知识标准的高低,进而影响了知识归赋的结果。具体来说,影响知识归赋语句的真值的因素有多种语境敏感机制,例如,德娄斯的风险敏感性,柯亨的会话语境的合理性程度,刘易斯的为排除相关选择项的注意规则,等等。

二、行动、知识与语境

第三章的一些实验研究发现实用因素对大众知识归赋的影响,这些实用因素主要有风险、实践利益、实践理由和社会规范等。实验结果表明,命题 p 能够作为人们行动的理由或某行动是否具有可行性影响着大众知识归赋的结果。针对知识和行动的关系,学界普遍认为知识是行动的规范,但是持主体敏感不变主义观点的学者认为,认知语境主义不能合理解释知识和行动的关系。而认知语境主义者拒斥这种反对观点,坚持认知语境主义比主体敏感不变主义能更好地解释知识和行动的关系。

(一) 语境与行动的知识规范

行动的知识规范是大众知识归赋的重要方面,具体体现在认知立场强

---

① David Lewis, "Elusive Knowledge," *Australasian Journal of Philosophy*. 1996, 74(4), p. 550.

度和行为评价的关系上。① 日常生活中,人们经常把"知道"和日常行为的评价联系起来。比如人们常说,只有某人知道某事,他才应该采取行动。知识和行为理性之间的紧密关系影响人们对他人行为的评价,比如,如果某人不知道某事,就采取行动,这被认为是盲干和不负责任的表现;反之,某人的行为被称赞为明智之举,因为他知道在先行动在后。例如,小明不知道商场有一家外文书店,他就不应该去商场找外文书店;小王知道超市春节期间照常营业,他决定不采购太多食材。

认知语境主义支持知识是行动的规范,它们的原则表示如下:

充分条件(行动):如果"S 知道 p"在某语境下 t 时为真,那么 S 在该语境下 t 时把命题 p 作为行动的理由是合适的。

必要条件(行动):S 在某语境下 t 时把命题 p 作为行动的理由是合适的,仅当"S 知道 p"在某语境下 t 时为真。②

认知语境主义者认为归赋者语境决定了认知者行为是否合理取决于归赋者对其认知状态的评价,即在归赋者看来,认知者是否知道命题 p。如果认知者知道命题 p,那么他的行为是合理的;反之则不合理。认知者是否知道命题 p 有赖于归赋者语境下的知识标准。而认知者的认知立场强度能够保证其行为的合理性因知识标准而定。由此可见,某人是否知道命题 p 是评价其行为是否合理的理由。

但是霍桑认为,认知语境主义与行动的知识规范相冲突。在《知识与彩票》一书中,他给出反例:

> 汉纳:"莎拉不知道银行星期六营业,但是对她来说,把银行星期六营业作为其行动的理由是合适的。"

---

① Mikkel Gerken, *On Folk Epistemology: How We Think and Talk about Knowledge.* Oxford, UK: Oxford University Press, 2017, pp. 125-128.

② Keith DeRose, *The Case for Contextualism: Knowledge, Skepticism, and Context, Vol. 1.* New York: Oxford University Press, 2009, pp. 241-242.

莎拉:"汉纳知道银行星期六营业,但是对他来说,把银行星期六营业作为其行动的理由是不合适的。"①

反例质疑的是知识-理由原则的充分必要性,即认知者知道命题 p,但是命题 p 仍然不能作为行动的理由;反之,即使认知者不知道命题 p,命题 p 也能作为其行动的理由。根据知识-理由原则,如果汉纳不知道命题 p,那么把命题 p 作为行动的理由是不合适的;如果他知道命题 p,那么把命题 p 作为行动的理由是合适的。以上反例违背了知识-行动原则,使得知识和行动的理由之间不一致。即使 S 不知道命题 p,把命题 p 作为行动的理由也可能是合适的;反之亦然。因此,在霍桑看来,认知语境主义和行动的知识规范不融贯。

范特尔和麦格拉思认为,如果人们接受霍桑和斯坦利的知识-行动原则②,那么就有理由认为知识归赋的条件是认知者的知识宣称能够作为其行动的依据。但是这一条件如果成立,它就否定了认知语境主义。比如在高风险语境下,命题 p 或非命题 p 对于认知者来说都不能作为其付诸行动的依据。根据知识归赋的实践推理条件,此种情况下人们无法归赋知识。在麦格拉思看来,好的知识归赋应该能够平衡实用因素解释和知识论的要求。③ 他们提出知识-确证观点来解释行动的知识规范(此内容将在第五章进行详细论述)。

在认知语境主义者看来,以上反例反对的观点是不成立的。第一,认知语境主义并不排斥归赋者考虑认知者的实践语境的情况。德娄斯认为虽然认知语境主义主张一般情况下归赋者的会话目的、意图等决定知识标准,但

---

① John Hawthorne, *Knowledge and Lotteries*. New York: Oxford University Press, 2004, pp. 85-91.

② John Hawthorne and Jason Stanley, "Knowledge and Action," *The Journal of Philosophy*, 2008, 105 (10), pp. 571-590.

③ Matthew McGrath, "Two Purposes of Knowledge-Attribution and the Contextualism Debate," in David Henderson and John Greco (eds.), *Epistemic Evaluation: Purposeful Epistemology*. Oxford, UK: Oxford University Press, 2015, pp. 155-156.

是当人们作出知识归赋评价认知者的行为是否适当时，他们会考虑适合认知者实践语境的知识标准，这个知识标准表明认知者的认知立场达到何种程度才能说他的行为是适当的。[1] 具体来说，当归赋者处于低风险语境下，认知者处于高风险实践语境下，归赋者在评价认知者的知识宣称时，会调整知识标准；同样，当归赋者处于高风险语境下，认知者处于高风险实践语境下，归赋者也会考虑认知者的情况，调整知识标准，以便对认知者作出合理的认知判断。因此，以上针对认知语境主义的行动的知识规范不融贯现象是一种错误判断。如果归赋者要对认知者作出合理的认知判断或对社会群体提供可靠的信息源，就要考虑认知者的实践语境。如果归赋者要实现知识归赋的目的，就要平衡自己和认知者的实践语境。

第二，霍桑和斯坦利的知识-行动原则并不比认知语境主义的知识规范合理。德娄斯认为他们的知识-行动原则只是表明认知者知道命题 p 是他们把命题 p 作为行动的理由的充分条件，但是并没有声称知识作为行动的理由的必要条件，因为这个原则仅讨论了认知者关于命题 p 的认知立场强度能否把命题 p 作为行动的理由，而没有考虑把命题 p 作为行动的理由的其他理由。

简言之，认知语境主义者认为行动的知识规范的认知语境主义观点没有被削弱。在知识规范的解释上，认知语境主义优于主体敏感不变主义，因为归赋者可以考虑到认知者的实践语境，调整至适当的知识标准，所以可以对认知者的行为作出合理评价；反之，主体敏感不变主义无法顾及多重语境。

（二）语境与知识归赋的目的

根据克雷格的观点，知识归赋的目的是评价认知者，并提供可靠的信息源。在认知语境主义者看来，认知语境主义能够解释知识归赋的这一功能。

---

[1] Keith DeRose, *The Case for Contextualism: Knowledge, Skepticism, and Context, Vol. 1*. New York: Oxford University Press, 2009, pp. 268-269.

根据认知语境主义观点,即使在两种语境下,同一个认知者对同一个命题持有同样的证据,但是知识归赋语句在某语境下为真,在另一种语境下为假。如何判断认知者是否知道命题 p? 归赋者除了依据实践语境确立知识标准,德娄斯认为归赋者的会话意图能够使他们提出适用于认知者实践语境的知识标准。① 也就是说,归赋者在进行认知判断时,可以选择对认知者实践语境来说合适的知识标准。

　　然而范特尔和麦格拉思认为,认知语境主义并不能实现知识归赋的目的。② 第一,归赋者无法对认知者作出合理评价,因为他无法对认知者的实践语境作出正确判断。假设妻子没有意识到潜在的高风险,就认为丈夫凯思星期五在银行人多的情况下也要等候办理,简直是浪费时间,因为在她看来,丈夫凯思知道星期六银行营业,且人少。这种情况下,低风险语境下的妻子无法对高风险语境下丈夫凯斯的认知立场强度作出正确判断,即使丈夫凯斯能够接受知识归赋,但是并不能够接受妻子对自己行为的评价,因为能否及时把钱存入银行至关重要,他需要更多的证据确保无误,才能等待明天再来银行办理。目前丈夫凯斯的证据无法排除星期六银行关门的可能性,所以他今天宁可排长队也要把钱存入银行。第二,归赋者无法提供可靠的信息。假设汤姆身处险境,他想获得是否命题 p 的权威信息。此时,玛丽不知道他的处境,"我"就告诉汤姆"玛丽知道 p"。虽然"我"做了知识归赋,但是玛丽关于命题 p 的认知立场强度不足以使汤姆把它作为采取行动的理由。也就是说,即使"我"对玛丽知道命题 p 的断言为真,对汤姆来说,玛丽关于命题 p 的信息也并不十分可靠。由此,他们认为认知语境主义的局限性在于:一方面接受知识归赋语句的真值对归赋者实践语境的敏感性,另一方面接受归赋者根据认知者能够基于命题 p 来行动判断他是否知

①　Keith DeRose, *The Case for Contextualism: Knowledge, Skepticism, and Context, Vol. 1*. New York: Oxford University Press, 2009, p. 240.

②　Matthew McGrath, "Two Purposes of Knowledge-Attribution and the Contextualism Debate," in David Henderson and John Greco (eds.), *Epistemic Evaluation: Purposeful Epistemology*. Oxford, UK: Oxford University Press, 2015, pp. 151-153.

道命题 p。假若如此,认知语境主义能够满足认知判断的要求,但是并不能够提供可靠的信息源。

由此可见,如果接受认知语境主义可以解释实用因素影响知识归赋,那么就需要诉诸实用侵入的主张,即假如你能够基于命题 p 来行动,那么你知道命题 p。接受这个观点就意味着接受非纯粹主义。举例来说,如果小明在低风险语境下,可以基于命题 p 来行动,就认为"某人知道 p";相反,他在高风险语境下,不能基于命题 p 来行动,就认为"某人不知道 p"。这一点与认知语境主义观点相悖。因为根据认知语境主义的原则,高风险语境、低风险语境影响知识标准高低的变化,归赋者的认知立场强度不变,从而导致不同的知识归赋结果。因此,虽然人们在直觉上接受是否可以基于命题 p 来行动,判断某人是否知道命题 p,但是认知语境主义者难以接受这一观点。因为:第一,认知语境主义就变成了非纯粹主义;第二,霍桑认为这种观点会使知识失去稳定性,人们一会儿说知道,一会儿又说不知道[1];第三,约翰·麦克法兰(John MacFarlane)认为这样会产生知识难以传递的问题,在他看来,在会话语境下,说话者和信息接收者所处实践语境不同,信息接收者不相信说话者的证言,使得证言无法传递。[2] 针对这些问题,霍桑、斯坦利、布朗和帕特里克·赖肖(Patrick Rysiew)等人主张实用因素影响知识归赋的不变主义观点。由此,认知语境主义除了面临自身的理论问题,也面临各种不变主义变体的质疑。

三、对认知语境主义的质疑及其回应

(一) 对认知语境主义的质疑

尽管认知语境主义是一个为日常知识辩护的精巧理论,但是其理论自身还存在诸多难题。

---

[1] John Hawthorne, *Knowledge and Lotteries*. New York: Oxford University Press, 2004, p. 176.

[2] John MacFarlane, "Knowledge Laundering: Testimony and Sensitive Invariantism," *Analysis*, 2005, 65(2), pp. 132-138.

　　第一是语义上升机制和语义下降机制问题。关于语义上升机制，认知语境主义者认为，可以通过风险、错误可能性凸显或有相关选择项等途径引起语义上升。尹维坤认为，这些途径并不能成功地解释如何从低知识标准语境上升到高知识标准语境。依据他的观点，在日常语境下，人们一般不会注意到很少见的错误可能性，有时也会出于实践的需求而忽略这些罕见的可能性。即使人们认识到有些相关选择项会影响已有的日常知识归赋语句的真值条件，但这并不会导致日常知识丢失，因为日常知识归赋并不追求理智主义真理观的确定性和绝对性。因而，他认为日常生活中，人们不会由低知识标准语境向高知识标准语境转换。此外，他指出刘易斯的相关选择项和可能世界理论只解释了语义下降，没有解释语义上升。① 笔者认为，认知语境主义的语义上升机制是合理的。因为：其一，人们的日常生活会遇到各种实践情境，在高风险或错误可能性凸显的语境下，出于实践利益考量，人们不会不计代价地忽略日常知识归赋语句的真值条件，而会要求认知者所持证据要满足高知识标准的要求。其二，根据刘易斯的可能世界理论，相关选择项的相关性指的是最接近现实世界的可能世界，它并不指遥远的相关性。刘易斯曾强调有些相关选择项是可以忽略的，但并没有说所有相关选择项都可以忽略。他指出，如果有一种可能性被注意到，它就不可以被忽略。其三，根据刘易斯的观点，"知道"需要排除所有相关选择项，如果认知者所持证据不能排除相关选择项，那么就不能归赋知识。因此认知语境主义的语义上升机制是合理的。

　　认知语境主义因为没有明确给出语义下降机制而广受质疑。为了维护日常知识，人们如何从高知识标准语境下降到低知识标准语境？对于这一问题，邓肯·普里查德（Duncan Pritchard）认为认知语境主义者似乎无法给出语义下降机制，因为人们很难从怀疑主义语境返回到日常语境。很难想

---

① 尹维坤：《语境转换：归赋者语境主义之症结》，《自然辩证法研究》2013 年第 29 卷第 7 期，第 5 页。

象人们只凭借忽略或忘记已经凸显的相关选择项就可以回到日常语境。①
也就是说，一旦人们进入怀疑主义语境，就不会再返回日常语境，只能否定
知识。在尹维坤看来，刘易斯的高知识标准、低知识标准的语境转换机制并
不合理，因为保守性规则和注意规则不一致，对于前者来说，有些共识是能
够被合适地忽略；对于后者来说，如果某种可能性被意识到，它就不能够被
合适地忽略。尹维坤认为刘易斯并没有说明在何种情况下，哪个规则在相
关选择项是否能够被合适地忽略中起主导作用，因而归赋者很难对相关选
择项作出一致的判断，进而也不能确定决定知识标准的语境因素。由于语
境的确定又是确定或排除相关选择项的前提，这就陷入了一种循环。此外，
他认为刘易斯的可以合适地忽略现实规则、可靠性规则和保守性规则都只
是站在日常语境的立场，而不是站在高知识标准的怀疑主义立场。基于以
上理由，尹维坤认为刘易斯的相关选择论没有合理地给出语境转换的语义
上升机制和语义下降机制。②

　　德娄斯意识到，如果高知识标准、低知识标准的两种语境不能转换，那
么怀疑主义者和日常知识论学者在各自的世界中都是正确的，这就陷入了
相对主义。对于这一问题，他认为低知识标准的日常知识归赋对高知识标
准的怀疑主义有否决的权利，此权利可使高风险认知语境下降到低风险认
知语境。如果人们在低风险的日常知识归赋中不同意提升知识标准，那么
他们就不会上升到高知识标准而否定知识。在他看来，日常语境下的低知
识标准决定了归赋知识的标准。如此，如果高知识标准的归赋者否定知识
是错误的，就完成了高知识标准语境向低知识标准语境的转换。但是他的
这一观点没有说明为何采用日常语境下的低知识标准。③

---

① Duncan Pritchard, "Contextualism, Scepticism, and the Problem of Epistemic Descent," *Dialectica*, 2001,55(4),pp. 327-349.

② 尹维坤：《语境转换：归赋者语境主义之症结》，《自然辩证法研究》2013 年第 29 卷第 7 期，第 6 页。

③ Keith DeRose, *The Case for Contextualism: Knowledge, Skepticism, and Context*, *Vol. 1*. New York: Oxford University Press, 2009,pp. 137-141.

第二是事实性问题。这个问题严重威胁认知语境主义的合理性,因为:其一,认知语境主义非对称的知识归赋表明,在高风险、低风险不同语境下,知识标准不同,因而允许命题 p 和非命题 p 都是合理的情况。自柏拉图的《美诺》和《泰阿泰德》以来,知识一直被认为是事实性的。知识的事实性原则表示,如果 S 知道命题 p,那么命题 p 为真。而非对称的知识归赋的结果违背了事实性原则。这导致认知语境主义不一致。其二,这一问题进一步衍生出两个问题,一方面是归赋者语境和认知者语境的知识标准不同,两者对命题 p 的事实性判断也不同;另一方面,同一个归赋者在高风险、低风险不同语境下,对命题 p 的事实性判断也不同。根据认知语境主义观点,语境的差异和由它们决定的知识标准的需求是不相同的,而且在高风险、低风险不同语境下,人们对认知者满足知识标准所需要的认知立场强度的要求也不相同,这样就会出现不同语境下命题 p 与非命题 p 同时成立的矛盾现象。由此,事实性问题对认知语境主义构成严重威胁。布兰德尔、彼得·鲍曼(Peter Baumann)等人就认为事实性问题是困扰认知语境主义的根本难题,因为它会产生知识的稳定性问题。[①] 这一问题的根源在于跨语境的知识归赋。鲍曼给出两种跨语境并不产生理论不一致问题的可能路径。[②] 一是以不同语境下的同一个命题实际上表示的是两个不同的命题来回避事实性问题,因为在某特定语境下,决定命题 p 真值的语境参数与其他语境不同,认知者可以较容易地发现在高风险、低风险不同语境下他们对相关命题的考量有所不同,认知者知道某命题所需证据也因此不同。二是以修正的闭合原则和对比主义的三元知识观点来解释跨语境知识归赋的可能性。他指出,依据日常语境下的闭合原则,人们会拒斥怀疑主义;依据怀疑主义语境

---

① 很多学者就这方面进行探讨。Elke Brendel, "Why Contextualists Cannot Know They Are Right: Self-Refuting Implications of Contextualism," *Acta Analytica*, 2005, 20 (2), pp. 38-55. Peter Baumann, "Contextualism and the Factivity Problem," *Philosophy and Phenomenological Research*, 2008, 76(3), pp. 580-602.

② Peter Baumann, *Epistemic Contextualism: A Defense*. Oxford, UK: Oxford University Press, 2016, pp. 120-136.

下的闭合原则，人们会拒斥日常语境下的知识归赋。在开放语境下，人们依旧秉持自己的知识宣称，同时接受其他语境下人们的知识宣称。也就是说，在开放的怀疑主义语境下，人们秉持自己的怀疑主义观点，同时不拒绝其他语境下人们的知识宣称。这样就可以消解事实性问题。安东尼·布吕克纳（Anthony Brueckner）和克里斯托弗·比福德（Christopher Buford）认为事实性问题没有真正威胁到认知语境主义，因为事实性问题产生的前提是认知者跨语境作出的知识宣称，而跨语境的知识宣称并不一定产生真正的事实性问题。[①] 在他们看来，某特定语境下的知识归赋涉及某一个具体的认知者和具体的命题 p，而且具体语境下的语境参数决定了知识归赋语句的真值条件。即使人们不知道在此语境下认知者是否知道命题 p，也能够知道使命题为真的条件是否满足在此语境下的真值条件。因此事实性问题不是认知语境主义的根本难题。

除此之外，认知语境主义也受到理论外部质疑。认知语境主义主张知识标准因语境的变化而变化。某一归赋者认为知识归赋语句的真值为真，另一归赋者认为知识归赋语句的真值为假，两者可以同时成立，因为知识标准随归赋者语境的变化而变化。这一观点受到不变主义质疑。不变主义主张知识不具有语境敏感性，某人是否知道命题 p 只与认知者的认知状态有关。在高风险、低风险不同语境下，知识归赋语句的真值条件不变，这意味着，在诸如银行案例的成对案例中，只有一个知识宣称为真。不变主义在回应认知语境主义时产生了不同的理论派别。

首先，纯粹不变主义主张风险因素既不影响认知者是否具有知识，也不影响认知者的信念度。判断某人是否知道命题 p 只需要考察认知者的认知立场强度是否满足"知道"的要求，认知立场强度只取决于真值相关的利真性因素。知识归赋是基于以下条件，只有命题 p 为真，且 S 相信命题 p 是有

[①] Anthony Brueckner and Christopher Buford, "Contextualism, SSI and the Factivity Problem," *Analysis*, 2009, 69(3), pp. 431-438.

保证的,那么 S 知道命题 p。这一观点反对认知语境主义主张的实用因素对知识归赋的影响。格肯认为此观点可以看作语义观,语用因素不承担任何知识归赋语句的内容。① 依据这种观点,认知者关于命题 p 的认知立场强度很高才能达到高知识标准的要求。在此基础上,大部分的大众知识归赋为假。温和不变主义是一种纯粹不变主义观点,主张相对较低的知识标准。温和不变主义者认为在大部分情况下,人们拥有知识,不管在任何语境下,知识归赋语句的语义内容或真值条件都是固定不变的,且认知者的认知立场强度只受到利真性因素影响。在温和不变主义者看来,人们根据风险高低对认知者是否知道命题 p 作出错误的判断,因为如果某人的行为依赖命题 p 的真假,那么此人就会忽略认知者真实的认知状态。以上两种观点都秉持理智主义传统,拒斥实用因素对知识归赋的影响。

其次,霍桑的主体敏感不变主义主张,认知者的实践利益影响认知者是否知道命题 p,对风险、实践利益敏感的不是归赋者,而是认知者。② 主体敏感不变主义认为认知语境主义很难解释低风险归赋者归赋知识于高风险的主体。根据主体敏感不变主义的观点,认知者是否知道命题 p 取决于对其来说风险的高低,在高风险语境下,认知者需要更多或更强的证据,但是知识标准并不会随着语境的变化而变化。此观点可以解释高风险语境下的归赋者否定低风险语境下的认知者拥有知识的情况。然而,认知语境主义者认为主体敏感不变主义的反驳并不成功,因为它仅解释第一人称知识归赋,也就是归赋者和认知者是同一个人的情况,所以它并不能解释第三人称知识归赋的语境敏感性,比如归赋者处于高风险语境下,而认知者处于低风险语境下。在霍桑看来,这种情况下人们会断言主体没有知识或知识宣称为假,理由是人们在推理时运用了便利性探究策略,而这一策略会误导人们产生误判。依据霍桑的观点,某种情景变得越形象真切,人们觉得风险发生的

---

① Mikkel Gerken, *On Folk Epistemology: How We Think and Talk about Knowledge*. Oxford, UK: Oxford University Press, 2017, pp. 66-91.

② John Hawthorne, *Knowledge and Lotteries*. New York: Oxford University Press, 2004.

可能性越高,此时,人们容易过高地估计他们实际上要面临的风险,这时错误可能性并没有真正凸显,因而这个可能性并没有破坏知识。也可以说,人们在第三人称高风险语境下否定知识是错误的。柯亨并不同意这一解释,他认为这一策略是主体敏感不变主义者的过度解释。比如,当人们判断他人是否拥有知识时会过高估计出错的概率,而在自我知识归赋时,人们并不一定也会过高估计出错的概率。另外,这一策略并不必然导致人们高估风险,有时甚至还会低估实际所面临的风险,因此他认为主体敏感不变主义并没有成功解释第三人称知识归赋的语境敏感性。① 就这一问题,阳建国认为便利性探究策略会造成两个理论难题。一是如果它能够解释第三人称知识归赋的语境敏感性,那么它也能够解释第一人称知识归赋的语境敏感性。这样的话,知识标准取决于认知者就是多余的。二是如果它不能够解释第一人称知识归赋,那么就需要诉诸知识标准主体语境的敏感性,就很难想象便利性探究策略可以解释第三人称知识归赋。②

最后,语用不变主义认为,知识归赋的语境敏感性无关知识标准和归赋语句的真值,而只是对语用行为的考量。赖肖根据语义和语用的差别把知识归赋语句的真值条件和可断言性条件区分开来。他进一步区分了相关选择项和突出选择项,在他看来,相关选择项指的是非命题 p 的可能性,与知识归赋语句的语义问题相关;突出选择项指的是会话双方提及的各种非命题 p 的可能性,与知识归赋语句的语用问题相关。③ 他以银行案例为例,从语义层面上指出,知识归赋语句"我知道银行明天营业"的真值指的是认知者的认知立场强度足以排除非命题 p 的可能性。假设认知者也具有良好的认知立场强度,那么他在高风险、低风险不同语境下的知识归赋都为真。在

---

① Stewart Cohen, "Knowledge, Assertion, and Practical Reasoning," *Philosophical Issues*, 2004, 14 (1), pp. 482-491.

② 阳建国:《知识归赋的语境敏感性:三种主要的解释性理论》,《自然辩证法研究》2009 年第 25 卷第 1 期,第 14 页。

③ Patrick Rysiew, "The Context-Sensitivity of Knowledge Attributions," *Noûs*, 2001, 35 (4), pp. 477-514.

这两种语境下,两个命题所表达的语用含义是不同的。在低风险语境下,认知者的认知立场强度足以排除相反的可能性,因此这个断言是有保证的;而在高风险语境下,"银行会改变营业时间"的可能性凸显,认知者无法排除错误可能性,所以在语用层面上这个断言是不合适的,知识归赋语句"我不知道银行明天营业"为假。而且认知者不能排除"银行会改变营业时间"这个遥远的可能性,只要它在语用层面上是正确的,那么这个知识宣称在会话上就是恰当的。

　　布朗与赖肖的主张不同,她强调实践利益在知识归赋中的作用,也给出了可断言的语用机制。① 其不同表现在:第一,布朗认为,对赖肖的主张来说,实践利益对知识归赋无足轻重。它仅是部分地解释了实践考量影响人们是否归赋知识。在赖肖看来,不管实践利益是否重要,只要会话者提及非命题 p 的可能性,实践利益就能使错误可能性凸显,进而影响人们是否进行知识归赋。而在布朗看来,实践利益的重要性与提及的非命题 p 的可能性紧密相关,它直接影响知识归赋。在银行案例中,正是提及的错误可能性使知识宣称的断言不合适,而且没有得到保证。第二,赖肖没有说明知识归赋语句的语用含义产生的机制。布朗通过格莱斯的会话含义中的相关性原则,认为在语用层面上认知者的信念也许能够在更大范围的可能世界追踪到事实,但是她强调认知上的可能世界范围不取决于语境,也与远离现实世界的遥远的可能世界无关。同样以银行案例为例,在高风险、低风险不同语境下,只要认知者的信念能够追踪事实到"通常来说,银行星期六不营业"的可能世界,其信念可以成为知识。而高风险语境下的知识归赋传达了错误的语用信息,误认为认知者具有很强的认知立场,认知者的强认知立场使他的信念能够在更大范围的可能世界追踪到事实,实际上,认知者并没有这么强的认知立场,因此,高风险语境下的断言不合适,也没有得到保证。

---

① Jessica Brown, "Contextualism and Warranted Assertibility Manoeuvres," *Philosophical Studies*, 2006, 130(3), pp. 407-435.

　　语用不变主义强调的是归赋语句的真值条件并不因语境因素的变化而变化,随语境因素的变化而变化的是其会话的可断言性条件。会话适切性条件主要包括:在高风险、低风险不同语境下,归赋者对认知者所持有证据的充分性、对断言的稳定性和知识的可错性的掌握。另外,根据该观点,知识归赋语句的真值条件由其语义内容决定,可断言性条件由其语用内容决定。当语义值为真而语用上不适切时,归赋者倾向于否定知识;反之,当语义值为假而语用上适切时,归赋者倾向于归赋知识。由此可见,语义值的真假并不影响知识归赋。这样的话,对知识归赋语句的断言可能产生错误的言外之意。也就是说,一个断言直观上反映的不是语义,而是语用含义,因此有时会出现知识归赋语句在语义上为真而语用上为假的情况。如此,人们就会产生该知识归赋语句为假的错觉。反之,也会出现知识归赋语句在语义上为假而语用上为真的情况。简言之,知识归赋语句的断言有时存在语义上保证和语用上保证的冲突。在语用不变主义者看来,认知语境主义者的错误在于混淆了知识归赋语句的真值条件和可断言性条件,进而使得知识归赋的语用行为考量导致人们在高风险语境下错误判断某人不知道命题 p。

　　虽然语用不变主义被认为是认知语境主义的最大挑战,但是它自身理论也面临着难以克服的问题。鲍曼认为语用不变主义并没有削弱认知语境主义[1],因为认知语境主义是从语义层面来看知识归赋的语境敏感性。依照这个观点,对知识归赋语句的断言是一种认知行为。语用不变主义是从语用层面来看知识归赋的语境敏感性。根据这个观点,对知识归赋语句的断言不仅是一种认知行为,也是一种语用行为。语用行为并不要求该断言在认知意义上严格为真,因为知识归赋不仅受认知规范约束,也受语用因素约束,所以在鲍曼看来,两种理论有着本质的区别。对此,阳建国认为知识

---

[1]　Peter Baumann, *Epistemic Contextualism: A Defense*. Oxford, UK: Oxford University Press, 2016, pp. 171-172.

归赋的言外之意不能通过语用隐含的标准来检验,因为根据格莱斯的会话原则,检验一个话语是否具有言外之意在于人们是否可以取消该言外之意。① 根据这个观点,高风险语境下的言外之意取消方式为 S 知道命题 p,但是 S 对命题 p 实际上并没有那么强的认知立场,或 S 并不能排除相关的非命题 p 的可能性,或 S 对命题 p 的信念并不与最接近现实世界的可能世界中的事实相匹配。这种取消方式在知识论学者看来,是前后相互矛盾的。此外,语用不变主义面临认知闭合原则失效的问题。依据这个理论,认知者知道银行星期六营业,但是不知道银行是否改变营业时间,认知者不能排除这一相关选择项。根据闭合原则,如果认知者知道银行星期六营业,那么他就知道银行没有突然改变营业时间。由此可见,语用不变主义违背了闭合原则。这也构成了它的理论难题。②

由此可见,风险、实践利益等实用因素影响人们是否归赋知识。对此,认知语境主义者认为,风险因素使会话语境发生变化,进而影响知识标准。语用不变主义者认为,高风险、低风险不同语境下的知识归赋关乎可断言的适切性条件,而非关乎知识归赋语句的真值条件。主体敏感不变主义者认为,虽然高风险语境下的认知者有较强的认知立场,但还是不足以满足依此来行动的需求。主体敏感不变主义者和利益相关不变主义者认为,认知语境主义不能解释低风险归赋者-高风险认知者语境下的知识归赋情况;相反,认知语境主义者认为,主体敏感不变主义不能合理解释高风险归赋者否定低风险认知者的知识归赋情况。

(二) 认知语境主义和实用侵入的一致性

本章第一部分讨论了认知语境主义与实用因素的渊源,本书第三章讨论了各种有关风险效应的实验,有的实验支持认知语境主义,有的实验支持主体敏感不变主义和利益相关不变主义。就实用因素影响知识归赋而言,

---

① 阳建国:《知识归赋的语境敏感性:三种主要的解释性理论》,《自然辩证法研究》2009 年第 25 卷第 1 期,第 15—16 页。
② 同上。

认知语境主义和实用侵入具有一致性,只是两者的侧重点不同。认知语境主义者强调在动态的会话语境下,知识标准随归赋者的实践语境而变化;而实用侵入者则强调认知者是否知道命题 p 部分地取决于其实践语境。格肯把实用侵入观表示为:

> 知识的真值理论或知识是实用侵入的,当且仅当实用因素部分地决定了知识归赋语句的真值——即使它们未决定认知者的信念 p 或命题 p 自身。[①]

在他看来,实用侵入者可能是利益相关不变主义者,也可能是认知语境主义者。实用侵入观主张知识自身对实用因素敏感,认知语境主义主张知识归赋语句的真值因不同语境下凸显的实用因素而变化。实用侵入观未宣称实用因素是知识的必要条件,而是主张知道命题 p,S 必须保证基于命题 p 的实用因素考量来行动而相信命题 p。由此,依据格肯的观点,知识归赋语句的真值部分地对实用因素敏感,而且实用因素对知识的影响是间接的和局部的。

由此可见,认知语境主义和实用侵入观与实用因素有关,只是这两个观点对实用因素影响知识归赋结果的侧重点不同。这两种观点主要围绕以下争论展开:是谁的风险决定知识标准,归赋者还是认知者?

1. 谁的实践语境

认知语境主义和实用侵入观的分歧主要在于是归赋者的实践语境还是认知者的实践语境影响知识归赋的结果。前者强调知识标准随归赋者的语境而变化,而被归赋语句的真值不受非真值相关因素影响。利益相关不变主义和主体敏感不变主义则强调被归赋语句的真值除了由认知者的真值相

---

① Mikkel Gerken, *On Folk Epistemology: How We Think and Talk about Knowledge*. Oxford, UK: Oxford University Press, 2017, p. 45.

关因素决定,也有赖于认知者非真值相关的实践语境。

(1)认知语境主义:归赋者的风险敏感性

认知语境主义的实用因素解释已在本章第一部分讨论过。简单来说,认知语境主义强调会话语境下归赋者的实践利益决定了判断认知者是否拥有知识标准。在认知语境主义者看来,会话语境下归赋者的目的、意图和利益等通过影响知识标准、相关对比命题、证据是否充分、是否可以忽略的可能性等因素,决定知识归赋语句的真值。

具体以德娄斯的银行案例为例,在低风险案例中,银行是否营业影响不大。如果关门,归赋者最多白跑一趟,所以人们认为认知者知道银行星期六营业;在高风险案例中,银行是否营业至关重要。如果关门,归赋者将付出巨大的代价,所以人们认为认知者不知道银行星期六营业。德娄斯认为,这两个知识归赋语句都为真。因为在高风险、低风险不同语境下,认知者满足"知道"的知识标准不同,而且认知者的证据较容易满足低风险语境下的知识标准,而较难满足高风险语境下的知识标准。① 在银行案例 A 中,风险低,认知者满足低知识标准,所以认知者知道星期六银行营业为真;但是在银行案例 B 中,如果不能及时把钱存入银行,风险提高,知识标准也相应提高,认知者难以满足高知识标准,所以知识归赋语句为假。

虽然知识归赋的认知语境主义不是针对实用侵入观而提出的,但是具体语境下的实用因素部分地决定了知识归赋语句的真值。在格肯看来,认知语境主义一方面接受知识在形而上学意义上的纯粹性,另一方面又接受语义上的非纯粹性。这种认知语境主义蕴含了知识归赋语句的真值部分地取决于实用因素。虽然认知语境主义者把自身定位为纯粹主义立场,但是格肯认为知识归赋语句的真值与实用因素相容。认知语境主义的语义非纯粹性,并没有主张实用因素是作为支持或反对知识归赋的理由,而是强调实

---

① Keith DeRose, "Contextualism and Knowledge Attributions," *Philosophy and Phenomenological Research*, 1992,52(4),pp. 913-929.

用因素部分地决定了应该表达哪个命题。①

实用侵入者对认知语境主义的实用因素解释有不同的看法。以霍桑、斯坦利、范特尔和麦格拉思为代表的实用侵入者认为认知语境主义是纯粹主义立场,且与实用因素不相容。对于认知语境主义来说,实用因素部分地决定了知识归赋语句的内容,而不是该语句的真值条件是否得到满足。此外,他们认为知识归赋不是对归赋者的语境敏感,而是对认知者的语境敏感。在他们看来,认知者的信念能否成为知识,除了取决于真值相关因素,也取决于特定情境下认知者的实践考量。他们主张从知识与行动的关系来论证实用因素对知识归赋的影响。② 在这种观点看来,知识与行动密切相关。随着风险的提升,人们对认知者满足基于命题 p 来行动的认知立场强度的要求越高。在判断某人是否知道命题 p 时,人们要衡量此人是否思虑周全,比如考虑他的认知立场强度是否可以作为行动的依据。

(2)利益相关不变主义:认知者的风险敏感性

实用侵入反映了大众日常知识归赋的方式。斯坦利和霍桑主张对风险因素敏感的是认知者而不是归赋者。斯坦利认为认知者的真信念能否成为知识部分地取决于认知者所处的实践语境,S 是否知道命题 p 依赖 S 出错时所付出的代价。他提出利益相关不变主义,主张认知者是否知道某事受认知者的风险因素影响。③ 当认知者处于低风险语境时,认知者知道命题 p;当认知者处于高风险语境时,认知者不知道命题 p。为了支持这个观点,斯坦利修改了银行案例,把德娄斯原版案例中的"我和我的妻子"改为"汉纳和妻子莎拉",这么做是为了区分认知者语境和归赋者语境,进一步考察

① Mikkel Gerken, *On Folk Epistemology: How We Think and Talk about Knowledge*. Oxford, UK: Oxford University Press, 2017, pp. 45-49.

② Jeremy Fantl and Matthew McGrath, *Knowledge in an Uncertain World*. New York: Oxford University Press, 2009, pp. 57-58.

③ 这里分别介绍主体敏感不变主义和利益相关不变主义,意在更加清楚地区分第一人称知识归赋和第三人称知识归赋。因为主体敏感实用因素比利益相关因素的范围更广,故用前者统称认知者的实用因素影响知识归赋的情况。

认知者与风险因素对知识归赋的影响。他的案例涉及的变量包括归赋者、认知者、高风险、低风险,以及认知者是否意识到风险因素。根据多个变量之间的关系,他分别给出五个案例:

低风险案例:某个星期五下午,汉纳和妻子莎拉下班开车回家,他们计划去银行存钱。因为没有快要到期的账单,所以存不存钱并不要紧。当经过银行时,他们看到很多人在排队,星期五下午办理业务的人总是很多。汉纳认为不急着存钱,于是说道:"我知道银行星期六营业,因为在两周前的星期六的早上我来过,所以我们可以明天早上来存钱。"

高风险案例:某个星期五下午,汉纳和妻子莎拉下班开车回家,他们计划去银行存钱。因为他们的账单就要到期了,而账户上的余额不多,所以要在星期六之前把钱存入银行,这是一件很重要的事。汉纳说:"两周前的星期六的早上,我来过银行,银行星期六营业。"莎拉认为,银行的确会改变营业时间。汉纳说道:"我想你说得对,我不知道银行明天会营业。"

归赋者低风险—认知者高风险案例:某个星期五下午,汉纳和妻子莎拉下班开车回家,他们计划去银行存钱。因为他们的账单就要到期了,而账户上的余额不多,所以要在星期六之前把钱存入银行,这是一件很重要的事。两周前的星期六,汉纳去银行时,遇到了比尔。莎拉提醒汉纳银行确实会改变营业时间。汉纳说:"这的确是一个因素,我不知道银行星期六会营业。"碰巧,比尔喜欢玩,想星期六去银行看能否偶遇汉纳。比尔没有任何风险,他也不知道汉纳的情况。想着汉纳是否来银行,比尔对一个朋友说:"汉纳两周前的星期六来过银行,所以他知道银行星期六营业。"

认知者未意识到高风险案例:某个星期五下午,汉纳和妻子莎拉下班开车回家,他们计划去银行存钱。因为他们的账单就要到期了,而账户上的余额不多,所以要在星期六之前把钱存入银行,这是一件很重要的事。但是,他们没有注意到账单要到期了,也没意识到账户里的余额不多了。汉纳看到银行里很多人在排队,对莎拉说:"我知道银行明天会营业,因为两周前的星期六的早上我来过银行,我们可以明天再来。"

归赋者高风险—认知者低风险案例:某个星期五下午,汉纳和妻子莎拉下班开车回家,他们计划去银行存钱。因为他们的账单就要到期了,而账户上的余额不多,所以要在星期六之前把钱存入银行,这是一件很重要的事。汉纳打电话给比尔,问他银行星期六是否营业。比尔答道:"两周前的星期六我去过银行,它营业。"汉纳把这个信息告诉莎拉,说道:"因为银行的确有时会改变营业时间,所以比尔并不是真的知道银行星期六会营业。"①

上述案例中,高风险、低风险的区别在于确定银行星期六是否营业的重要性,如果判断出错,付出的代价大小有别。斯坦利预测人们对案例的认知直觉判断结果如下:归赋者认为,在低风险语境下,认知者知道命题 p;在高风险语境下,认知者不知道命题 p;低风险语境下的归赋者认为高风险语境下的认知者知道命题 p,而高风险语境下的归赋者认为低风险语境下的认知者不知道命题 p;认知者没有意识到高风险语境下认为自己知道命题 p。

以上知识归赋结果中,归赋者低风险—认知者高风险情况和认知者未意识到高风险情况下,"S 知道 p"为假。也就是说,这种情况下,认知者实际上不知道命题 p;同样,未意识到高风险情况下的认知者的知识宣称也为假,意味着认知者实际上不知道命题 p。斯坦利通过这两组案例强调认知者是否知道命题 p 只与其自身的实践利益有关,与归赋者无关。然而这一观点并不能解释低风险案例和归赋者高风险—认知者低风险案例知识归赋

---

① Jason Stanley, *Knowledge and Practical Interests*. New York: Oxford University Press, 2005, pp. 4-5.

结果的差异。在这两个案例中,认知者同样处于低风险语境下,前者归赋知识,后者否定知识,但是两个知识归赋语句都为真。其中,最后一个案例知识归赋结果与斯坦利的利益相关不变主义观点不一致。依据这个理论,归赋者高风险-认知者低风险情况下认知者知道命题 p。他认为这一结果是由于第三人称视角认知直觉判断错误所致。在这个案例中,归赋者汉纳处于高风险语境下,他询问他人的目的是获取能够指导他应该如何行动的可靠的信息;归赋者汉纳从自身的实践利益出发,并采用与他认知语境相似的知识标准,而不是从认知者的实践利益出发来评价认知者。在斯坦利看来,正因为如此,归赋者汉纳作为第三人称视角并从其自身实践利益出发,不能够客观评价认知者的认知状态。①

　　根据利益相关不变主义观点,特定时间特定认知者对某一个命题的认知状态是固定的,认知者的风险、实践利益影响具体条件下的知识标准,进而影响其是否知道命题 p。鲍曼认为斯坦利上述案例没有对认知语境主义构成挑战的原因在于:其一,低风险案例和高风险案例对区分认知语境主义还是利益相关不变主义的主张没有助益,因为这两个案例中的认知者是第一人称,也就是说,归赋者和认知者是同一个人。其二,接下来的三个案例是类比柯亨的机场案例的结构,强调的是归赋者的实践利益影响知识标准,进而决定是否归赋知识,这恰恰是支持认知语境主义的观点。其三,归赋者高风险-认知者低风险案例反而成为利益相关不变主义的理论难题,因为利益相关不变主义需要澄清汉纳的知识归赋语句"比尔并不是真的知道银行星期六会营业"为真,而实际上比尔的知识宣称为假。其四,对认知语境主义构成挑战的归赋者低风险-认知者高风险案例也存在问题。由于这个案例缺乏细节描写,因此会有多种情况,比如,低风险归赋者比尔误以为汉纳和莎拉处于高风险语境,或者比尔没有意识到两人处于高风险语境,甚至误以为两人没有面临风险。在鲍曼看来,如果低风险归赋者知晓了认知

---

① Jason Stanley, *Knowledge and Practical Interests*. New York: Oxford University Press, 2005, p. 118.

者处于高风险语境,也十分关注认知者的语境,认知语境主义者会接受由归赋者代理认知者的风险。①

简言之,斯坦利的一系列银行案例表明认知者从低风险的"知道"到高风险的"不知道",知识归赋因认知者的风险的高低而变化。虽然认知语境主义与利益相关不变主义都承认风险、实践利益等实用因素影响知识归赋,但是它们在是归赋者的风险还是认知者的风险影响知识归赋上有分歧。

（3）主体敏感不变主义:认知者的风险敏感性

和利益相关不变主义一致,以霍桑为代表的主体敏感不变主义主张,认知者是否知道命题 p 取决于认知者的认知状态是否满足知识标准,包括持有的证据、信念的可靠性等,而知识标准的阈值又取决于认知者的实践风险。对认知者来说,如果他处于高风险语境下,他就难以知道命题 p;相反,如果他处于低风险语境下,他就很容易知道命题 p。与斯坦利的利益相关不变主义的共同点在于两者都强调认知者的实践风险影响其是否知道命题 p。它们的区别在于霍桑的主体敏感不变主义适用的范围更广。因为影响认知者是否知道命题 p 的实用因素除了风险、实践利益,也有注意到的相关选择项、道德和审美等因素,还有认知者的目的、意图,甚至包括行业标准和社会规范。② 鲍曼给出以下案例:

> 两种过敏症案例:玛丽和约翰都在飞机上。玛丽对坚果过敏,而约翰对鸡蛋过敏。玛丽问了一名乘务员两次,确认食物中不含坚果;约翰问了另一名乘务员,确认食物中不含鸡蛋。然后两人都分别拿了一份航班信息手册,手册上写着航班上的食物对过敏者来说没有任何问题。他们都对自己说道:"现在我知道食物不会给过敏者造成任何

---

① Peter Baumann, *Epistemic Contextualism: A Defense*. Oxford, UK: Oxford University Press, 2016, pp. 184-185.

② John Hawthorne, *Knowledge and Lotteries*. New York: Oxford University Press, 2004, p. 158.

问题。"①

案例中,玛丽和约翰的认知立场强度超过了由其意图和目的所决定的知识标准的阈值。以玛丽为例,假如她只是问了食物中是否含坚果,而没有问食物中是否含鸡蛋,她就不能说她知道飞机上的食物没有问题。因此,鲍曼认为,依据主体敏感不变主义的观点,认知者的意图和目的影响了决定其是否知道命题 p 的知识标准的阈值。在他看来,认知语境主义的主张比主体敏感不变主义的主张更加合理,因为主体敏感不变主义的案例恰恰说明是归赋者而非认知者的意图和目的决定知识归赋。具体案例如下:

> 欺骗案例:艾尔强烈预感到他的老板已经有外遇了。他猜得没错,但是他没有任何真凭实据。卡尔是艾尔的一个同事,和老板关系密切,老板的情人就是他介绍的。卡尔发现这件事可能被艾尔知道,而且艾尔斟酌再三决定要把这件事告知老板娘。老板最近注意到艾尔的行为反常。老板与卡尔一起吃午饭时,他问道:"艾尔知道我的事吗?"卡尔直截了当地回答:"是的,艾尔知道你有外遇,但是没有证据。"第二天,老板与律师朋友卢讨论这件事。卢了解了一切之后,说:"没事的,不用担心。艾尔可能只是一种预感,他一无所知,因为他没有一点证据。"②

依据主体敏感不变主义的主张,艾尔知道老板有外遇,因为他的意图和目的使知识标准的阈值较低,他的认知立场强度能够轻松达到这一知识标准。而卢作为律师,她的知识标准的阈值高,所以,在她看来,艾尔不知道命题 p。不管是卢还是卡尔对艾尔的认知判断,都表明是归赋者而非认知者

---

① Peter Baumann, *Epistemic Contextualism: A Defense*. Oxford, UK: Oxford University Press, 2016, p. 205.
② Ibid., p. 206.

的意图和目的影响知识归赋。在此基础上,鲍曼认为,霍桑的主张与认知语境主义的共同点在于,两者都认同知识归赋语句的真值因实用因素而变化;区别在于,认知语境主义强调知识归赋语句的真值因真值条件而变化,而霍桑强调认知者是否知道命题 p 依赖基于命题 p 而付诸行动后的预期代价的高低。相比较而言,鲍曼认为认知语境主义比主体敏感不变主义更加合理。

与鲍曼相反,布朗通过实践推理的知识规范为主体敏感不变主义辩护。她分析了认知语境主义和主体敏感不变主义在实证层面上是否承诺了大众知识归赋对风险因素敏感的问题。[①] 在她看来,认知语境主义诉诸语义学以解决怀疑主义难题为理论旨趣;而主体敏感不变主义认为知识包含认知者风险的形而上主张,并不蕴含大众知识归赋对风险因素敏感。在成对案例中,认知者具有同样的证据,也基于此具有同样的信念度。区别是认知者的风险不同,认知者风险的高低产生不同的知识归赋结果,因此布朗认为主体敏感不变主义是知识归赋有赖于实践风险的最佳解释。

以上可以看出,德娄斯银行案例只是涉及第一人称自我知识归赋,也就是说,作出知识宣称和知识归赋的是同一个人,但是这无法解释第三人称知识归赋。斯坦利改编银行案例,凸显第三人称知识归赋,并且区分了归赋者低风险-认知者高风险、归赋者高风险-认知者低风险的情况。虽然不同的理论旨趣对风险因素影响知识归赋的解释不同,认知语境主义者认为风险的高低影响归赋者的知识标准;主体敏感不变主义者和利益相关不变主义者认为,风险因素影响的是认知者而非归赋者,他们主张知识标准是不变的,某人是否知道不仅取决于传统认知因素,也依赖认知者的风险因素,并且认为这些风险因素与怀疑主义语境无关,更多的是关乎实践。

问题在于,如果知识归赋的语境包括归赋者语境,也包括认知者语境,那么会出现理论上的不一致。因为归赋者和认知者规定了两种不同的认知

① Jessica Brown,"Experimental Philosophy, Contextualism and SSI," *Philosophy and Phenomenological Research*, 2011,86(2),pp. 233-261.

语境,这会带来对跨语境知识归赋合理性的质疑。在主体敏感不变主义者看来,只要确定了认知者、命题 p 和时间,知识归赋语句表达的就是一个不变主义命题,它的真值条件不因会话语境下归赋者的变化而变化。主体敏感不变主义强调认知者的实践利益可能部分地决定其能否知道命题 p,且知识标准不变。认知语境主义者认为,知识标准因会话语境下归赋者风险提高或错误可能性凸显而提高。黄敏认为,归赋者的语境和认知者的语境产生了两种不同的理论结果。如果知识归赋语句的真值取决于认知者的语境,那么满足知识归赋语句真值条件的要素一旦确定下来,语句的真值就不会发生变化。认知者语境因素决定认知者是否满足这些已经建立的知识标准,因此它们能够影响认知者处于何种认知立场强度,但是不影响它的内容。因此,知识归赋语句的真值条件取决于归赋者因素,认知者因素也决定着知识归赋语句真值条件是否得到满足。只有这两个因素同时具备,才能确定知识归赋语句的真值。[①]

2. 认知语境主义优于主体敏感不变主义

认知语境主义优于主体敏感不变主义之处在于归赋者的语境比认知者的语境更具开放性和包容性。认知语境主义和主体敏感不变主义都是依赖实践利益的知识归赋理论。对于前者,归赋者的实践利益影响知识归赋语句的真值条件;对于后者,认知者的实践利益影响知识宣称的真值条件。前者优于后者的理由如下:首先,格雷科认为认知语境主义对归赋者的实践语境敏感,也对认知者的实践语境敏感。在第三方评价认知者是否知道命题 p 的情况下,第三方会衡量认知者根据两周前的证据宣称"他知道银行星期六营业",也会衡量自己的实践需求。根据实践推理的知识规范,如果归赋者考虑他们是否应该去银行,那么认知者是否知道命题 p 就由归赋者的实践利益和目的决定;如果归赋者考虑认知者是否应该去银行,那么认知者

---

① 黄敏:《知识之锚——从语境原则到语境主义知识论》,上海:华东师范大学出版社,2014 年,第 25 页。

是否知道命题 p 就由认知者的实践利益和目的决定。在格雷科看来,这没有超过认知语境主义的范围,因为知识归赋仍旧可以随归赋者语境的变化而变化。同时,他主张认知语境主义可以对认知者敏感,也可以对认知者不敏感。①

其次,主体敏感不变主义是认知语境主义的一种情况。从知识的目的和功能角度来看,知识归赋的目的在于为实践推理提供可靠的信息源。在此基础上,格雷科认为知识归赋的功能就是为实践推理服务,而且知识归赋与实践推理者的利益和目的等紧密相关。② 通常情况下,实践推理者是归赋者的实践情境,归赋者以自身的实践利益和目的进行知识归赋;也有时候,归赋者从认知者的实践情境出发,为认知者的实践利益和目的考虑来作出知识归赋。这一结果蕴含知识归赋语句真值的语境敏感性。

最后,人们在作出知识归赋时,并不会严格区分归赋者和认知者的语境。斯蒂芬·R. 格里姆(Stephen R. Grimm)认为,判断某人是否知道命题 p 的阈值既与认知者有关,也与归赋者有关,除此之外,还与第三方有关。在他看来,不论何时判断某人是否知道命题 p 都要有最高风险意识,不仅要考虑归赋者的风险、认知者的风险,也要考虑第三方的风险。然而他的观点又面临稳定性的质疑。具体来说,人们对无关紧要的事情,很容易断言某人知道命题 p,而对至关重要的事情又很难作出判断。格里姆回应道,正是这种多元的风险敏感主体有助于稳定知识有关的阈值,因为人类具有依赖信息,也需要分享信息的特性,知识归赋要考虑他人的风险代价,所以多方出错代价权衡有利于达成普遍认可的风险等级,从而有利于知识的稳定性。③ 除此之外,从知识归赋的目的来说,在实践生活中,人们归赋知识是为了识别

---

① John Greco, *Achieving Knowledge: A Virtue-Theoretic Account of Epistemic Normativity*. New York: Cambridge University Press, 2010, pp. 110-112.

② Ibid., pp. 119-122.

③ Stephen R. Grimm, "Knowledge, Practical Interests, and Rising Tides," in David Henderson and John Greco (eds.), *Epistemic Evaluation: Purposeful Epistemology*. Oxford, UK: Oxford University Press, 2015, pp. 124-130.

出可靠的信息源。根据主体敏感不变主义,认知者并不能保证信息的可靠性。比如,低风险语境下的认知者的证据足以保证他可以基于命题 p 来行动,这种情况下,人们认为他知道命题 p。但是对高风险语境下的归赋者来说,低风险语境下的认知者的证言不可信,不足以使他基于命题 p 来行动。如此就会出现低风险语境下的认知者知道命题 p,但是高风险语境下的认知者不接受他的证言。针对这一问题,认知语境主义比主体敏感不变主义更具优越性,因为认知语境主义知识标准的确立可以由归赋者和认知者的语境共同决定,以满足认知判断和标识可靠信息源的目的。一方面,会话语境下的知识标准除了涉及归赋者的实践语境,也涉及认知者的实践语境;另一方面,人们可以通过评价多个认知者或有多个归赋者进行知识归赋,确立知识标准。

综上所述,认知语境主义者德娄斯、柯亨和刘易斯都曾强调诸如风险、意图和期待等语境因素在知识归赋中的影响。德娄斯强调风险因素对知识标准高低的影响,柯亨强调风险因素对证据和语境合理性的要求,刘易斯强调需要排除的相关选择项的语境敏感性。然而他们的论证都面临理论内部的困难和外部的挑战。前者包括语义上升机制、语义下降机制问题和事实性问题;后者包括来自不变主义各种变体的质疑。虽然不变主义各种变体有自身的局限性,但是它们反映了实用因素侵入知识的特点。不变主义从秉持理智主义传统的纯粹主义,逐渐发展到关注实用因素影响的非纯粹主义。不变主义者对实用因素在知识归赋中起作用的方式有不同的观点。严格纯粹不变主义者和温和不变主义者认为,某人的信念能够成为知识,只与真值相关因素有关,而与实用因素无关;主体敏感不变主义者和利益相关不变主义者认为,知识和实践利益考量相关,且它直接地影响人们归赋知识的意愿;而语用不变主义者认为,实践考量只是语用含义,仅表示可断言的适切性条件。语用不变主义没有削弱认知语境主义,而且认知语境主义比主体敏感不变主义更具解释力,因为认知语境主义知识标准的确立可以兼顾归赋者和认知者的实践语境,以满足认知判断和标识可靠信息源的目的。第五章将从知识和行动的关系讨论知识归赋中的实用侵入。

第五章
大众知识归赋中的实用侵入

　　根据纯粹主义的观点,诸如信念、证据、知识等认知概念和认知者的认知立场强度仅与真值相关因素有关。近年来,这一观点受到实用侵入观的挑战。实用侵入观认为,认知者的认知立场强度除了取决于真值相关因素,也有赖于非真值相关的实用因素。实用因素侵入人们认知生活的方方面面,包括人们看待知识、信念、证据的方式,也影响人们对认知价值的看法。本章主要讨论实用因素如何影响人们归赋知识的意愿。

一、知识归赋和实践理由

　　近年来,随着知识归赋的实践转向,学者关注实践利益、风险、可行性等实用因素影响人们判断某人是否具有知识,实用侵入观对此持肯定的看法。范特尔和麦格拉思认为,实用因素不仅包含实践考量,也包含会话含义的考量,比如可行性、喜好、会话适切性等。① 霍桑、斯坦利、范特尔和麦格拉思等人都针对这个问题进行过详细的论证。虽然他们对实用因素如何和在多大程度上影响知识归赋持不同的意见,但是他们持有共同的立场,即除了真值相关因素,某人是否知道命题 p 部分地取决于实用因素。

---

① Jeremy Fantl and Matthew McGrath, "Pragmatic Encroachment," in Sven Bernecker and Duncan Pritchard (ed.), *The Routledge Companion to Epistemology*. New York: Routledge, 2011, p. 561.

（一）实用侵入论题

实用侵入观主要有两个观点：一是知识在实践推理中的规范性作用，即认知者按照所知道的事情来行动；二是风险的高低影响认知者的信念能否成为知识，即认知立场强度是否满足知识标准。① 巴伦·里德认为该观点具体表现在以下三个方面②：

第一，知识和实践理由之间有密切的关系。霍桑和斯坦利主张认知者对实践语境敏感，在证据、信念形成机制、安全性等利真性因素不变的情况下，知识归赋会随认知者的实践语境而变化。他们提出知识-行动原则，即当且仅当某人知道命题 p，命题 p 是某人行动的理由。③ 根据这个原则，除了知识是实践推理的规范的解读，还可以看出，在日常实践中，如果命题 p 不是认知者实践推理的前提，那么他就不能够知道命题 p。这也就意味着，知识概念构成需要观照实践的合理性，知识本质也就具有了实用因素的内涵。

第二，范特尔和麦格拉思秉持非纯粹主义立场，提出知识-确证原则。④ 他们在《实用因素影响你是否知道》一文中给出实用因素侵入知识的论证，表述如下：

（1）如果你知道命题 p，那么命题 p 是足以保证你相信基于命题 p 的某些命题的理由。

（2）如果命题 p 是足以保证你相信基于命题 p 的某些命题的理

---

① Jeffrey Sanford Russell, "How Much is at Stake for the Pragmatic Encroacher," in Tamar Szabó Gendler and John Hawthorne (ed.), *Oxford Studies in Epistemology*, Vol. 6. New York: Oxford University Press, 2019, pp. 279-280.

② Baron Reed, "Practical Matters Do Not Affect Whether You Know," in Matthias Steup, John Turri, and Ernest Sosa (eds.), *Contemporary Debates in Epistemology* (2nd edition). Malden, MA: Wiley-Blackwell, 2013, pp. 95-106.

③ John Hawthorne and Jason Stanley, "Knowledge and Action," *The Journal of Philosophy*, 2008, 105 (10), pp. 571-590.

④ Jeremy Fantl and Matthew McGrath, *Knowledge in an Uncertain World*. New York: Oxford University Press, 2009, p. 3.

由,那么命题 p 是足以保证你相信基于命题 p 的任何命题的理由。

（3）如果命题 p 是足以保证你相信基于命题 p 的任何命题的理由,那么命题 p 是足以保证你基于命题 p 的行动的理由。

（4）如果命题 p 是足以保证你基于命题 p 的行动的理由,那么命题 p 足以为你的行动提供确证。

所以,如果你知道命题 p,那么对于任何行动,命题 p 足以保证为你基于命题 p 的行动提供确证。①

范特尔和麦格拉思在对知识-理由原则和安全理由原则分析的基础上,限定知识是实践合理性的充分条件,也可以说,实践合理性是知识的必要条件。知识-理由原则和安全理由原则是知识-确证原则的前提,同时满足这两者的要求,知识-确证原则才成立。他们在不同的文章中采用不同的案例详细地分析实用侵入,其中之一是以克利福德沉船案例的实用侵入分析论证为例。②

沉船案例:一位船主要送一艘移民船出海。他知道这是一艘有年代的船,而且船不太结实;它经历了许多海况,几经风吹雨打,常常需要修复。他一度怀疑这艘船还能不能出海。这些疑惑深深地困扰着他。即使花费巨大,他也应当对船进行彻底的检查和翻修。然而,在船出航之前,他成功地摆脱了这些疑惑。他对自己说:"航行多次,经历了多次风暴的考验都平安无事。因此,没必要假设这次航行不能安全地回来。"他祈求老天保佑这些即将背井离乡,到别处寻找幸福生活的不幸

---

① Jeremy Fantl and Matthew McGrath, "Practical Matters Affects Whether You Know," in Matthias Steup, John Turri, and Ernest Sosa (eds.), *Contemporary Debates in Epistemology* (2ⁿᵈ edition). Malden, MA: Wiley-Blackwell, 2013, pp. 84-95.

② 克利福德的沉船案例是信念伦理讨论的对象,但是它不仅在伦理上应受到谴责,在认知意义上也应受到谴责。证据没有充分确证他的信念,因此不仅行为要受到谴责,他的相信命题 p 也要受到谴责。这表明,基于不充分的证据的信念是不合理的,信念的规范性特征和基于该信念的规范性行为之间存在联系。

家庭。于是他的内心不再怀疑造船者和承包商的诚信。这样他就确信这艘船足够安全，可以出海。他草率地决定出航了，真心地希望这些移民在新家园中过上幸福的生活。然而，船在大洋中间沉没而没有出现奇迹之时，他获得了他的保险金。

　　沉船案例的变形：假设你是一位在海上博物馆参观的游客。在参观期间，你经过一艘三桅船时，看到海报上写着：意大利之星。这艘铁制三桅船是在贝尔法斯特的哈兰德·沃尔夫造船厂建造，重达 1784 吨。1877 年首航，1927 年退役，现在仍能出海。①

　　沉船案例有两个假设，一是假设认知者知道命题 p，讨论知识和实践理由的关系，二是可错论假设。也就是说，受实践理由影响的知识归赋在认知上不总是精确的。首先，他们提出信念的规范性状态和基于该信念的规范性行为之间存在联系，称之为"克利福德之链"（Clifford's link）。即如果你知道命题 p，那么命题 p 是足以保证为基于命题 p 的行动提供确证。他们认为克利福德之链遵循了以上论证的四个前提：假设你知道命题 p，那么根据前提 1，命题 p 是足以保证你相信基于命题 p 的某些命题的理由；根据前提 2，如果你知道命题 p，那么命题 p 是足以保证你相信基于命题 p 的任何命题的理由；前提 3 连接信念的理由和行动的理由，由此，如果你知道命题 p，那么命题 p 是足以保证你基于命题 p 的行动的理由；最后，以上三个前提结合前提 4，得出克利福德之链的正当性，即如果你知道命题 p，那么命题 p 足以保证为你基于命题 p 的行动提供辩护。

　　然而在传统知识论看来，这个结果是非理智主义的。人们可以通过获得或失去信念，来否定知识或归赋知识，但是人们不能根据他们在意什么、行为预期的代价或利益、可用的选择等来否定知识或归赋知识。在以上两

---

① Jeremy Fantl and Matthew McGrath, "Practical Matters Affects Whether You Know," in Matthias Steup, John Turri, and Ernest Sosa (eds.), *Contemporary Debates in Epistemology* (2nd edition). Malden, MA: Wiley-Blackwell, 2013, pp. 84-85.

个案例中,两者都有船可以出海的信念,游客知道这艘船可以出海,而船主不知道这艘船可以出海。为何船主的信念不能成为知识,因为即使他和游客的证据相同,但对船上的移民而言,有生命危险,这些证据也不能满足他"知道"的要求。相反,这些证据充分满足游客知识所需。这也恰恰表明实践考量对知识归赋的作用。

第三,风险高低不同的思想实验案例为实用侵入提供了符合直觉的辩护。在这些成对案例中,两个认知者具有相同的证据。但是因为实践语境的差异,所以低风险语境下,肯定认知者有知识;在高风险语境下,否定认知者有知识。实践合理性成为认知者的信念能否成为知识的必要条件。比如,杰米和莎拉两人都对坚果过敏,不过莎拉的过敏会危及性命。服务员告诉他们蛋糕不含坚果。虽然他们两人有同样的证据,也都具有可靠的认知官能。由于莎拉过敏的风险远高于杰米,对她来说,理性的行为是再次跟服务员甚至烘焙师确认蛋糕的确不含坚果。巴伦·里德认为,在实用侵入者看来,因为莎拉的实践需求,她比杰米需要具有更强的认知立场才能满足"知道"的要求。①

简言之,以上三种实用侵入知识的论证方法,不管是诉诸知识与实践理由的原则,还是非纯粹主义的理论论证,还是成对的思想实验案例,它们之间的共同点在于都涉及把命题 p 作为实践理由的适当性,其适当性进一步影响认知者的认知立场强度是否满足"知道"的要求。

（二）实践理由

近年来学界普遍认为知识是实践推理的认知规范。霍桑和斯坦利认为,在日常生活中,人们对他人行为的评价表现出实践理性与知识概念的紧密相关性,比如,既然你不知道饭店在那条街上,你就不应该往那边走;"我"知道下雨了,所以出门要带一把伞。

---

① Baron Reed, "Practical Matters Do Not Affect Whether You Know," in Matthias Steup, John Turri, and Ernest Sosa (eds.), *Contemporary Debates in Epistemology* (2nd edition). Malden, MA: Wiley-Blackwell, 2013, p. 106.

知识作为实践理由的充要条件,即如果某人的选择依赖命题p,他把命题p作为采取行动的理由是适当的,那么他知道命题p;某人的选择依赖命题p,他把命题p作为采取行动的理由是适当的,仅当他知道命题p。这里判断实践理由是否适当表明,认知者认为相信某人依赖命题p的行动是实现他的目的或欲求的最佳方式。例如,"我"的同学打电话告诉"我",他明天坐飞机来看"我","我"得知他在明天上午11点到达,于是得出,"我"需要在明天上午11点之前到机场接机。再比如,如果在结冰的湖面上行走,有掉下去的风险,"我"就得出,"我"不知道冰面的厚度是不是足以支撑"我"的重量。所以,当风险较高时,人们常常不愿意归赋知识。这一原则虽然承认实用因素对知识归赋的影响,但是强调只有事实才能作为行动的理由,而不能把错误的命题作为行动的理由。依据理智主义传统,当判断某个行动是否合理时,人们实际上考虑的是作为实践理由的信念的认知概率是否等于1。比如,人们打赌时,随着赌注和风险的升高,人们不再对自己的知识宣称有确定的把握,这时命题p就不能作为行动的理由。相反,赌注小,风险低时,人们对自己的知识宣称有把握,这时命题p可以作为行动的理由。

实践理由在知识和行动关系中起重要作用。范特尔和麦格拉思在《证据、语用和确证》一文中构建了一对火车案例,考察知识和行动的关系。

　　火车案例1:你(即马特)在波士顿后湾车站,正准备乘坐通勤火车去普罗维登斯。你打算去看望一些朋友,这会是一次轻松的度假旅行。你和站在你旁边的一个家伙在聊一些无聊的事情。他也去普罗维登斯看望朋友。当火车进站时,你们继续在聊天。你问道:"这列火车会在福克斯伯勒、阿特尔伯勒等小站停靠吗?"对你来说,这列火车是否是快车,不重要,尽管你有一点希望它是快车。他回答:"是的,这列火车在所有小站都会停靠。我购买火车票的时候,他们告诉我的。"没有任何原因使他显得特别不值得人信任。你相信了他所说的。

　　　　火车案例 2：你急着去福克斯伯勒，越快越好。因为你的工作需要如此。你已购买向南行驶的火车车票，2 小时后发车，到达福克斯伯勒的时间正好合适。你无意中听到和火车案例 1 一样的对话，火车刚进站，15 分钟以后开动。你想："那个家伙的信息可能有误。火车是否停靠福克斯伯勒站，对他重要吗？也许售票员误解了他的问题。也许他误解了售票员的回答。谁知道他什么时候购买的火车票？对此，我不想出错。我最好亲自去核实一下。"①

　　看上去马特在第一个火车案例中相信命题 p 有保证，马特听到乘客的谈话，知道这是一列慢车，停靠每个小站。根据知识-行动原则，"这是一列慢车"足以为你上车的行动辩护，因为你在此时关于命题 p 的认知立场强度保证你应该上车。在第二个火车案例中，相信命题 p 没有保证。两个案例唯一的区别在于实践理由不同，马特在第二个火车案例中的风险比第一个火车案例中的风险要高。虽然认知者相同，证据相同，但这次是否能够及时到达目的地至关重要。由于风险提高，任何不确定性都会影响认知者上车。此时，马特需要再次核实。

　　再者，夏丽蒂·安德森（Charity Anderson）和霍桑主张知识依赖实践理由的充足性。他们在《知识、实践充足性和风险》一文中提出，只有某人的认知立场强度对于实践活动来说是充足的，他才知道命题 p。他们认为人们在考虑认知者、行动和命题三元关系时，一个自然的出发点是考量实施某一行动多大程度上依赖命题 p，并把它称为行动的 p-风险。这里的命题 p 是事实性的还是非事实性的，成为决定某人实施某行动是否有效的关键。②以凯瑟琳·B. 弗朗西斯（Kathryn B. Francis）等人给出的一组对比场景

①　Jeremy Fantl and Matthew McGrath，"Evidence, Pragmatics, and Justification，" *Philosophical Review*，2002，111（1），pp. 67-68.

②　Charity Anderson and John Hawthorne，"Knowledge, Practical Adequacy, and Stakes，" in Tamar Szabó Gendler and John Hawthorne（ed.），*Oxford Studies in Epistemology*，*Vol. 6*. New York：Oxford University Press，2019，pp. 234-257.

为例。

> 行动：出门前没有检查是否关闭火炉。
>
> 命题 p：火炉关闭了。
>
> 一般场景："我"要出去看有没有信件，5 分钟后回来，这时"我"要查看一下是否关闭了火炉。
>
> 糟糕场景："我"出门一周。要等回来以后才能查看是否关闭火炉。（且"我"一个人居住）
>
> 在一般场景中，如果"我"关闭了火炉，"我"的房子不会被烧毁；如果没有关闭火炉，"我"会觉得气味难闻，头昏脑涨。在糟糕场景中，如果"我"关闭了火炉，"我"的房子不会被烧毁；如果没有关闭火炉，"我"的房子会被烧毁。①

根据是否命题 p 所带来的实际后果效用之间的巨大差异，他们认为知识具有风险敏感性。具体来说，认知者在高风险的糟糕场景中，他不知道命题 p；在低风险的一般场景中，他知道命题 p。因此，他们认为实践理由的充足性影响某人是否知道命题 p。

从以上案例可以看出，实践理由影响认知者是否知道命题 p 主要表现在两个方面。一是风险因素。银行案例和火车案例是高风险、低风险不同的成对案例。人们认为认知者在低风险语境下知道命题 p，在高风险语境下不知道命题 p。风险低时，命题 p 可以作为行动的理由；风险高时，命题 p 不能作为行动的理由。认知者是否知道命题 p 随风险的高低而变化。风险的高低影响命题 p 能否作为实践理由。低风险时，认知者不需要再次核实，命题 p 直接可以作为行动的理由；相反，高风险时，认知者需要再次核实是

---

① Kathryn B. Francis, Philip Beaman, and Nat Hansen, "Stakes, Scales, and Skepticism," *Ergo: An Open Access Journal of Philosophy*, 2019, 6(16), pp. 430-431.

否知道命题 p,命题 p 不能直接作为行动的理由。这样有利于避免人们随意归赋知识,撤回原来的知识宣称。

二是再次核实。高风险语境下,认知者要再次核实才可以确证命题 p 能否作为实践理由。汉纳有行动的理由去再次核实银行营业的时间,以决定星期六再来,还是今天排队把钱存入银行。马特得保证准时到达目的地,不能出现任何差池,这是他再次核实火车是否停靠小站的理由。如果去门口取信件,很快就回来,"我"不用再次核实是否关闭了火炉。如果出门一周,不再次核实"我"是否关闭了火炉,房子有可能被烧毁。由此可以看出,实践理由影响人们是否归赋知识。不仅如此,充足的实践理由是知识归赋的必要条件。这里充足的实践理由表现在认知者有没有必要再次核实是否知道命题 p。如果认知者没有理由再次核实是否知道命题 p,那么他把命题 p 作为行动的理由是合适的。因为如果认知者需要再次核实是否知道命题 p,则表明他关于命题 p 的认知立场强度不足以满足"知道"的要求。相反,如果认知者需要再次核实,则表明他关于命题 p 的认知立场强度足以满足"知道"的要求,尽管认知者在高风险、低风险不同语境下关于命题 p 的认知立场强度一样。因此人们认为认知者在高风险语境下不知道命题 p,在低风险语境下知道命题 p。

(三) 布朗对知识和实践理由的质疑和辩护

布朗虽然质疑知识作为实践推理的充要条件,但是在她看来,这并不能否定知识和实践理由密切相关。她从主体敏感不变主义立场出发,主张实践推理的可接受性也能影响知识归赋语句的真值。

1. 实践推理的知识规范的非充分必要性

布朗认为知识不是实践推理的充要条件。[①] 第一,根据其必要条件,如果某人不知道命题 p,那么把命题 p 作为实践推理的理由是不合适的。她给出反例,葛梯尔化的认知者不知道命题 p,但是他把命题 p 作为实践理由

---

① Jessica Brown, "Knowledge and Practical Reason," *Philosophy Compass*, 2008,3(6),p.1141.

仍旧是合适的。假设某人中午 12 点下班后要去乘坐 12 点 20 分的火车,赶在下午 1 点和朋友聚餐。他真的相信 12 点 20 分有一列快的火车能够使他准时到达。他的信念得到确证,因为他离开办公室以前在火车售票官方网站上核实了火车运行时刻表。但是他浑然不知的是,有黑客入侵了火车售票官方网站,把火车运行时刻表换成了之前的。幸运的是,两张火车运行时刻表中,12 点 20 分那列火车的运行时间没有变化。人们似乎觉得此人依据 12 点 20 分有一列快的火车来行动是适当的。然而,如果此人知道有黑客入侵火车售票官方网站,那么人们在评价此人的行动时,就会认为基于命题 p 来行动是不合适的。如果火车准时到达后,他才知道原来黑客入侵了火车售票官方网站,偷换了火车运行时刻表。他实际上不知道 12 点 20 分这列快的火车。但是从直觉来说,在当时,他基于命题 p 来行动是适当的。案例中,认知者不知道命题 p,但是命题 p 可以作为行动的理由是适当的。这个案例质疑了实践推理的知识规范的必要性。

　　第二,根据其充分条件,如果某人知道命题 p,那么把命题 p 作为实践推理的理由是合适的。削弱这一观点有两个方法:其一,如果两个人都知道命题 p,但是他们的认知立场强度不同。比如一个是骨科主任医师,一个是病人,骨科主任医师通过大量关于病人各种检查结果的数据,确证他知道此人得了关节炎。病人凭借经验判断自己得了关节炎。两个人都知道这个病是关节炎。虽然他们都知道命题 p,但是两个人基于命题 p 来行动不都是适当的。其二,如果某人知道命题 p,但是基于命题 p 来行动是不合适的。她给出外科医生的反例。她认为行动合理并不必然反映推理是恰当的。① 外科医生要做一例切除病人左肾的手术,病人躺在手术台上,外科医生要再次查看一下病人的病历。实习医生不明白,外科医生为何还要再次查看一下病人的病历,因为早上病人在门诊做检查时,外科医生已经知道是

---

① Jessica Brown, "Knowledge and Practical Reason," *Philosophy Compass*, 2008, 3 (6), pp. 1141-1147.

切除病人哪边的肾。护士回应道，外科医生当然知道是切除病人哪边的肾，但是也要尽量避免出现意外情况，比如，病历是否拿错，病人是否是其本人，等等。因为如果手术出现差错，后果很严重，所以外科医生在工作上不能草率。对外科医生而言，为了避免出现差错、规避风险，再次确认病人的情况是其最好的选择。因此，外科医生知道命题 p，但是基于命题 p 来行动是不合适的。这个反例质疑了实践推理的知识规范的充分性。虽然人们有理由认为知识不是实践理性的充要条件，但是这并不能否定知识和实践理由密切相关。

2. 为实践理由的知识规范辩护：主体敏感不变主义立场

近年来学界普遍认为知识是实践推理的认知规范，这个规范影响哪个理论能够更合理地解释知识归赋，认知语境主义，经典不变主义，还是主体敏感不变主义？

根据认知语境主义的观点，"知道"具有语境敏感性。在不同的语境下有不同的认知特点。在归赋者语境下风险因素的影响下表现为：满足实践理由所需的认知立场强度随风险的高低而变化。以德娄斯的银行案例为例，凯斯关于银行星期六营业的认知立场强度是他决定是否星期六再来银行存钱的理由。在高风险语境下，知识标准比日常会话高，凯斯的认知立场强度要达到知识绝对的确定性要求才能作为实践理由。相反，在低风险语境下，凯斯的认知立场强度只要满足低知识标准就可以作为实践理由。所以高风险、低风险不同语境下的归赋者在评价认知者是否知道命题 p 时持有不同的知识标准。在高风险语境下，认知者的认知立场强度不满足高知识标准，所以归赋者认为他不知道命题 p；在低风险语境下，认知者的认知立场强度满足低知识标准，所以归赋者认为他知道命题 p。也就是说，在低风险语境下，知识归赋是合适的；在高风险语境下，知识归赋是不合适的，命题 p 是否可以作为实践理由的直觉直接反映了知识归赋语句的真值。所以在高风险语境下，认知者不知道命题 p；在低风险语境下，认知者知道命题 p；都为真。

然而经典不变主义否定知识因语境的变化而变化，主张知识归赋语句的真值由真值相关因素决定。因此，他们反对，对于同一个命题，认知者在高风险、低风险不同语境下的知识归赋都为真。例如，赖肖、韦恩·A. 戴维斯（Wayne A. Davis）、威廉姆森等人认为认知语境主义知识归赋观是一种语言误用或只是会话含义，与知识归赋语句的真值无关。①

在布朗看来，主体敏感不变主义不支持经典不变主义的主张。主体敏感不变主义与经典不变主义的不同之处在于，知识归赋语句的真值不仅依赖命题 p 是否为真、认知者是否相信命题 p、证据和信念形成过程的可靠性，还依赖认知者的风险因素。所以，主体敏感不变主义强调认知者对风险因素或实践因素敏感。相反，布朗认为主体敏感不变主义支持认知语境主义的直觉。主体敏感不变主义与认知语境主义的不同之处在于，主体敏感不变主义强调认知者而非归赋者的实践语境决定知识标准，而且知识归赋语句的真值不仅受高风险、低风险不同语境影响，也受实践推理的可接受性影响。如果风险低，那么凯斯依据星期六银行会营业来进行实践推理是合适的。他就会决定今天先回家，明天再来银行存钱。如果风险高，那么凯斯依据星期六银行会营业来实践推理是不合适的。他应该去银行柜台再次核实一下营业时间。

相比较而言，布朗主张以主体敏感不变主义的立场为实践推理的知识规范做辩护。她认为主体敏感不变主义与认知语境主义的一致性在于，它们都主张对基于命题 p 的适当性的直觉判断影响知识归赋的真值。认知语境主义强调知识归赋的高风险、低风险语境敏感性，而主体敏感不变主义通过诉诸实践推理的知识规范进一步加强知识归赋的实用敏感性。根据这一立场，实践理由影响某人是否知道命题 p，而且强调认知者而非归赋者的实

① Patrick Rysiew, "Rationality Disputes-Psychology and Epistemology," *Philosophy Compass*, 2008, 3(6), pp. 1153-1176. Wayne A. Davis, "Grice's Razor and Epistemic Invariantism," *Journal of Philosophical Research*, 2013, 38, pp. 147-176. Timothy Williamson, "Contextualism, Subject-Sensitive Invariantism, and Knowledge of Knowledge," *The Philosophical Quarterly*, 2005, 55(219), pp. 213-235.

践利益影响知识归赋的结果。因此，在她看来，认知者实践推理的适当性依赖认知者的语境，而不是归赋者的语境。如果知识与实践推理密切相关，那么认知者在低风险语境下知道命题 p，而且人们应该忽略归赋者在高风险语境下对低风险语境下的认知者的知识归赋是否具有适当性的判断。

　　具体来说，她从两个方面为实践理由和知识的关系进行辩护。首先，她考察了认知者对命题 p 是否具有足够强的认知立场，才可以基于此命题而行动。她以银行案例为例，在低风险案例中，根据凯斯两周前的星期六去过银行的证据，他知道银行星期六营业。这时，他具有足够好的认知立场强度来基于命题 p 进行实践推理。也就是说，他们今天不必排长队等，而是选择明天再来银行。在认知者面临的风险提高后，他的认知立场强度较弱，不足以基于命题 p 进行实践推理。这个差别说明实践推理对知识归赋影响的合适性。

　　布朗根据霍桑和斯坦利以双条件界定知识和实践推理的关系，把实践推理的知识规范表述如下：

　　　　（1）低风险语境下，凯斯处于足够好的认知立场强度，基于命题 p 来行动。

　　　　（2）某人处于足够好的认知立场强度，可以基于命题 p 进行实践推理，当且仅当他知道命题 p。

　　　　（3）所以，在低风险语境下，凯斯知道命题 p。

　　　　（4）假设凯斯在低风险语境下知道命题 p，而在高风险语境下不知道命题 p，两种情况的唯一区别是风险的高低，那么知识受风险因素影响。①

---

① Jessica Brown，"Experimental Philosophy，Contextualism and SSI，" *Philosophy and Phenomenological Research*，2011，86(2)，p. 244.

布朗认为这两个前提都不涉及知识归赋的直觉判断,而只涉及高风险、低风险不同语境下实践推理的合适性和实践推理的知识规范。因此,不管大众知识归赋的结果是否受风险因素影响,都不会削弱主体敏感不变主义。

其次,布朗认为实践推理的一般原则涉及知识和实践推理之间的联系。在她看来,某人只有通过获得更多的证据,加强他的认知立场,才能知道命题 p。这意味着,当风险提高时,认知者需要更强的认知立场才可以基于命题 p 进行实践推理。根据这个原则可以推出,认知者处于低风险时,他知道命题 p;处于高风险时,他的认知立场不足以让他基于命题 p 进行实践推理。根据实践推理的知识规范,认知者在高风险语境下不知道命题 p。布朗把知识和实践推理的一般原则表述为:

(1)某认知者可能知道命题 p,尽管他可以通过获取更多的证据加强他的认知立场。

(2)风险提高时,认知者需要更强的认知立场才能基于命题 p 进行实践推理。

(3)如果某认知者知道命题 p,那么他处于足够好的认知立场来基于命题 p 进行实践推理。

(4)根据(1)和(2),在成对案例中,认知者面临的风险不同,在低风险语境下,认知者知道命题 p;在高风险语境下,认知者的认知立场强度不足以让他基于命题 p 进行实践推理。

(5)根据(3),认知者在高风险语境下不知道命题 p。

(6)根据(4)和(5),高风险案例、低风险案例中,知识归赋的结果不同。

(7)因为两个案例唯一的区别是风险因素,所以知识有赖于风险因素。[①]

[①] Jessica Brown, "Experimental Philosophy, Contextualism and SSI," *Philosophy and Phenomenological Research*, 2011, 86(2), p. 245.

以上这个论证使用的是实践推理的知识规范的充分条件。布朗认为，从必要条件来看，结果一样是支持主体敏感不变主义，比如在前提（3）中，知识是认知者处于足够好的认知立场的必要条件，在高风险语境下，他不知道命题 p，所以在高风险语境下，认知者的语境不足以使他基于命题 p 进行实践推理。从以上论证可以看出，大众知识归赋是否受风险因素影响，都没有削弱主体敏感不变主义。但是实践推理的知识规范原则存在一些漏洞，比如主体的风险不同如何导致或何以解释知识归赋语句的真值的不同。

根据布朗的观点，实践推理的知识规范不是诉诸风险因素而是大众的实践利益敏感性。其理由有：第一，实验设计并没有考察某人知道命题 p，而且其认知语境不足以使他根据命题 p 进行实践推理；第二，实践推理的知识规范的充分条件是经过理论论证，而非大众的直觉判断；第三，她认为实践推理的知识规范的必要条件不会被大众的实验结果削弱。①

由此可见，从知识-行动原则、知识-确证理论论证，以及成对的思想实验案例来看，判断某人的信念能否成为知识关涉把命题 p 作为实践理由的适当性。实践理由是否充分受到风险高低和是否需要再次核实的影响。布朗质疑了实践推理的知识规范的充分必要性。但是相较经典不变主义和认知语境主义，她主张主体敏感不变主义能更好地解释实践推理的知识规范。因为它一方面可以兼顾实用因素影响知识归赋语句的真值的直觉；另一方面强调了实践推理的适当性依赖认知者的语境，避免了认知语境主义跨语境导致的不一致问题。

二、实用侵入的多样性：确证、信念和证据

实用因素是如何影响知识归赋的呢？学者对这一问题多有论述，哈米德·瓦希德（Hamid Vahid）提出强实用侵入观和温和实用侵入观。前者主

① Jessica Brown, "Experimental Philosophy, Contextualism and SSI," *Philosophy and Phenomenological Research*, 2011, 86(2), pp. 244-259.

张实用因素影响认知确证,成为知识的构成性因素;后者主张实用因素影响认知者拥有某信念时的认知状态,以间接的方式侵入知识。①

（一）实用侵入确证

实用侵入者通过知识-确证原则考察认知者的认知立场强度是否妨碍命题 p 为其行动辩护,是否随实践利益的变化而变化。在他们看来,确证不仅与信念有关,也与行动、意图等实践理由有关。为了保留知识独特的认知价值,他们进一步提出知识水平的确证原则和反葛梯尔的知识原则。

1. 知识-确证原则

强实用侵入观主张,实用因素与知识、认知确证之间存在紧密的关系。比如范特尔和麦格拉思强调实用因素对确证的影响,提出知识-确证原则。② 在知识-确证原则中,命题 p 足以保证为你的行动辩护的意思是,关于命题 p 的认知立场强度不会阻碍命题 p 确证其行动。

例如在火车案例 1 中,马特听到了乘客的谈话,知道这是一列慢的火车,停靠每个小站。根据知识-确证原则,"这是一列慢的火车"足以为马特上车的行动辩护,因为马特在此时关于命题 p 的认知立场强度保证他应该上车。在火车案例 2 中,虽然认知者相同,证据相同,但是这次是否能够及时到达目的地至关重要。由于风险提高,任何不确定性都会影响认知者是否应该上车。此时,他需要再次核实。如果他不应该上车,那么"这是一列慢的火车"就不能为他的行动辩护。因此,对他来说,此时认知立场强度弱,阻碍了命题"这是一列慢的火车"为其行动辩护。虽然两个案例中认知者对于同一个命题有着同样的知识立场强度,但是火车案例 1 中认知者在低风险语境下的认知立场强度使他能够知道命题 p,火车案例 2 中认知者在高风险语境下的认知立场强度阻碍他知道命题 p。正如霍桑、斯坦利、范特尔和麦格拉思等人认为的,认知者的实践因素考量影响某人是否知道命

---

① Hamid Vahid, "Varieties of Pragmatic Encroachment," *Acta Analytica*, 2014, 29(1), pp. 25-41.
② 详情参见本章第一部分。Jeremy Fantl and Matthew McGrath, *Knowledge in an Uncertain World*. New York: Oxford University Press, 2009, p. 66.

题 p,而且是否归赋知识不仅取决于利真性因素,也取决于实践利益。在他们看来,实用因素通过影响认知者"知道"所要满足的认知状态的强度影响其信念能够得到确证。①

布朗认为知识-确证原则的问题在于这一原则是单向的充分条件,没有任何限制,人们根据这一原则可以无障碍地获得知识。② 这样就会出现以下结果,比如凯斯在高风险语境下知道银行星期六营业而且知道附近公园里的水仙花开了。根据知识-确证原则,凯斯知道附近公园里的水仙花开了,那么对于任何行动,命题 p 足以保证为他的行动确证,包括他在高风险语境下所要面对的实践推理。这一实验结果显然与他们的原则不符,也与霍桑和斯坦利的原则相去甚远。为了保留知识独特的认知价值,范特尔和麦格拉思在知识-确证原则上,进一步增加限制条件,提出知识水平的确证原则。

2. 确证、知识与实践推理的关系

范特尔和麦格拉思认为,知识-确证原则把知识和广义的确证联系起来,并认为确证不仅与信念有关,也与行动、意图等任何可以作为行动的理由的事情有关。但是这一原则不能避免假命题得到确证,并使某人把它作为行动的理由的情况。为了保留知识独特的认知价值,他们进一步深化了确证原则,提出知识水平的确证原则和反葛梯尔的知识原则。

> 知识水平的确证：只有对于任何行动,命题 p 足以保证为某人的行动确证,对他来说,命题 p 才在知识水平上得到确证。③

---

① John Hawthorne, *Knowledge and Lotteries*. New York：Oxford University Press, 2004. Jason Stanley, *Knowledge and Practical Interests*. New York：Oxford University Press, 2005. Jeremy Fantl and Matthew McGrath, "On Pragmatic Encroachment in Epistemology," *Philosophy and Phenomenological Research*, 2007,75(3),pp. 588-589.

② Jessica Brown, "Impurism, Practical Reasoning, and the Threshold Problem," *Noûs*, 2014,48(1), pp. 181-182.

③ Jeremy Fantl and Matthew McGrath, *Knowledge in an Uncertain World*. New York：Oxford University Press, 2009,p. 98.

这一原则将知识和确证联系起来，因为根据知识的定义，知识是确证的真信念，所以如果某人确证相信命题 p，即他在知识水平上为你确证命题 p，因为他对命题 p 的确证强度足以满足他知道命题 p，所以如果命题 p 得到知识水平上的为某人的行动确证，那么他知道命题 p。为了保留知识独特的认知价值，范特尔和麦格拉思提出知识的双条件。

> 反葛梯尔的知识原则：某人知道命题 p，当且仅当命题 p 在以下三个方面可以作为理由：确证、支持和动机，而且命题 p 不因葛梯尔化的幸运作为支持行动的确证和动机的理由。[①]

这一原则可以保证人们有反运气的知识。这个双条件表明，只有命题 p 不因葛梯尔化的幸运作为支持行动的确证和动机的理由，某人才知道命题 p；反之，只要命题 p 因葛梯尔化的幸运作为支持行动的确证和动机的理由，则某人不知道命题 p。因此，在他们看来，这一原则有助于保留知识独特的认知价值。

然而实用侵入观受到很多质疑。巴伦·里德认为实用侵入忽略了知识的本质特征，歪曲了实践理性概念。在对巴伦·里德的回应中，范特尔和麦格拉思强调自己的实用侵入观针对知识和实践推理的关系。而在形而上的意义上，实用因素是否为知识概念的构成性因素，他们对于这一可能性持开放态度。在他们看来，不可错论者过分强调命题 p 和认知者的认知立场强度之间的鸿沟，这给人们的确定性认知带来可能的危害，从而形成了一种错误的知识要求。纯粹主义或理智主义正是基于这样的理解而出现的。

简言之，范特尔和麦格拉思将知识作为实践推理的充分条件，提出知识-确证原则。根据这一原则，实用因素通过影响认知者的认知立场强度是否

---

① Jeremy Fantl and Matthew McGrath, *Knowledge in an Uncertain World*. New York: Oxford University Press, 2009, p. 176.

阻碍某人对相关命题的确证来判断某人是否知道命题 p。他们进一步约束了确证原则，提出知识水平的确证原则和反葛梯尔的知识原则，有利于保留知识独特的认知价值。

（二）实用侵入信念

温和实用侵入观认为实用侵入对知识归赋的影响可以由信念的实用敏感性来解释。这个解释与实用因素影响下的温和不变主义主张相融贯，因为它通过心理效应解释实用因素对信念的影响，而不是实用因素对知识或确证或可靠性的直接影响。信念实用论者支持当下信念的阈值除了取决于证据的数量，也因实用因素而变化。实用因素主要用以下方式影响信念。

首先，实用因素影响当下信念的信念度的阈值。以肯特·巴赫（Kent Bach）、多莉特·甘森（Dorit Ganson）和布赖恩·韦瑟森（Brian Weatherson）为代表，他们认为高风险提高了即刻信念的信念度的阈值。巴赫认为，风险越高，信念的信念度的阈值越高，某人的实践利益和错误可能性使风险提高，信念度的阈值也相应升高，因而在高风险语境下，认知者没有信念。[①]根据这个观点，相信一个命题只对它有相当高的信念度。在高风险案例中，即刻信念的信念度的阈值升高，因此，高风险语境下的认知者不知道某命题。[②] 与此类似，韦瑟森以知识蕴含信念解释高风险、低风险不同语境下认知者知识归赋的直觉变化。在他看来，即刻信念的信念度的阈值部分地由认知者实践利益决定，并以此解释实用因素对信念归赋的影响。只有某人对一个命题具有相当高的信念度，他才会相信该命题。[③] 比如，基于条件 p，低风险语境下认知者没有改变凸显行动的选项；高风险语境下认知者改变了凸显行动的选项，即他没有选择高代价的选项。因此，低风险语境下认知

① Kent Bach, "Applying Pragmatics to Epistemology," *Philosophical Issues*, 2008, 18（1）, p. 83.

② Brian Weatherson, "Can We Do without Pragmatic Encroachment," *Philosophical Perspectives*, 2005, 19(1), pp. 417-443. Dorit Ganson, "Evidentialism and Pragmatic Constraints on Outright Belief," *Philosophical Studies*, 2008, 139(3), pp. 441-458.

③ Brian Weatherson, "Can We Do without Pragmatic Encroachment," *Philosophical Perspectives*, 2005, 19(1), p. 423. Brian Weatherson, "Knowledge, Bets and Interests," in Jessica Brown and Mikkel Gerken（eds.）, *Knowledge Ascriptions*. Oxford, UK: Oxford University Press, 2012, pp. 75-103.

者相信命题 p,而高风险语境下认知者不相信命题 p。此外,甘森也持以上观点,认为即刻信念的信念度的阈值受实用因素考量影响。与以上两者不同的是,在甘森看来,两个认知者对于命题 p 具有同样的信念度,但是一个相信命题 p,另一个不相信命题 p。这种差别与认知者是否愿意基于命题 p 来行动有关。为了解释这一观点,她提出归赋信念的作用就是解释行动,而且即刻信念的信念度的阈值可以还原为行动的意向。她写道:

> S 有即刻信念 p,当且仅当 S 在 p 为真时,在愿意根据 p 来行动的程度上相信 p。这里"愿意根据 p 来行动"的意思是,S 愿意基于 p 来行动和将愿意根据 p 来行动是一回事。①

高洁(Jie Gao)认为甘森的这一主张可以有语境敏感和语境不敏感两种解释。甘森认为从右到左的条件是语境不敏感的,因为语境敏感解释会错误地把相信和接受、假设和想象混淆。她主张从左到右的条件是语境敏感的,因为任何情况下,人们有基于命题 p 采取行动的意愿后才会相信命题 p,并且人们的信念度需要高到人们愿意基于命题 p 来行动的程度。② 在此基础上,高洁指出,低风险语境下的认知者可以基于命题 p 来行动,所以人们认为他相信命题 p;相反,高风险语境下的认知者不能也不愿意基于命题 p 来行动,所以人们认为他不相信命题 p。高洁认为信念度的阈值是稳定的,因此她主张信念度具有实用敏感性。③ 在她看来,认知者对某一个命题的主观信心水平受实用因素影响,包括认知者的偏好、心理焦虑和会话含义的合适性都影响认知者对命题 p 的信念度。如果信念度高于阈值,那么认知者相信命题 p;如果信念度低于阈值,那么认知者不相信命题 p。

---

① Dorit Ganson, "Evidentialism and Pragmatic Constraints on Outright Belief," *Philosophical Studies*, 2008,139(3),p. 451.

② Dorit Ganson, "Evidentialism and Pragmatic Constraints on Outright Belief," *Philosophical Studies*, 2008,139(3),p. 452.

③ Jie Gao, "Belief, Knowledge and Action," Dissertation, University of Edinburgh, 2016,p. 137.

其次,甘森在《远大前程:信念与实用侵入案例》一文中提出混合信念实用论,主张把还原阈值观和倾向性信念联系起来。她写道:"相信 p 需要你对 p 足够自信。"

（1）它能够使在现有条件下具有对即刻信念来说典型的倾向性。

（2）它能够作为你有关信念 p 的一些行为、反应、感情和习惯的动机理由。①

根据这个观点,倾向性信念与人们能否基于命题 p 来行动有关。柯亨曾说,不管他是否愿意付诸相应的行动、言语或实践推理,只要某人在命题 p 基础上来谈论事情或提出问题,那么他对命题 p 就有倾向性信念。② 例如,在诺布案例中,信念归赋受到实用因素影响也存在归赋结果的不对称性问题。毕比发现,受试者更倾向于将倾向性信念归赋给带来坏结果的认知者,而较少将信念归赋给带来好的或中性结果的认知者。③ 马克·阿尔法诺(Mark Alfano)、毕比和布赖恩·鲁滨逊(Brian Robinson)认为,信念归赋的结果本质上是信念的不对称归赋。④ 以诺布案例为例,董事长得到副总经理的建议后,尽管他说不在乎行为副效果的好坏,但是这并不能说明他不具有关于它的倾向性信念。坏结果违背社会规范,认知者相信有意为之应该承担责任。信念是人们实践推理的理由,人们对某认知者的信念状态的归赋影响大众对认知者行为的意图判断,所以在坏结果条件案例中,人们更多地认为董事长具有倾向性信念。虽然在好结果条件案例中,认知者处于相同的认知立场强度,也具有关于行为副效果的倾向性信念,但是其行为结

① Dorit Ganson, "Great Expectations: Belief and the Case for Pragmatic Encroachment," in Brian Kim and Matthew McGrath (eds.), *Pragmatic Encroachment in Epistemology*. New York: Routledge, 2018, p. 23.

② Laurence Jonathan Cohen, *An Essay on Belief and Acceptance*. New York: Clarendon Press, 1992, p. 4.

③ James R. Beebe, "A Knobe Effect for Belief Ascriptions," *Review of Philosophy and Psychology*, 2013, 4(2), pp. 235-258.

④ Mark Alfano, James R. Beebe, and Brian Robinson, "The Centrality of Belief and Reflection in Knobe-Effect Cases: A Unified Account of the Data," *The Monist*, 2012, 95(2), pp. 264-289.

果遵循社会规范,归赋者无须特别注意相关信念,那么这种情况下的倾向性信念的敏感性较低,因而归赋百分比低。例如,毕比发现受试者更倾向于将倾向性信念归赋给带来不利的行为副效果的认知者,而较少将信念归赋给带来好的或中性的行为副效果的认知者。① 行为副效果的道德、审美和价值等实用因素影响人们对认知者的信念归赋。倾向性信念对实用因素敏感,也是实践推理的理由。

最后,实用因素通过认知者悬置判断的方式影响其所拥有的信念的认知状态。马克·施罗德(Mark Schroeder)认为,实践理由可以是悬置判断的认知理由,但是不能作为证据。② 在他看来,任何不利于形成信念的因素都可以作为悬置判断的理由,为了解释这一点,他以银行案例为例指出,在高风险案例中,由于形成信念具有很高的错误可能性,而且出错的代价很高,这种情况下悬置判断是合理的。

由此可见,实用因素通过影响信念度、信念度的阈值或倾向性信念或悬置信念的方式间接影响知识归赋。后文将讨论实用因素还通过影响满足"知道"所需证据的数量和质量,间接地影响知识归赋。

（三） 实用侵入证据

实用因素除了影响认知确证和信念归赋,还侵入证据。柯亨的认知语境主义观点主张实用因素影响人们判断认知者拥有的证据是否能够满足相关语境下的知识标准。③ 实验知识论进一步研究实用因素如何通过证据影响大众知识归赋的结果。

学者通过改进实验设计,发现风险因素主要通过影响满足"知道"所需

---

① James R. Beebe, "A Knobe Effect for Belief Ascriptions," *Review of Philosophy and Psychology*, 2013,4(2),pp. 235-258.

② Mark Schroeder, "Stakes, Withholding, and Pragmatic Encroachment on Knowledge," *Philosophical Studies*, 2012,160(2),pp. 265-285.

③ 详情参见本书第四章第一部分。

证据的数量和质量来影响大众知识归赋。[1] 比如皮尼洛斯和辛普森采用寻找证据的方法,将问题设置为:询问受试者,认知者需要多少证据才能满足"知道"的要求? 他们的实验研究发现,风险因素影响受试者判断认知者满足"知道"所需证据的多少。

第一组实验,针对高风险、低风险不同语境下,归赋者所需证据不同的假设来设计实验。采用拼写错误案例,如下:

低风险拼写错误案例:彼得是一名优秀的大学生,他为英语课写了一篇两页纸的文章。这篇文章明天要交。彼得的拼写很好,他也随身带着一本词典,用来检查拼写是否有误。出错的代价很低,因为老师只要一个粗略的初稿,有几处拼写错误也无妨。即便这样,彼得也希望没有任何错误。

高风险拼写错误案例:约翰是一名优秀的大学生,他为英语课写了一篇两页纸的文章。这篇文章明天要交。约翰的拼写很好,他也随身带着一本词典,用来检查拼写是否有误,但是出错的代价很高。老师是一个严格的人。约翰的情况特殊,如果文章中有一处拼写错误,文章就不可能得到 A。如果他想要在班级得到 A,他这篇文章必须得到 A。如果他想要获得奖学金,他必须在班级得到 A。如果没有这笔奖学金,他就会辍学。如果他辍学,他和他的家人会精神崩溃。为了让约翰上学,他的家人已经作出很大的牺牲。因此,对约翰来说,文章中没有拼写错误是一件非常重要的事。

问题:你认为彼得/约翰需要校对多少次才能知道文章中没有拼

---

[1] Nestor Ángel Pinillos and Shawn Simpson, "Experimental Evidence in Support of Anti-Intellectualism about Knowledge," in James R. Beebe (ed.), *Advances in Experimental Epistemology*. New York: Bloomsbury Publishing, 2014, pp. 18-19. Nestor Ángel Pinillos, "Knowledge, Experiments, and Practical Interests," in Jessica Brown and Mikkel Gerken (eds.), *Knowledge Ascriptions*. Oxford, UK: Oxford University Press, 2012, pp. 192-219.

写错误？①

实验结果是，彼得需要校对的平均次数是 2 次，约翰需要校对的平均次数是 5 次，两者之间存在统计学意义上的显著性差异。② 这表明风险因素在知识归赋中起重要作用。

皮尼洛斯和辛普森为了回应对问题设计的询问方式引起实验结果不同的担忧，他们设计了两对高风险、低风险案例，这两对案例突出了认知者的风险，但是他们没有意识到风险因素。问题改为：受试者在多大程度上认为"S 知道 p"？ 案例如下：

> 硬币低风险案例：彼得是一名大学生，参加了一场数硬币的比赛，罐子里共有 134 枚硬币。这场比赛由当地银行赞助。他误以为这次比赛的奖金是 100 美元，事实上，奖金是 2 张这个周末的电影票。彼得在这个周末要外出，所以他不想要电影票。因此，如果彼得在这场比赛中输了，对他也没有什么损失。他只数了一次，就说这个罐子里有 134 枚硬币。他的一个朋友认为这场比赛的奖金是 100 美元，对他说："即使罐子里有 134 枚硬币，但是你只数了一次，你也不知道罐子里的硬币就是 134 枚，你应该再数一次。"

> 硬币高风险案例：彼得是一名大学生，参加了一场数硬币的比赛，罐子里共有 134 枚硬币。这场比赛由当地银行赞助。他误以为这场比赛的奖金是 100 美元，事实上，奖金是 10 000 美元。他的母亲生病了，付不起手术费，他急需这笔钱。如果他这场比赛赢了，就可以用这笔钱付手术费，拯救母亲的生命。如果他这场比赛输了，母亲无法进行手

---

① Nestor Ángel Pinillos and Shawn Simpson, "Experimental Evidence in Support of Anti-Intellectualism about Knowledge," in James R. Beebe (ed.), *Advances in Experimental Epistemology*. New York: Bloomsbury Publishing, 2014, p. 19.

② $N = 144, U = 920.500, z = -6.786, r = -0.56, p < 0.001$。

术,不久就会去世。因此,是否能赢得这场比赛对彼得来说至关重要。他只数了一次,就说这个罐子里有 134 枚硬币。他的一个朋友认为这场比赛的奖金是 100 美元,对他说:"即使罐子里有 134 枚硬币,但是你只数了一次,你也不知道罐子里的硬币就是 134 枚,你应该再数一次。"

　　问题:你在多大程度上认为"彼得知道罐子里有 134 枚硬币"。①

　　实验结果再次支持了风险因素影响所需获得的证据的多少。硬币案例的归赋结果存在统计学意义上的显著性差异。② 此外,实验发现,受试者认为高风险语境下的认知者比低风险语境下的认知者为了获得更强的证据需要检查更多次;高风险语境下的认知者要比低风险语境下的认知者需要更多的证据才能满足"知道"的要求。这也说明受试者认为,认知者在高风险语境下需要获得更多的证据,才能具有更强的认知立场。简言之,皮尼洛斯和辛普森以寻找证据为基础的实验研究发现,风险因素影响受试者评价认知者满足"知道"所需证据的多少。

　　在皮尼洛斯和辛普森实验的基础上,施瑞帕德和斯坦利改进了实验设计,避免了嵌入式语境的混淆、叙述者暗示问题和抑制效应问题③,做了三组实验。三组实验是为了检验风险因素是否影响所需证据的多少。这

---

① Nestor Ángel Pinillos and Shawn Simpson, "Experimental Evidence in Support of Anti-Intellectualism about Knowledge," in James R. Beebe (ed.), *Advances in Experimental Epistemology*. New York: Bloomsbury Publishing, 2014, pp. 23-24.

② $t(161.78) = 2.23, p = 0.023, d = 0.35$。

③ 施瑞帕德和斯坦利在《利益相关不变主义的经验测试》一文中,指出有的实验没有检测出风险效应,有以下三点原因:第一,嵌入式语境的复杂化或错误的问题设计。例如,银行案例中,问题为:"当某人说'汉纳知道银行明天营业'时,此人所说的是真的。"他们认为受试者有可能出于礼貌不愿意与他人的断言相冲突,这些非认知因素会削弱知识归赋中的风险效应。第二,案例中的叙述者暗示。具体来说,实验设计的风险高低和受试者理解的风险的高低可能不同,以过桥案例为例,案例中的最小低风险设置为"从 5 英尺高的桥上掉下来不会有大损伤",而受试者或许认为从 5 英尺高的桥上掉下来不会受重伤,但也会很痛。另外,案例对低风险的描述着墨很多,会误导受试者认为这个风险很重要。第三,存在抑制效应。施瑞帕德和斯坦利认为,抑制效应会减轻风险效应,因为过高的风险会使人们更加坚定地认为案例中的认知者已经收集了更多的证据。

三组实验分别是基本低风险案例和基本高风险案例、不言明高风险案例和言明高风险案例，以及无意识低风险案例和无意识高风险案例。他们把问题设计为证据的强弱程度，不仅要求受试者评价认知者所寻找的证据的质量，还要求受试者直接评价认知者是否知道命题 p。案例①如下：

第一组实验案例：

基本低风险案例：汉娜天生吃松子会口干，她自己十分清楚这一点，且知道这件事情很久了。

某一天晚上，汉娜和妹妹莎拉来到一家新开的餐厅。汉娜点了一碗面条。面条端上来后，汉娜发现面条里撒了一层东西像松子。她想知道这是什么。莎拉说："面条里可能有松子。"汉娜看到菜单上写着面条里没有松子，于是她就认为面条里没有松子。如果面条里的确加了松子，汉娜吃了这碗面条就会口干。但是汉娜在用餐时喝了很多水，所以面条里是否有松子无关紧要了。

基本高风险案例：汉娜天生对松子严重过敏，只要她吃一粒松子就会晕过去。她自己十分清楚这一点，且知道这件事情很久了。

某一天晚上，汉娜和妹妹莎拉来到一家新开的餐厅。汉娜点了一碗面条。面条端上来后，汉娜发现面条里撒了一层东西像松子。她想知道这是什么。莎拉说："面条里可能有松子。"汉娜看到菜单上写着面条里没有松子，于是她就认为面条里没有松子。如果面条里的确加了松子，汉娜吃了这碗面条就会晕过去。因为汉娜即使吃一粒松子也会晕过去，所以面条里是否有松子至关重要。

为了避免案例描述中出现叙述者暗示问题，他们设计了第二组实验。

---

① Chandra Sekhar Sripada and Jason Stanley, "Empirical Tests of Interest-Relative Invariantism," *Episteme*, 2012, 9(1), pp. 11-14.

第二组实验案例：

不言明高风险案例：汉娜喜欢美食，不怎么挑食。

某一天晚上，汉娜和妹妹莎拉来到一家新开的餐厅。汉娜点了一碗面条。面条端上来后，汉娜发现面条里撒了一层东西像松子。她想知道这是什么。莎拉说："面条里可能有松子。"汉娜看到菜单上写着面条里没有松子，于是她就认为面条里没有松子。如果面条里的确加了松子，汉娜吃了这碗面条就会晕过去。因为汉娜即使吃一粒松子也会晕过去，所以面条里是否有松子至关重要。

言明高风险案例：汉娜天生对松子严重过敏，只要她吃一粒松子就会晕过去。她自己十分清楚这一点，且知道这件事情很久了。

某一天晚上，汉娜和妹妹莎拉来到一家新开的餐厅。汉娜点了一碗面条。面条端上来后，汉娜发现面条里撒了一层东西像松子。她想知道这是什么。莎拉说："面条里可能有松子。"汉娜看到菜单上写着面条里没有松子，于是她就认为面条里没有松子。如果面条里的确加了松子，那么汉娜吃了这碗面条就会晕过去。因为对汉娜来说，即使吃一粒松子也会晕过去，所以面条里是否有松子至关重要。

为了避免抑制效应，他们进行了第三组实验。案例虚构了一种具体的松子，汉娜不知道她对这种松子过敏。

无意识低风险案例：汉娜天生吃×××松子会口干，但是她不知道这件事，且没有任何办法使她知道这是天生的。

某一天晚上，汉娜和妹妹莎拉来到一家新开的餐厅。汉娜点了一碗面条。面条端上来后，汉娜发现面条里撒了一层东西像松子。她想知道这是什么。莎拉说："我听说这家餐厅经常会在面条里放些×××松子。"汉娜看到菜单上写着面条里没有松子，于是她就认为面条里没有松子。如果面条里的确加了×××松子,那么汉娜吃了这碗面条会口干。因为汉娜在用餐时喝了很多水,所以面条里是否有×××松子无关紧要了。

无意识高风险案例:汉娜天生对×××松子严重过敏,只要她吃一粒×××松子就会晕过去。但是她不知道这件事,且没有任何办法使她知道这是天生的。

某一天晚上,汉娜和妹妹莎拉来到一家新开的餐厅。汉娜点了一碗面条。面条端上来后,汉娜发现面条里撒了一层东西像松子。她想知道这是什么。莎拉说:"我听说这家餐厅经常会在面条里放些×××松子。"汉娜看到菜单上写着面条里没有松子,于是她就认为面条里没有松子。如果面条里的确加了×××松子,那么汉娜吃了这碗面条就会晕过去。因为对汉娜来说,即使吃一粒×××松子也会晕过去,所以面条里是否有×××松子至关重要。

问题1:假若汉娜的那碗面条里的确没有松子/×××松子,汉娜对于面条里有没有加松子/×××松子的证据有多强?

问题2:你在多大程度上同意以下主张:"汉娜知道她的面条里没有松子/×××松子。"

实验结果表明,第一,以上三组高风险、低风险案例的归赋结果都具有统计学意义上的显著性差异[①];第二,证据的强弱与风险的高低负相关。风险越高,证据越弱;相反,风险越低,证据越强。在基本低风险案例、基本高风险案例中,风险因素影响证据质量的评价。在不言明高风险案例、言明高风险案例中和无意识低风险案例、无意识高风险案例中,证据质量和知识归

[①]　基本低风险案例、基本高风险案例:$t(98)=1.98, p=0.05$;不言明高风险案例、言明高风险案例:$t(98)=2.29, p=0.02$;无意识低风险案例、无意识高风险案例:$t(98)=4.15, p<0.001$。

赋都具有显著的风险效应。① 因此,在施瑞帕德和斯坦利看来,以证据的质量作为因变量比以知识归赋作为因变量更加合理。这支持了风险因素影响证据质量的观点。

此外,马克·费伦(Mark Phelan)从反面支持了风险因素对证据的影响。虽然他反对风险因素对证据有影响,但是他的实验结果与其假设相反。实验结果表明证据的确会因风险因素而变化。②

简言之,风险因素不仅影响获得多少证据,也影响证据的质量。如果某人拥有有关命题 p 的证据数量和证据质量能够保证命题 p,人们会认为他知道命题 p。由此可见,认知理由并不总是与实践理由泾渭分明。证据作为认知理由,它的规范性有时部分地依赖实践理由。在高风险语境下,人们有充足的实践理由要求慎重考虑认知者的证据数量和证据质量是否满足“知道”的要求;在低风险语境下,人们无实践风险,无须特别衡量证据数量和证据质量。

综上所述,风险和实践利益在知识归赋中起重要作用。实用因素以不同的方式侵入知识。有的认为实用因素是知识确证的必要条件,反映了大众对知识概念理解的新方式;有的认为实用因素影响即刻信念的阈值或信念度;也有实验知识论研究结果支持风险等实用因素通过影响证据间接地影响知识归赋,然而,实用侵入观也面临诸多挑战和质疑。

三、对实用侵入的质疑及其回应

实用侵入论题的争论主要围绕实践利益能否影响知识或认知确证展开。实用侵入者认为知识或认知确证部分地取决于实践利益,知识相关的其他认知概念,诸如确证、信念、证据等不仅仅是纯粹认知意义上的,也有实用因素的考

---

① Chandra Sekhar Sripada and Jason Stanley, "Empirical Tests of Interest-Relative Invariantism," *Episteme*, 2012,9(1),p. 15.

② Mark Phelan, "Evidence that Stakes Don't Matter for Evidence," *Philosophical Psychology*, 2013,27(4),pp. 488-512.

量,特别受到与实践推理相关因素的影响。学界主要从两个方面质疑这一论题的合理性,一是反对实用侵入的各个原则,二是质疑风险论题的合理性。

首先,巴伦·里德在《你知道与否不受实践重要性影响》一文中反对实用侵入的各个原则。① 第一,他质疑知识对行动的充分必要性。因为知识并不总是理性行动的充分条件。他举例说道,教授有充分理由相信被推荐人会以优异的成绩毕业,即使教授所依据的理由无法成为知识,他的行动仍然是合理的。由此得出,知识归赋具有对行动的批判、确证和开脱的功能并不成立。第二,他给出知识-理由原则的反例。假若她很爱"我",她就不会知道"我"背着她爱别人。根据知识-理由原则,风险因素影响满足"知道"所需的确证程度。以此看来,深爱之人比浅爱之人需要更强的认知立场才能"知道"。这个反例是反直觉的。此外,他还给出风险对知识归赋影响的一个反例,如下:

　　"我"参加了一个测试心理压力对记忆是否有影响的心理学实验。"我"需要回答尤利乌斯·恺撒的出生年月。如果回答正确,"我"会得到一颗糖;如果回答错误,"我"会被电击;如果不回答,则没有奖励也没有惩罚。"我"记得尤利乌斯·恺撒生于公元前100年,但是不太确定是否值得冒险。最后,"我"轻声说道:"我知道尤利乌斯·恺撒出生于公元前100年。"②

巴伦·里德认为在这个反例中,在风险很高的情况下,认知者作出知识宣称是自然的举动,但是他的这个行动是不理性的。这说明风险因素并不影响知识归赋。其次,他修改了以上案例中的游戏规则和奖惩方式,将游戏

---

① Baron Reed, "Practical Matters Do Not Affect Whether You Know," in Matthias Steup, John Turri, and Ernest Sosa (eds.), *Contemporary Debates in Epistemology* (2ⁿᵈ edition). Malden, MA: Wiley-Blackwell, 2013, pp. 95-106.

② Baron Reed, "A Defense of Stable Invariantism," *Noûs*, 2010, 44(2), p. 232.

改为两个,第一个游戏与以上案例相同,第二个游戏中,如果回答正确会获得 1 000 美元,如果回答错误轻轻拍下手腕。在第一个游戏中,认知者会选择不回答;在第二个游戏中,认知者会选择回答。这就得出了一个矛盾的实验结果。在他看来,如果风险因素以这种方式影响知识归赋,那么实践语境就以不稳定的方式制约知识归赋。最后,他以用打赌损失来考虑信念的合理性为例,说明知识-理由原则是因果颠倒。因为在他看来,人们只有知先行后,才是合理的;而这一原则如果成立,则表明行先知后。这样的话,知识作为行动规范的价值就不能体现。由此,巴伦·里德认为知识并不总是实践推理的充分条件。他提出"知识度"概念,主张实用因素影响的是在实践推理中审慎地运用知识度的程度。他还认为实践推理不是知识的必要条件,实用因素不决定某人是否知道某事。

与巴伦·里德的立场一致,帕斯卡尔·恩格尔(Pascal Engel)拒绝实践因素决定知识归赋。在他看来,虽然知识与行动的解释相关,但是它并不取决于实践因素,比如,大众对银行案例的直觉判断并不能区别出相信"银行星期六营业"的认知确证和基于"银行星期六营业"来行动的实践确证。风险高低与采取行动前应该持有多少证据相关,因此他认为大众直觉对银行案例产生不对称知识归赋结果的原因是,人们混淆了认知确证和采取行动前应该收集多少证据的认知责任。① 普里查德同样是站在纯粹主义立场,但是他不赞同恩格尔的结论。他认为知识和理性行动之间的关系不能够赋予知识价值,因为这一概念在认知价值观念中模糊不清。② 拉姆·内塔(Ram Neta)也从纯粹主义角度质疑实践推理的知识规范。在纯粹不变主义者看来,知识归赋的真值只与真值相关因素有关。例如内塔认为知识-行动原则是非理智主义的。在他看来,不管认知者处于多大的风险之中,只要他

① Pascal Engel, "Pragmatic Encroachment and Epistemic Value," in Adrian Haddock, Alan Millar, and Duncan Pritchard (eds.), *Epistemic Value*. New York: Oxford University Press, 2009, pp. 183-203.
② Duncan Pritchard, "Engel on Pragmatic Encroachment and Epistemic Value," *Synthese*, 2017, 194 (5), pp. 1477-1486.

有足够的证据,信念形成过程可靠,他就能够知道命题 p。也就是说,某人是否能够知道命题 p,只与关于命题 p 的认知立场强度有关,而且人们可以通过获得支持命题 p 的相关证据来获得知识,也可以通过获得支持非命题 p 的相关证据来否定知识。①

　　威廉姆森也认为,知识是行动的规范并不能表明存在知识的实用侵入,因为在某些情况下,知识与行动是相关的,这并不意味着一个人是否知道命题 p 取决于实践因素。此外,威廉姆森在《语境主义、主体敏感不变主义和知识的知识》一文中主张不敏感的不变主义。根据这一观点,认知者对于满足知识所需的所有的命题的认知立场强度不因归赋者的语境的变化而变化,也不因认知者的实践利益的变化而变化。② "知道"是一种事实性命题态度,满足知识的必要条件并不蕴含人们关注认知者关于命题 p 的认知立场强度是否满足"知道"的要求。例如,在高风险语境下,人们关注的并不是认知者是否真的知道命题 p,而是人们在实践推理时是否可以依赖命题 p。因此在他看来,主体敏感不变主义不是关乎认知者是否真的知道命题 p,而是当认知者面临风险时,他关于命题 p 的认知立场强度会使他作出知识归赋或知识否定。

　　安德森和霍桑质疑实践充足性论题和风险论题。在他们看来,实用侵入者混淆了实践充足性论题和风险论题的区别。在他们看来,实践充足性论题和风险论题不相容。如果实践充足性论题为真,那么风险论题为假。实践充足性论题与风险论题的区别主要表现在两点:一是在有些高风险案例中,相关命题对认知者来说是实践上充足的;而在有些低风险案例中,相关命题对认知者来说是实践上不充足的。二是在有些案例中,尽管认知者面临的风险是一致的,但实践充足性可能呈现出多种不同的变化。因此他

---

① 　Ram Neta, "Anti-Intellectualism and the Knowledge-Action Principle," *Philosophy and Phenomenological Research*, 2007, 75(1), pp. 180-187.

② 　Timothy Williamson, "Contextualism, Subject-Sensitive Invariantism, and Knowledge of Knowledge," *The Philosophical Quarterly*, 2005, 55(219), pp. 213-235.

们得出,这类案例削弱了实践充足性和风险之间的联系。

在安德森和霍桑看来,如果实践充足性论题和风险论题不同,那么实用侵入最好与实践充足性分离。他们给出实践充足性论题的一些反例。这些反例的特点是:一些成对案例中,实践充足性不同,但知识归赋的结果相同。例如以下反例:

> 如果保罗·琼斯可以根据"银行星期六营业"这个命题,持有各种态度,比如,"哦,星期五是我儿子的生日聚会",那么"我"假设银行星期六营业。
>
> 如果"我"回答问题会得到 500 元,"我"猜"我"有理由上车。但是在知道回答问题你会给"我"钱之前,"我"没有理由上车。①

案例中认知者的做法不合理,因为当人们依赖一个命题进行推理时,人们通常不会去质疑,也不会想到再去核实。保罗·琼斯和乘客都不是以这种方式依赖某个命题的。反例整体呈现出两种模式:第一种是高风险案例中实践充足性没有得到满足,而且认知者不知道命题 p 是合理的;第二种是低风险案例中实践充足性得到满足,而且认知者知道命题 p 是合理的。他们通过对与命题 p 相关的行动增加奖励或惩罚,或者增加或减少选择项来影响实践充足性。对此,他们认为知识归赋不随这些因素而变化,实用侵入者不能以这种方式依赖相关命题来判断某人是否知道。

范特尔和麦格拉思是如何为自己的立场辩护的呢? 第一,他们认为实用侵入有利于解释大众在实践语境凸显的情况下,肯定知识、否定知识或重拾知识的情况。在他们看来,不管是温和不变主义还是认知语境主义,在日常实践语境下,都存在错误可能性凸显的情况。温和不变主义者可能会认为凸

---

① Charity Anderson and John Hawthorne, "Knowledge, Practical Adequacy, and Stakes," in Tamar Szabó Gendler and John Hawthorne (ed.), *Oxford Studies in Epistemology*, Vol. 6. New York: Oxford University Press, 2019, p. 250.

显可能性是直觉判断错误的来源,而且实用侵入是人们对认知者错误投射的结果。因为在他们看来,直觉判断错误的原因在于认知者在高风险语境下仍然具有较强的认知立场,但是此认知立场强度还不足以使他基于命题 p 采取行动。认知语境主义者可能把这个凸显作为支持或否定由于风险上升导致高知识标准的依据。范特尔和麦格拉思认为,不管在认知语境主义者看来,错误可能性凸显阻碍了认知者真的知道,还是在可错论者看来,直觉的误导性导致认知者的确知道,这些策略都有利于实用侵入解释实践语境凸显的大众认知实践。① 在他们看来,可错论都有实用侵入所面临的问题,除非人们是不可错论者,否则人们不得不解决具有实践理由的实用侵入问题。②

第二,范特尔和麦格拉思认为,虽然有一些反例对实用侵入构成挑战,但是它们并没有削弱或破坏这个论题。在他们看来,安德森和霍桑误解了实用侵入者如何理解风险和知识的实用必要条件之间的关系,以及风险和实用侵入的关系。他们认为知识的实用条件围绕着"依赖 p"这一核心概念展开,而非风险和实践充足性。"依赖 p"这个概念更符合直觉,并且可以回应不同案例中知识归赋的结果变化的问题。即如果你知道命题 p,那么你可以依赖命题 p。实用侵入断言了知识的实用条件,在他们看来,实践充足性只是表述依赖的方式,所以依赖论题比实践充足性论题对实用侵入来说更加基础。由此可见,质疑成对案例知识归赋的合理性,并不能削弱实用侵入观,因为"风险"和"实践充足性"不是实用侵入观的最核心概念。③

综上所述,实用侵入观主张实用因素影响知识归赋,霍桑、斯坦利、范特尔和麦格拉思分别从知识和行动的关系论证实践利益考量在知识归赋中的作用。一方面实用因素成为知识确证的必要条件,以较强的方式侵入知识;

① Jeremy Fantl and Matthew McGrath, *Knowledge in an Uncertain World*. New York: Oxford University Press, 2009, pp. 55-58.
② Ibid., pp. 192-194.
③ Jeremy Fantl and Matthew McGrath, "Clarifying Pragmatic Encroachment: A Reply to Charity Anderson and John Hawthorne on Knowledge, Practical Adequacy, and Stakes," in Tamar Szabó Gendler and John Hawthorne (ed.), *Oxford Studies in Epistemology*, Vol. 6. New York: Oxford University Press, 2019, pp. 258-266.

另一方面,也有学者认为实用因素影响信念、证据,从而间接影响知识归赋,以温和的方式侵入知识。实用侵入知识论题的合理性受到质疑,而且如果实用侵入知识,那侵入的方式也受到质疑。安德森和霍桑认为实用侵入者混淆了"风险"和"实践充足性"两个概念。范特尔和麦格拉思回应了对实用侵入的质疑,认为在大众认知实践中,人们不得不面对实用侵入问题。接下来,本研究将尝试以广义认知语境主义融合归赋者和认知者的实践语境,缓和大众知识归赋实用敏感性与理智主义的对立。

第六章
实用敏感性的广义认知语境主义解答

　　根据第四章和第五章的讨论,认知语境主义和实用侵入观分别主张归赋者语境和认知者语境影响知识归赋。虽然两个理论的旨趣不同,但是它们具有一致性,主要表现在实用因素影响某人的信念能否成为知识。两者之间的分歧主要表现在谁的语境决定知识归赋语句的真值,实用因素如何影响知识归赋。在不同语境下,人们归赋知识的意愿的差异在于,认知者的认知立场强度是否满足某语境下的知识标准,还是仅表明不同语境下人们作出断言的适切性不同? 为了回应这些问题,一方面,学者从不同方面扩展语境的内涵,有人认为语境要素不仅包含归赋者的语境,也包含认知者的语境,甚至包含评价者的语境;有人认为语境要素包括说话者的意图、目的,听者的期待,等等;也有人把语境要素扩展至社会文化层面。另一方面,学者在知识归赋的目的和功能的基础上,提出认知语境主义除了解决怀疑主义难题,也涉及人们日常生活中的实践方面。以上观点所面临的困难在于,它们既要满足认知的要求,也要满足实践的要求。鉴于此,本章首先讨论广义认知语境主义的内涵,把认知语境扩展至社会实践语境;其次讨论大众知识归赋语句真值的语义和语用基础;最后从知识归赋的目的和功能出发,以广义认知语境主义解释知识归赋的实用敏感性。

一、广义认知语境主义的内涵

认知语境主义强调归赋者的会话语境决定知识归赋语句的真值。归赋者的语境因素主要有归赋者实践中的风险因素和错误可能性,以及会话语境下归赋者的目的、意图和期待等。人们在归赋知识时受这些因素影响,包括认知者的认知立场强度、满足知识所需证据的多少和需要排除的相关选择项等。但是在当代知识论中,知识论学者按照不同的分类标准,把语境因素分成不同种类。比如,归赋者语境和认知者语境,评价语境和使用语境,还有语义因素和语用因素。曹剑波认为这些语境范围被片面化,产生了许多无关宏旨的、琐碎的和无意义的争论。无论是只强调归赋者的认知语境主义,还是强调认知者实践利益的主体敏感不变主义和利益相关不变主义,抑或断言适切性的语用不变主义,都是片面的,也都是琐碎的。[①] 在此基础上,他提出广义认知语境主义,用函数式表示为:$ARc = f(Ac, Sc, Pc, P)$,其中 ARc 表示某次知识归赋的结果,Ac 表示某一个归赋者的语境因素,Sc 表示认知者的语境因素,P 表示被归赋语句(即被归赋者),Pc 表示被归赋者 P 的语境因素。[②]

根据这一主张,知识归赋是被归赋者、被归赋者的语境、认知者的语境和归赋者的语境共同作用的结果。每次的知识归赋都是某一具体的归赋者在特定的被归赋者语境下,对特定认知者是否知道命题 p 的判断。它的基本观点主要有以下三点:其一,知识归赋语句真值的语境敏感性可能源于多种因素,除了认知因素,还有多种非认知因素,比如归赋者和认知者的风险、利益、兴趣和目的等实用因素,这些实用因素在不同程度上决定了命题或言者的视角。其二,知识归赋语境的转换会引起知识标准变化,而知识标准变化又会引起知识归赋语句真值变化。其三,"知道"在不同的会话语境下有多元的关系。[③]

---

① 曹剑波:《实验知识论研究》,厦门:厦门大学出版社,2018 年,第 13—15 页。
② 同上书,第 121—123 页。
③ 同上书,第 123 页。

　　根据广义认知语境主义观点,笔者认为实用因素影响下的"知道"的关系如下:实用因素影响归赋者对命题 p 的评价态度,归赋者对命题 p 的态度影响认知者对命题 p 的认知立场强度的判断,最终影响他们判断认知者对命题 p 的认知立场强度是否满足"知道"的要求。此外,语境因素不仅包括认知者对命题 p 的认知立场强度、归赋者对命题 p 的态度、归赋者对主体的期待、凸显关系等因素,也包括归赋者和主体的利益、意向和目的等非真值相关因素。① 这些因素相互作用影响归赋者的知识标准,其中与真值相关的认知因素在知识归赋中起决定性作用,而非真值相关因素的实用考量除了影响知识标准,也引起人们的关切,从而间接地影响归赋者对主体的认知立场强度和意图判断。第三章曾讨论大众受风险、实践利益和道德等实用因素影响的知识归赋模式。

　　以诺布案例为例,归赋者认为不利的行为副效果违背了道德、实践利益和审美等实用因素考量,触发了归赋者积极的认知判断态度。他们认为认知者对行为副效果命题的认知立场强度满足了"知道"的要求,并且不利的行为副效果违背社会规范,受责备的风险凸显,触发心理焦虑,因此人们会认为认知者对命题有较高的信念度,因而知识归赋百分比高;相反,人们认为有利的行为副效果遵循社会规范,认知者无须特别注意相关信念,受责备的风险不凸显,没有触发积极的评价态度,这种情况下,即使认知者对行为副效果、命题 p 有较强的认知立场,但因信念度的敏感性较低,因而知识归赋百分比低。

　　在葛梯尔化和无确证真信念条件下,虽然认知者的认知立场强度不满足"知道"的要求,但是知识归赋的结果仍然呈现出归赋知识给认知者的集中趋势。阿尔法诺认为认知副作用效应本质上是信念的不对称归赋。② 雅

---

① 曹剑波:《银行案例的知识归赋研究》,《天津社会科学》2018 年第 5 卷第 5 期,第 57 页。
② Mark Alfano, James R. Beebe, and Brian Robinson, "The Centrality of Belief and Reflection in Knobe-Effect Cases: A Unified Account of the Data," *The Monist*, 2012,95(2),p. 264.

克布·罗斯(Jacob Ross)等人指出在实践推理中,倾向性信念是可撤销的。① 倾向性信念的可废止性有利于人们的实践推理,因为人们认知官能的局限性,有时对一些命题不太确定,却需要依赖它们进行实践推理,甚至会出现命题 p 不为真时,在实践推理中人们仍然会依赖命题 p 的可废止性的信念。② 例如,董事长得到副总经理的建议后,尽管他说不在乎行为副效果的好坏,但是这并不能说明他不具有关于行为副效果的倾向性信念。在实践推理中,不利的行为副效果因素凸显。如果董事长对不利的行为副效果有倾向性信念,他可以撤销该信念,但是他并没有,而是实施了他的计划,造成不良后果。对归赋者而言,认知者没有基于倾向性信念进行实践推理以规避风险,这是有意为之,因而即使在葛梯尔化和无确证真信念条件下,会出现过度归赋知识的问题。不利的行为副效果触发归赋者积极的评价态度,影响了他对命题 p 的认知立场强度和信念状态的判断,最终影响知识归赋的结果。然而,在这种情况下,认知者的认知立场强度不能保证归赋知识,所以有过度归赋知识之嫌。

认知副作用效应反映了行为副效果的道德、审美和价值等实用因素考量影响大众知识归赋。从表面来看,人们基于实用因素作出的知识归赋不符合认知理性。根据广义认知语境主义观点,知识标准是多元语境因素共同作用的结果,实用因素考量起引起人们关注认知活动的作用,间接地影响归赋者判断认知者的认知立场强度是否满足知识标准。

除此之外,广义认知语境主义的内涵把社会规范、文化等因素纳入影响知识归赋结果的语境因素。比如魏屹东援引斯蒂芬·佩珀(Stephen Pepper)的观点指出,认知语境主义假设了一个真实的、复杂的和不断变化

---

① Jacob Ross and Mark Schroeder, "Belief, Credence, and Pragmatic Encroachment," *Philosophy and Phenomenological Research*, 2014, 88(2), pp. 259-267.

② Jessica Brown, "Pragmatic Encroachment to Belief," in Conor McHugh, Jonathan Way, and Daniel Whiting (ed.), *Normativity: Epistemic and Practical*. Oxford, UK: Oxford University Press, 2018, pp. 40-44.

的世界,直接与人们的实践目标相关。① 在他看来,知识宣称是有语境边界的,知识是可修正的、不完善的。它不仅受到实践因素影响,也受到社会规范、文化因素影响。戴维·安妮斯(David Annis)的社会语境主义从确证的语境敏感性来说明知识归赋的语境敏感性。以安妮斯的社会语境主义观点为例,她提出社会语境主义确证观,主张确证的社会性,强调语境中的社会因素,从社会群体和社会实践层面来衡量人们对确证的正当性判断。

安妮斯认为认知目的影响人们对命题的判断。② 知识论意义上的认知目的是求真不出错,也以追求最大解释力和简洁性为目的。人们只有根据现有的证据,对处于当下情况的认知者的信念进行确证,而不能对认知者处于所有情况下的认知立场强度进行判断。这里相关的特定语境就是安妮斯所提出的"问题语境",其作用主要表现在:第一,它决定着人们对确证的正当性判断,也就是说,从特定语境出发才能衡量某人的知识宣称是否正当。例如,小王听病毒研究专家说新型冠状病毒的宿主是蝙蝠,于是人们认为小王知道这件事。同样的情况,对病毒研究专家来说,人们并不一定认为他们知道这件事。在前者的语境中,进行知识归赋是正当的;而在后者的语境中,进行知识归赋则是不正当的。第二,语境规定着确证的条件。例如,面对药物过敏的人,医生开药须十分谨慎,要考虑各种情况。也就是说,事情是否重要影响人们的信念能否成为知识。安妮斯强调,在认知确证中,人们不应该忽略人的社会属性,人们在认知实践中遵循某文化或群体的确证规范,而这一规范影响满足"知道"所需的认知立场强度。简言之,在安妮斯看来,含有语境参数的确证理论优于基础主义和融贯论。

就广义认知语境主义的内涵来说,克雷格从知识归赋的目的和功能出发,将知识归赋推向社会实践语境。一个好的知识归赋不仅与认知需求有关,也与各种认知群体有关。格雷科、亨德森、汉农和罗宾·麦肯纳(Robin

---

① 魏屹东:《语境论与科学哲学的重建》,北京:北京师范大学出版社,2012 年,第 20—21 页。
② David Annis, "A Contextualist Theory of Epistemic Justification," *American Philosophical Quarterly*, 1978,15(3),pp. 213-219.

McKenna)等在这个观点的基础上,扩展了广义认知语境主义的内涵。①

　　与实践语境相关的人们构成了某个群体,而且群体成员成为他人的信息源。确定某人的信息能否作为合适的信息源是知识归赋的目的。依据这种观点,人们如何进行知识归赋不单有知识论意义上的认知判断,更多地有范导实践行为、调整对事物的已有判断的作用,因为人们不可避免地有仓促的知识宣称和错误的知识归赋。实践理性要求决策的经济性,所以在高风险语境下,人们宁可付出较多信息代价也不贸然决定。除非人们在此种情况下,通过再次核实或添加证据等方式排除错误可能性,战胜高风险的威胁。如果信息报告人的认知立场强度不能排除错误可能性,人们就不愿意接受他的信息。在此基础上,如果高风险语境下的归赋者持较高的知识标准,同时他认为认知者虽然处于低风险语境,但是对相关命题具有很强的认知立场,那么他会归赋知识给认知者。因此在他们看来,如何确定可靠的信息报告人是一个语境问题。相关实践推理情境决定了是否能够确定某人是可靠的信息报告人的语境。

　　确定某人是否为可靠的信息报告人的语境不仅包含归赋者、认知者,也包含第三方,甚至包含归赋者和认知者所在群体的实践语境。因为人们在日常生活中归赋知识是为了满足实践所需。每个人都在自己所处的实践情境中进行求真不出错的认知实践活动。人们对自己十分关切之事或至关重要之事,都会谨慎地询问,这件事是不是真的? 因为人类要获得关于外界的可靠信息才能得以生存。作为某社会共同体中的一员,人们负有认知责任,需要相互依赖,相互信任,传播可靠的信息,这也要求人们成为好的信息报告人。而成为好的信息报告人不能局限于某一个人的需求、利益和认知能

①　John Greco, "What's Wrong with Contextualism," *The Philosophical Quarterly*, 2008, 58 (232), p. 433. David Henderson, "Motivated Contextualism," *Philosophical Studies*, 2009, 142(1), pp. 119-131. David Henderson, "Gate-Keeping Contextualism," *Episteme*, 2011, 8(1), pp. 83-98. Michael Hannon, "The Practical Origins of Epistemic Contextualism," *Erkenntnis*, 2013, 78(4), pp. 899-919. Robin McKenna, "Interests Contextualism," *Philosophia*, 2011, 39(4), pp. 741-750.

力。这意味着,知识标准和客观性是社会成员之间相互协调、相互影响的结果。也就是说,知识标准不仅仅由归赋者决定,认知者、第三方,甚至归赋者和认知者所在群体的实践语境也决定着知识标准。简言之,克雷格式路径打开了知识论的社会实践面向。实践因素也成为知识归赋的影响要素,在人类认知实践活动中起重要作用。

然而,广义认知语境主义的内涵因包含众多语境参数,可能面临以下问题:首先,如何确定哪个或哪些因素决定相关选择项的语境,以及这些因素是如何决定相关选择项的语境。其次,社会语境复杂多变,使人们难以作出一致的知识归赋。再次,实用因素概念本身包含很多参数,一方面,难以确定具体哪些参数可以称为实用因素;另一方面,实用因素繁多容易陷入琐碎的陷阱。最后,鉴于语境因素的复杂性,大众难以对它们有精确的认知,因此大众作出的知识归赋可能是一种粗略的判断。

笔者认为从实践语境的认知目的角度可以回应以上问题,比如亨德森把知识归赋的目的和认知语境主义相结合,提出知识归赋对于语境凸显的群体起认知、监管作用;格雷科在《语境主义怎么了》和《获得知识:认知规范性的德性理论解释》中表达了类似的观点。他们认为人们在判断某人是否知道命题 p 时,不是仅考虑具体某一个认知者或者某一个归赋者的实践语境所决定的知识标准,而是还要考虑大部分还不知情的社会成员。① 如果这个观点成立,那么某一个归赋者的知识归赋普遍上符合大多数信息接收者的目的。知识标准的变化只是针对某一特定会话语境下,特定的说话者和信息接收者而言的。如果归赋者采用的知识标准高于或低于普遍认同的标准,特别是低于普遍认同的标准时,在会话结束时,该认知者提供的信息就到此为止了,不会在该会话语境之外作为证言传播。根据这一观点,归

---

① David Henderson, "Gate-Keeping Contextualism," *Episteme*, 2011, 8(1), pp. 83-98. John Greco, "What's Wrong with Contextualism," *The Philosophical Quarterly*, 2008, 58(232), pp. 416-436. John Greco, *Achieving Knowledge: A Virtue-Theoretic Account of Epistemic Normativity*. New York: Cambridge University Press, 2010.

赋者在考察认知者的认知状态后,确定此人是否为知道者。成为知道者,他的证言就自由地传递。对高风险语境下的归赋者而言,在行动前需要补充更多的证据来确证该证言的有效性。

综上所述,大众知识归赋除了受风险、错误可能性凸显、归赋者的目的、归赋者的期待和归赋者的利益等因素影响,还受社会规范等广义语境因素影响。广义认知语境主义主张,知识归赋是被归赋者、被归赋者的语境、认知者的语境和归赋者的语境共同作用的结果,实用因素在不同程度上影响了人们归赋知识的意愿。此外,克雷格等人把知识归赋推向社会实践语境。知识标准的确立不仅由归赋者、认知者、第三方决定,也由归赋者、认知者所在群体的实践语境决定。

二、大众知识归赋语句的真值条件

广义认知语境主义仍然秉持知识归赋的语境敏感性。因为日常语言具有真值条件的语境敏感性,所以接受知识归赋语句真值的语境敏感性的最佳基础是日常会话语言。[①] 学者对知识归赋语句真值是否是语义上的纯粹主义存在分歧,有的认为是语义问题,有的认为是语用问题。[②] 针对这一争论,后文首先讨论大众知识归赋语句为真的语义机制,指出认知语境主义的语义机制具有开放性和多样性;其次讨论语义因素与语用因素共同决定知识归赋语句的真值。

（一）认知语境主义的语义机制

认知语境主义者认为"知道"一词的索引性是知识归赋语句真值语境敏感性的语言学基础,其用法被类比为索引词和等级性形容词,以解释知识标准如何随动态的会话机制而变化。但是这一观点受到不变主义者质疑,

---

① Keith DeRose, *The Case for Contextualism: Knowledge, Skepticism, and Context*, Vol. 1. New York: Oxford University Press, 2009, p. 47.

② Krista Lawlor, *Assurance: An Austinian View of Knowledge and Knowledge Claims*. Oxford, UK: Oxford University Press, 2013, p. 158. Ram Neta, "The Case against Purity," *Philosophy and Phenomenological Reasearch*, 2012, 85(2), pp. 456-464.

他们认为"知道"不具有索引性,也不具有等级比较特征。

1."知道"的索引性

语义机制是认知语境主义的主要机制。人们能够理解无穷尽的语句,甚至有的语句之前从未听过,也可以明白。语言有无穷的生成能力,人类有无穷的理解能力。一般来说,语句的内容和真值条件由它的构成部分及其组合规则决定。认知语境主义的语义机制不仅包括知识归赋语句中词语的惯常含义,也包括它的真值条件。也就是说,知识归赋语句的语义机制不仅包括各种索引性的表达,例如,指示词、人称代词、时间副词在不同语境下,所指不同,表达的含义不同,也包括影响知识归赋语句真值条件的语境。

德娄斯主张"知道"一词的日常使用具有语境敏感性,认为知识归赋语句的真值因语境而变化,并把这种语境敏感性作为知识归赋语句的语义学意义上的规范性要求。① 他把"知道"类比为索引词和等级性形容词。具体来说,"我""这里""现在"等索引词在不同语境下,指称不同。比如,"我"说"我喜欢诗歌"和你说"我喜欢诗歌"表达了两个不同的命题,因为"我"指称的对象不同。当"我"说这句话时,它指的是"我";当你说这句话时,"我"指的是你。同样,有人在北京说,"这里下雪了";而有人在杭州说,"这里下雪了"。虽然两个句子一样,但是它表示两个不同的命题,因为"这里"一词具有语境敏感性,前者指在北京发生的事,后者指在杭州发生的事。再如,"平坦的""高"等等级性形容词,在某语境下"很高",在另一种语境下却"不高"。日常生活中"知道"的用法具有索引词和等级性形容词的性质。关于索引词,卡普兰指出,一方面它的内容是易变的,另一方面它的所指因语境而不变。他认为索引词就是特定语境下决定其所指的约定性的规则。索引词的内容就是其语义真值,也就是某特定语境下的所指。②

---

① Keith DeRose, "Solving the Skeptical Problem," in Keith DeRose and Ted A. Warfield (eds.), *Skepticism: A Contemporary Reader*. New York: Oxford University Press, 1999, pp. 201-206.

② David Kaplan, "Demonstratives: An Essay on the Semantics, Logic, Metaphysics and Epistemology of Demonstratives and other Indexicals," in Joseph Almog, John Perry, and Howard Wettstein (eds.), *Themes From Kaplan*. Oxford, UK: Oxford University Press, 1989, pp. 481-563.

　　在此基础上,德娄斯认为"知道"一词的用法与索引词、等级性形容词类似。它的索引性主要体现在,认知者关于命题 p 的认知立场强度是否满足知识标准因语境而不同。[1] 因此,只有在具体语境下才能决定某人的信念是否得到确证。知识归赋语句是否为真取决于认知者的认知立场强度是否满足知识标准的要求。例如,德娄斯在《你现在知道它,又不知道它》[2]一文中指出,知识标准具有语境敏感性,认知者是否知道命题 p,与其关于命题 p 的认知立场强度有关。在高知识标准语境下,认知者的认知立场强度要特别强才能满足"知道"的要求;在低知识标准语境下,认知者的认知立场强度较低也能满足"知道"的要求。因此,认知语境主义者认为,尽管两个归赋者面对某时相同的认知者和命题 p,在高知识标准语境下会否定知识,在低知识标准语境下会归赋知识。这也正是知识归赋的语境敏感性。再如,在日常语境下,某人说"我知道我的自行车停在楼下"时,满足知识所需的认知立场强度较弱,所以他知道命题 p;而在怀疑主义语境下,当被问及你怎么知道你的自行车没有被偷时,满足知识所需的认知立场强度特别强,所以这时他会说他不知道命题 p。德娄斯把认知立场强度分为两种情况,一是同一主体在不同语境下知识归赋的结果相同,那么他们的认知立场强度不同;另一种是同一主体在同一语境下知识归赋的结果不同,那么他们的认知立场强度也不同,而且认知立场强度不因知识标准的高低而改变。[3]

　　对于把"知道"比作等级性形容词来说,柯亨和德娄斯认为"知道"一词的语义机制与"大""高"等类似,这些谓词的真值条件因语境而变化,因为具体语境决定着这些词的具体运用。例如,选择身材高大的篮球运动员与小学一年级班级里身材高挑的学生的语境不同,知识标准也不同。知识归

① Keith DeRose, *The Case for Contextualism: Knowledge, Skepticism, and Context, Vol. 1*. New York: Oxford University Press, 2009, p. 3.

② Keith DeRose, "Now You Know It, Now You Don't," *The Proceedings of the Twentieth World Congress of Philosophy*, 2005, 5, p. 91.

③ Keith DeRose, "Solving the Skeptical Problem," in Keith DeRose and Ted A. Warfield (eds.), *Skepticism: A Contemporary Reader*. New York: Oxford University Press, 1999, pp. 201-206.

赋有类似的情况,它也有强度和好坏程度上的变化,"知道"也有程度的区别,归赋者只是可能认为某人知道命题 p。刘易斯在《模糊的知识》一文中指出他的知识观:S 知道命题 p,当且仅当 S 在每一种可能性中会拥有命题 p,这里的可能性是未被 S 的证据消除留下的。与弗雷德·德雷斯克(Fred Dretske)相关选择性有所不同,刘易斯强调不必排除所有相关可能性,只要排除与给定语境相关的可能情形。刘易斯认为,为了知道命题 p,没有必要消除每一种可能的情形。他提出五个规则——现实规则、信念规则、相似规则、可靠性规则和保守性规则,来确定人们判断某人是否拥有知识时,会或不会忽略某些东西。

此外,需要强调的是,认知语境主义主张的是归赋者语境,也就是归赋者因素决定知识归赋语句的真值。以德娄斯、刘易斯和柯亨为代表,他们认为知识标准由归赋者的会话语境决定,具体来说,归赋者语境因素构成了使知识归赋语句为真的知识标准。这些因素影响着认知者在知识论意义上的认知立场强度,故而影响着知识归赋语句的内容和真值条件。"S 知道 p"在不同的归赋者语境下陈述了不同的事实,因而具有不同的真值。例如,"我知道冬天来了",这个语句的真值取决于是谁说出来这个语句,因为"我"在不同的语境下,指称的人不同。也就是说,对不同的归赋者来说,小明认为"妈妈知道夏天来了"和小明认为"妈妈不知道夏天来了"可以同时为真。简言之,德娄斯以"知道"类比索引词和等级性形容词,解释知识归赋语句的语境敏感性,这也构成了认知语境主义的基本特征。

2. 对"知道"索引性的质疑

认知语境主义的语义机制受到一些质疑,第一就索引性方面,霍桑反对把"知道"类比为索引词,认为"知道"一词是非索引性的。例如,"这里下雪了"或者"现在 12 点 30 分了"。假设北京的小王跟柏林的小李打电话,在北京的小王说:"这里下雪了。"而在柏林的小李说:"现在柏林 12 点 30 分了。"霍桑认为,"知道"一词并非如此,例如,小王处于低知识标准语境下,他说:"小李知道飞机早上 9 点起飞。"而小张处于急迫的高风险语境下,根据他的知识标准,他不认为小王的断言为真。对此斯坦利认为非对称的知识归赋违背了知识的事实性原则和断言的知识规范。① 例如,在银行案例中,如果银行星期六营业,"我"知道银行星期六营业;如果有人提及银行改变营业时间的可能性,那么即使银行星期六营业,"我"也不知道银行星期六营业。他认为,断言银行星期六营业,一不承诺银行星期六营业,二不承诺某人知道银行星期六营业。此外,斯坦利认为,真正的索引词即使在同一个语句中,也会有不同的语义值。例如:"很多"一词,在句子"在×××有很多连环杀手,没有很多下岗工人"中,"很多"一词出现两次,但是它的语义值不同。② "知道"一词不具有这一灵活的特征。

霍桑和斯坦利的观点质疑了认知语境主义语义机制的有效性。有些学者并不认同霍桑和斯坦利的反驳。例如,彼得·勒德洛(Peter Ludlow)认为斯坦利的等级性只适用于形容词,但是用它来衡量"知道"一词存在不足,因为有些等级性形容词作为谓词时,也不能用程度副词来修饰。③ 例如,"妈妈平整了村外的一块空地",加上程度副词改成"妈妈很平整了村外的一块空地",这句话就明显不恰当。对此,德娄斯也指出,"知道"一词的索引性意指它因说话者的会话语境而变化,而不是说,它必须参照原语境才能确定形容词比如"高"的参数。④

第二就等级性方面,斯坦利认为等级性形容词可以由程度副词修饰,例如"小王很高"而且"小王的确知道超市9点营业"这个可以成立。但是"知道"不适合类比形容词的比较级结构,"小王比小李更知道超市9点营业"这显得奇怪,不符合"知道"一词的日常用法。

由以上可以看出,学者关于语义机制的分歧在于如何理解认知语境主

---

① Jason Stanley, *Knowledge and Practical Interests*. New York: Oxford University Press, 2005, p. 63.

② Ibid., p. 68.

③ Peter Ludlow, "Contextualism and the New Linguistic Turn in Epistemology," in Gerhard Preyer and Georg Peter (eds.), *Contextualism in Philosophy: Knowledge, Meaning and Truth*. New York: Oxford University Press, 2005, p. 25.

④ Keith DeRose, *The Case for Contextualism: Knowledge, Skepticism, and Context, Vol. 1*. New York: Oxford University Press, 2009, pp. 166-170.

义的语义机制。具体来说,"知道"一词的索引性如何体现。迈克尔·布洛姆-蒂尔曼(Michael Blome-Tillmann)认为"知道"一词具有索引性。他的意思是,"知道"具有索引词的不稳定特征,相同的内容在不同语境下的真值不同。① 在柯亨看来,知识是认知者、命题和知识标准的三元关系,但知识标准是因语境而变化的因变量。② "知道"的索引性是宽泛意义上的。德娄斯和柯亨认为认知语境主义的语义机制是一个开放的系统,它并不局限于索引词、等级性形容词和量词的用法。比如乔纳森·詹金斯·市川(Jonathan Jenkins Ichikawa)以"某些""所有"之类量词来说明知识归赋的语境索引性,这些量词的辖域由会话语境决定。③ 例如,"所有人都在游泳",这里"所有人"说的是今天在海里游泳的所有人,而不是说沙滩上的所有人。同理,知识归赋也会在某特定语境下缩小或扩大需要排除的错误可能性。例如,当小王说"妈妈知道桐桐穿着蓝色泳衣"时,她就排除了包括光线问题、戴着太阳镜等在特定语境下相关选择项的错误可能性。即使小王不知道戴着太阳镜会使区别颜色的能力大打折扣,妈妈也知道桐桐穿着蓝色泳衣。人们的日常知识归赋符合索引性直觉,但是有些语言证据会削弱人们在特定语境下归赋知识的信心。

简言之,认知语境主义诉诸语义机制说明其语境敏感机制,主张"知道"一词的语义机制是知识归赋语句真值语境敏感性的语言学基础,但是它强调的是不同会话语境下知识标准和知识归赋语句的真值因语境而变化。

（二）认知语境主义的语用机制

认知语境主义关注日常认知实践。虽然认知语境主义旨在解答怀疑主义问题,但是它也对日常认知实践作出解释。德娄斯认为如果认知语境主

---

① Michael Blome-Tillmann, "Knowledge and Presuppositions," *Mind*, 2009, 118(470), pp. 261.

② Stewart Cohen, "Contextualism, Skepticism, and the Structure of Reasons," *Philosophical Perspectives*, 1999, 33(S13), pp. 57-89.

③ Jonathan Jenkins Ichikawa, *Contextualising Knowledge: Epistemology and Semantics*. Oxford, UK: Oxford University Press, 2017, pp. 1-42.

义不涉及日常语境下人们的认知实践活动,那么解决怀疑主义问题只是一时兴起而已。在他看来,接受知识归赋的认知语境主义的最好理由是研究知识归赋或知识否定语句在日常会话中是如何运用的;在非哲学语境下,大众认为怎样才算是知识。①

人们对知识概念的使用和判断需要具有稳定性。因为在认知语境主义者看来,相关语句的真值条件取决于可以解释知识归赋行为的最佳语境。日常语境中,认知者"把事情搞对"的实践重要性可以改变知识归赋的知识标准。归赋者认为同一个认知者对于同一个命题高风险语境下否定知识,低风险语境下肯定知识,都为真。知识归赋的结果因风险的高低而变化。格雷科认为人们的语义机制和语用机制可以支持知识归赋的稳定性。在他看来,人们通过知识的概念和知识语言的运用,以及它们在概念经济性和语言实践中所发挥的功能,来获得有关知识概念和语言如何运用的更多见解。②

亨德森和格雷科认为知识归赋满足某些实践需要的功能蕴含语义约束,它并不琐碎。恰当的语义运用需要合适的语义条件。③ 在他们看来,知识概念满足共同体的相关需求,根据克雷格的观点,知识概念用于范导人们识别出对特定问题具有认知上可靠的信息源的报告人。如果认知的门槛低,大众可能认为在满足共同体需要的条件下,某信息报告人可能不是可靠的信息源。可是如果认知的门槛太高,人们又会因没有可靠的信息源而受挫。此外,德娄斯认为知识归赋结果不对称与慎重断言知识归赋语句的适当性有关。④ 在他看来,认知实践本质上是一项求真不出错的活动,人们应该尽量避免出现错误的会话隐含之意和断言,在此基础上,他认为如果它是

① Keith DeRose, "Assertion, Knowledge, and Context," *Philosophical Review*, 2002, 111(2), p. 169.

② John Greco, *Achieving Knowledge: A Virtue-Theoretic Account of Epistemic Normativity*. New York: Cambridge University Press, 2010, p. 139.

③ David Henderson and John Greco (eds.), *Epistemic Evaluation: Purposeful Epistemology*. Oxford, UK: Oxford University Press, 2015, p. 7.

④ Keith DeRose, *The Case for Contextualism: Knowledge, Skepticism, and Context*, Vol. 1. New York: Oxford University Press, 2009, pp. 52-53.

适当的,那么此知识归赋语句为真,反之为假。在风险高低不同的实践语境下,断言知识归赋语句的适当性应与归赋者的实践理由和知识标准有关。人们的认知实践活动即使不能满足实践利益,也不能使其受损。高风险语境下,人们的实践理由不充分,故而否定知识为真;低风险语境下,人们有充分的实践理由,故而肯定知识也为真。由此可见,语义和语用共同决定了知识归赋语句的真值,并且这也可以解释在某个特定语境下,针对同一个认知者和同一个命题,归赋者否定知识、肯定知识都为真。

为了解释知识归赋语句的真值与会话语境下说话者的目的、意图和期待等语用因素的关系,布洛姆-蒂尔曼在斯塔纳克的语用预设①和刘易斯的排除相关选择项的认知语境主义知识观的基础上,提出语用预设的认知语境主义观点:

> 某人在 C 语境下知道命题 p,仅当他的证据排除了所有与 C 语境下语用预设相容的非命题 p 世界。②

根据这一观点,归赋语境下的语用预设成为判断知识归赋语句真值的必要条件。如果某语境与归赋者的语用预设相容,那么在此语境下,人们不能够忽略这个相关选择项。

为了兼顾知识归赋语句真值及其断言的合适性,罗伯特·斯坦顿(Robert Stainton)提出会话语境主义,主张所断言语句的真值由语用因素决定,而且知识归赋语句的会话含义具有语境敏感性。③ 这个观点融合了知

---

① 根据斯塔纳克的观点,简单来说,语用预设就是在某语境下,参与会话的所有说话者就会话目的的达成的共识。Robert Stalnaker, *Inquiry*. Cambridge, MA: The MIT Press, 1984: 79-82. Robert Stalnaker, "Common Ground," *Linguistics and Philosophy*, 2002, 25(5-6), p.719.

② Michael Blome-Tillmann, *Knowledge and Presuppositions*. Oxford, UK: Oxford University Press, 2014, p.30.

③ Robert Stainton, "Contextualism in Epistemology and the Context-Sensitivity of 'Knows'," in Joseph Keim Campbell, Michael O'Rourke, and Harry S. Silverstein (eds.), *Knowledge and Skepticism: Topics in Contemporary Philosophy*. Cambridge, MA: The MIT Press, 2010, pp.113-139.

识归赋语句真值的温和不变主义主张和会话语境下作出知识归赋断言的语境主义主张。在他看来,知识归赋语句的会话含义是语义和语用共同作用的结果,比如,儿子骑自行车摔倒擦伤腿流血了,爸爸在处理伤口时,儿子一直号啕大哭。爸爸说:"没事,死不了。"这种情况下,爸爸的断言"死不了"为真,但不是从语义上来说的。爸爸想要表达的并不是"死不了"这一事实,而是想强调伤势无大碍,不用担心。与之类似,杰夫·平恩(Geoff Pynn)认为知识归赋语句真值的语境敏感性是会话语境下不同的语用含义所致,不是知识归赋语句真值因会话语境的知识标准而变化,而是归赋者通过知识归赋语句所断言的内容因会话语境的知识标准而变化。[①] 在他看来,知识归赋语句的内容在语义上不完整,因为在会话语境下,知识归赋语句的内容包含了归赋者断言的语用含义。会话语境下参与者的目的、兴趣和利益等语用含义共同决定断言的会话含义。

　　会话语境主义的优点在于:其一,知识归赋语句的真值是归赋者会话语境的语义和语用共同作用的结果,"知道"的语境敏感性表现为会话语境下的语用含义的多样性,而不必诉诸语义上的索引性。[②] 其二,在某语境下,人们作出知识归赋断言某人知道命题 p,在另一种语境下,也可能断言某人关于命题 p 的认知立场强度能够使人基于命题 p 来行动。这为人们在不同语境下进行知识归赋留有空间。[③]

　　然而,问题是人们可能难以区分知识归赋语句的语义和语用含义,认知语境主义者如何平衡知识宣称的真值条件和知识归赋所断言的内容。针对这种情况,德娄斯曾给出知识宣称及其可断言性条件。他认为根据认知者作出知识宣称时的知识标准,认知者关于命题 p 的认知立场强度可以使他

① 　Geoff Pynn, "Pragmatic Contextualism," *Metaphilosophy*, 2015, 46(1), pp. 26-51.

② 　Robert Stainton, "Contextualism in Epistemology and the Context-Sensitivity of 'Knows'," in Joseph Keim Campbell, Michael O'Rourke, and Harry S. Silverstein (eds.), *Knowledge and Skepticism: Topics in Contemporary Philosophy*. Cambridge, MA: The MIT Press, 2010, pp. 113-139.

③ 　Jeremy Fantl and Matthew McGrath, *Knowledge in an Uncertain World*. New York: Oxford University Press, 2009, pp. 47-48.

恰当地断言其知道命题 p;反之,如果认知者没有达到知识宣称时的知识标准,就不可以断言其知道命题 p。① 德娄斯的这一观点只涉及认知者,而没有涉及归赋者所断言的内容,因而会面临归赋者高标准与认知者低标准或无意识高风险反例的情况。

为了回应学者对认知语境主义语义机制的质疑,肖弗提出对比主义,此观点给出了知识归赋的认知语境主义语义机制。此外,它比认知语境主义诉诸言语行为的语用观更具解释力。它也赋予了人类认知实践活动的开放性和可能性,揭示人类认知实践活动特有的探究属性。

(三) 语义和语用共同作用,以对比主义为例

对比主义主张知识是认知者、已知命题和对比命题的三元关系。对比主义者认为,人们关于某人是否持有知识的认知直觉不仅依赖认知者、命题 p,也依赖对比命题 q,记作 Kspq。其中对比命题 q 是命题 p 的相关替代项,也是能够或不能够被认知者排除的选择项。② 后文将解释对比主义的语义机制和语用层面共同作用影响知识归赋语句的真值,通过相关实证研究说明大众知识归赋的对比效应。

1. 对比主义的语义机制

肖弗在《从语境主义到对比主义》一文中,提出知识归赋的形式为:"S 知道 p,而非 q。"根据对比主义观点,"知道"是三元语义关系,当某人说知道命题 p 时,某人知道命题 p 而非命题 q,命题 q 是非命题 p 的一个析取项。③

依据肖弗的观点,对比命题 q 以"知道"在语义上三元关系的方式进入知识归赋,语义结构会投射到语法结构,所以对比项可以用"而非""分裂

---

① Keith DeRose, *The Case for Contextualism: Knowledge, Skepticism, and Context, Vol. 1.* New York: Oxford University Press, 2009, p. 99.

② Jonathan Schaffer, "The Contrast-Sensitivity of Knowledge Ascriptions," *Social Epistemology*, 2008, 22 (3), p. 235.

③ Jonathan Schaffer, "From Contextualism to Contrastivism," *Philosophical Studies*, 2004, 119 (1-2), p. 73.

句""选择条件句""强调句"之类的句法形式来表达。这样,知识归赋就包含了句法上的对比命题 q。句法上有对比命题 q,有以下五点理由:第一,知识归赋有明显的对比项形式,例如,福尔摩斯知道玛丽偷了自行车而不是汽车。第二,知识归赋有约束的对比项形式,具体指量词约束对比命题 q,例如,假设某人说:"每当测试时,麦克知道这瓶饮料是可乐。"那么约束形式是:第一次测试时,麦克知道这瓶饮料是可乐而不是雪碧;第二次测试时,麦克知道这瓶饮料是可口可乐而不是百事可乐,以此类推。第三,知识归赋有省略对比项的特征。假设人们在调查玛丽是偷了自行车还是汽车时,某人说:"福尔摩斯知道玛丽偷了自行车,华生也知道。"这里"福尔摩斯知道玛丽偷的是自行车而不是汽车",因此,某人对华生的断言为真,当且仅当华生知道玛丽偷的是自行车而不是汽车。第四,人们归赋知识时,有将散漫的语义快速定位聚焦。例如,知道克莱德把打字机卖给艾利克斯,就是知道克莱德把打字机卖给艾利克斯,而不是送给他,也不是借给他;也可以是,克莱德把打字机卖给了艾利克斯,而不是伯尼。第五,知识归赋可以消解表面的悖论。假设麦克能区分可乐和雪碧,但不能区分可口可乐和百事可乐,这导致"麦克知道这瓶饮料是可乐"和"麦克不知道这瓶饮料是可乐"的悖论。人们可以通过对比命题消解这个问题:"麦克知道这瓶饮料是可乐,而不是雪碧"和"麦克不知道这瓶饮料是可口可乐,而是百事可乐"。[①]

由此可见,判断某人是否知道命题 p,不仅要考察认知者 S 和命题 p,也要排除命题 p 的对比命题 q。在对比主义者看来,知识的形式是"S 知道 p 而非 q"。"知道"不是认知者和命题 p 的二元关系,而是与对比命题 q 相关的三元关系。对比命题 q 以"知道"在语义上三元关系的方式进入知识归赋。根据三元语义模型,知识归赋语句的真值取决于对比命题 q。

2. 对比主义的语用解释

对比效应作为大众知识归赋的重要模式之一,有其合理性。

---

① Jonathan Schaffer, "From Contextualism to Contrastivism," *Philosophical Studies*, 2004, 119(1-2), pp. 77-79.

　　在语用层面上,对比效应更具解释力。肖弗和诺布从对比效应的预测和解释力来论证对比效应的合理性。他们用对比效应解释诺布案例的道德效价影响和错误可能性凸显。例如,毕比和巴克沃尔特通过实验研究发现,知识归赋受道德效价影响,当行为副效果不利时,受试者倾向于归赋知识;而当行为副效果有利时,受试者倾向于否定知识。[1] 行为副效果的好坏影响了人们归赋知识的意愿。董事长行为副效果的好坏为何会影响人们归赋知识的意愿? 肖弗和诺布认为,这是由对比项的变化造成的。在他们看来,如果人们认为某人的行为不道德,他们会寻找良好的行为作为相关选择项。如果人们认为某人的行为良好,他们不会寻找不道德的行为作为相关选择项,所以道德效价影响对比项的选择。又因为对比项影响知识归赋的真值,所以道德效价影响知识归赋的真值。以环境案例为例:在董事长破坏环境、行为不道德的情况下,人们认为他考虑过新计划有不违背道德的好的相关选择项,人们因而认为当认知者作出知识宣称时,应该排除了相关选择项。董事长没有这么做,所以他们倾向于认为董事长知道环境会遭到破坏。在改善环境的条件下,人们不愿意归赋知识,因为当人们考虑新计划好的相关选择项时,只可能是现行计划意外地破坏了环境。根据对比主义观点,人们要排除相关选择项,案例中,董事长只有来自副总经理的证言,证言只是提及新计划会改善环境,这不足以排除新计划的实施会意外地破坏环境的情况,所以人们较少认为董事长知道环境会得到改善。[2] 由此可以看出,对比效应对认知副作用效应具有解释力。肖弗和诺布还认为,对比效应也可以解释错误可能性凸显的情况,它是通过对比项的凸显影响知识归赋语句的真值。此外,他们还指出对比效应能够比主体敏感不变主义、经典不变主义、语用不变主义和行为错误,以及认知语境主义更具解释力。主体敏感不变主义通过语用影响或行为错误方式只能解释认知者的风险影响知识归

---

[1]　详细案例和实验参见本章第二部分。

[2]　Jonathan Schaffer and Joshua Knobe, "Contrastive Knowledge Surveyed," *Noûs*, 2010, 46 (4), pp. 685-686.

赋,而不能解释归赋者的对比效应和凸显效应。经典不变主义否认对比项、错误可能性凸显和风险因素影响知识归赋。认知语境主义认为某一个归赋者可以在某语境下断言"某人知道 p",而另一个归赋者尽管在同一时间和地点,也可以在不同的语境下,否定"某人知道 p",但是它没有追踪对相关选择项变化的语境敏感性。

简言之,对比效应不仅可以解释实用因素对知识归赋的影响,也可以解释语境敏感性的语义转换机制。因此,从语用层面来说,对比效应作为大众知识归赋的一个重要方面有其合理性。从认知实践层面来说,对比效应也有其合理性。

在认知实践层面,对比效应更适用于大众认知实践活动的开放性。对比效应赋予人类认知实践活动的开放性和可能性。肖弗提出对比主义的目的在于通过问答的形式把知识概念与认知探究过程相连接。他认为这个过程本质上是对比性的。斯塔纳克认为,对比主义为人类认知实践活动打开了开放的可能性空间,因为人们要在一组相互排斥的相关选择项中选出真实的一个。他认为,这是思考知识、认知探究和进行其他认知活动的合理方式。① 例如,肖弗以金翅雀案例论证对比命题 q 在认知实践活动中的作用。② 如果小明要区分以下几种情况才能得分:(1)花园里有一只金翅雀或冠蓝鸦;(2)花园里有一只金翅雀或金丝雀;(3)金翅雀在花园里或在邻居家里。要确定花园里是否有一只金翅雀,小明要在三个对比项中排除距离现实世界遥远的可能性。每个探究问题都可以转换为一个多选题,对多选题中任何一项的正确选择都是认知探究的一次进步,都可以得分。对比命题 q 的存在使认知探究过程中的所有进步都可以得分。虽然对比效应面

---

① Robert Stalnaker, " Comments on ' From Contextualism to Contrastivism ', " *Philosophical Studies*, 2004, 119(1-2), pp. 116.

② Jonathan Schaffer, " What Shifts: Thresholds, Standards, or Alternatives, " in Gerhard Preyer and Georg Peter (eds.), *Contextualism in Philosophy: Knowledge, Meaning, and Truth*. New York: Oxford University Press, 2005, p. 124.

临闭合原则、认知运气,以及怀疑主义等问题的挑战[1],但它仍然是大众知识归赋的一个重要特征,其合理性在于对比效应比其他知识归赋理论更具解释力,也在于它赋予人类认知实践活动的开放性和可能性,揭示人类认知实践活动的特有属性。

综上所述,认知语境主义者认为其语义机制是一个开放的系统,他们把"知道"一词的用法与索引词、等级性形容词相类比,主要表现在高风险、低风险不同语境下,知识归赋语句的真值和知识标准因语境而变化。广义认知语境主义试图调和知识归赋语句的真值条件和可断言性条件。平恩认为知识归赋语句的内容在语义上是不完整的,他主张会话语境下的语义和语用含义共同决定知识归赋语句的真值。广义认知语境主义的内涵不仅包括会话语境,也包括生活实践、社会规范等内涵。在这一层面上,知识与实践推理的关系一直是知识论讨论的热点,如何理解实践语境下的大众知识归赋是接下来要讨论的内容。

三、对大众知识归赋实用敏感性的解答及其问题

认知语境主义诉诸语义机制,主张知识归赋语句的真值因会话语境而变化。有的学者从知识归赋的价值和目的,解释"知道"具有实用敏感性和语境多样性的原因。比如,汉农和麦肯纳从知识归赋的目的论出发,分别提出实践利益语境主义和利益相关语境主义。[2] 前者的观点试图调和主体敏感不变主义与认知语境主义的矛盾;后者将语境因素限制在归赋者的利益和目的,除了试图缓和认知语境主义和不变主义的对立,也试图解决认知语境主义的认知下降难题。

（一）知识归赋与实践语境

克雷格的研究围绕知识概念的日常使用展开,他诉诸知识谱系学的方

---

[1]　曹剑波、刘付华东:《对比主义的合理性研究》,《哲学动态》2020 年第 7 期,第 103—113 页。

[2]　Michael Hannon, "The Practical Origins of Epistemic Contextualism," *Erkenntnis*, 2013, 78（4）, pp. 899-919. Robin McKenna, "'Knowledge' Ascriptions, Social Roles and Semantics," *Episteme*, 2013, 10（4）, pp. 335-350.

法解释知识归赋的社会功能,给出知识概念的整体解释,而不是分析知识的充分必要条件。这一点有助于把语境扩展至人类社会实践层面。他写道:

> 人们对知识概念作出以下初步的可能性假设:它对人们的作用是什么,在人们生活中的功能是什么?然后,人们再追问具有这些功能的知识概念是什么,以及支配知识运用于实践的条件是什么。[1]

根据克雷格的观点,知识归赋的功能和价值在于,它在人们的思想和社会生活中起重要作用。知识是人类繁衍生息的有力保障。因为在险象环生、瞬息万变的环境中,人们需要真信念来指引自己的行动,趋利避害。正是这个原因,人们需要具有可以获得真信念的可靠的信息源。那么最经济有效的方式是寻求对命题 p 能够作出正确判断的人,知识归赋是可靠的信息报告人的标志。[2] 不同的信息报告人对真信念 p 的可靠程度不同,社会群体中的任何人都会有兴趣来评估信息源是否可靠。这样,知识的本质就是为了满足人类的各种实践所需,识别出相关的可靠的信息报告人。[3]

麦肯纳从知识归赋的目的和功能出发,提出利益相关语境主义。他主张知识归赋语句的真值部分地取决于归赋者的利益和目的。[4] 在他看来,认知者有理由认为某语境下命题 p 是相关选择项,那么这个选择项就与认知者相关,而且认知者考虑的理由取决于此语境下认知者的实践利益。以银行案例为例,高风险语境下的认知者面临实践利益考量,需要考虑相关选择项;而低风险语境下的认知者没有实践利益损失的担忧,不需要考虑相关选择项。由此,只要认知者没有实践利益考量,不管在高风险语境下还是低风险语境下,都无须考虑银行会改变营业时间;相反,如果认知者有实践利

---

[1] Edward Craig, *Knowledge and the State of Nature: An Essay in Conceptual Synthesis.* New York:Oxford University Press, 1990,p. 2.

[2] Ibid., p. 11.

[3] Ibid., p. 89.

[4] Robin McKenna, "Interests Contextualism," *Philosophia*, 2011,39(4),pp. 741-750.

益考量,即使在低风险语境下,也需要考虑相关选择项。

根据麦肯纳的分析,从实践语境考察知识归赋,第一,可以解答认知下降难题。普里查德诉诸会话含义指出,在低风险语境下,归赋知识隐含着证言的有效性;在高风险语境下,否定知识意味着同样的证言没有了效力。这样就得出了矛盾的结果。① 麦肯纳认为这个矛盾的结果并不是作出适切性断言的障碍。在他看来,认知者在高风险、低风险不同语境下的认知立场强度没有发生变化,变化的是认知者的实践利益。

第二,这个观点更好地解释了大众对斯坦利改编的银行案例的认知直觉。首先,该主张可以解释斯坦利给出无意识高风险的归赋情况,根据利益相关语境主义的观点,归赋者在某语境下有时出于对某个人的实践利益考量,有时出于对认知共同体的实践利益考量,不论是哪种情况,该语境下的选择项都是相关的。由此,他认为,虽然无意识高风险案例中的认知者没有意识到他们面临的风险而作出知识归赋,但是在日常实践情境下,归赋者也有理由考虑银行是否会改变营业时间。其次,它可以解释归赋者高风险-认知者低风险的归赋情况。斯坦利认为这种情况是归赋者的知识标准投射到认知者身上,导致归赋错误。然而,在麦肯纳看来,这并不是错误的投射。他认为归赋者采用特定的知识标准,这是一个默认的前提,而且这个前提在不同的实践利益考量下,情况是可废止的。再次,他从知识归赋的功能在于识别出可靠的信息报告人的观点出发,解释归赋者低风险-认知者高风险的归赋情况。信息报告人的信息也是某些群体所需的信息。有时信息询问者会更多地考虑自己的实践语境,而非信息报告人的实践语境。当归赋者为他人提供建议时,他作为评价者会更多地考虑认知者的实践语境,确保认知者是可靠的信息报告人。最后,他认为利益相关语境主义与知识归赋的社会功能具有一致性。在他看来,不同语境下的实践考量部分地决定了此语

---

① Duncan Pritchard, "Contextualism, Scepticism, and the Problem of Epistemic Descent," *Dialectica*, 2001, 55(4), pp. 327-349.

境下的实践理由是否是选择项。当归赋者为他人考虑时,认知者的实践利益就会影响知识归赋的结果;反之,当归赋者为自身实践语境考虑,归赋者自身的实践利益比认知者的实践利益有更多的权重。

第三,麦肯纳认为利益相关语境主义与断言、行动的知识规范相容。如前文所言,根据这个观点,选择项的相关性在不同语境下有所不同,实践利益涉及归赋者还是某认知共同体,它在知识归赋中的权重不同。归赋者从自己的实践语境考虑,作出断言或实践推理,有时也作为评价者着重从认知者的实践语境考虑,作出断言或实践推理。他认为利益相关语境主义允许这种弹性。

在此基础上,汉农进一步指出,从克雷格的知识观来看,日常生活中人们的知识归赋不仅具有实用敏感性和语境敏感性,也具有客观性和稳定性。[①] 根据知识来源的实践诉求,他提出实践利益语境主义,主张探究者寻找在某特定语境下能够对是否命题 p 作出正确判断的信息报告人,如果“知道”的目的是找出满足人们的需要和利益的可靠的信息报告人,如果人们的需要和利益因语境而变化,那么可靠的信息报告人就因语境而变化,所以“知道”及其相关概念也应满足这一要求。汉农认为知识归赋的社会交往和实践功能为实践利益语境主义提供证据。

在汉农看来,克雷格识别可靠的信息报告人本质上是语境化的。知识归赋的功能是标识出社会共同体相互交流所必需的可靠的信息报告人。人们需要一些概念用于区别出可靠的信息报告人。他认为一个好的信息报告人应具有以下特质:

（1）信息报告人告诉询问者所问的问题的真假。

（2）询问者认为信息报告人对命题 p 的判断是正确的。

---

① Michael Hannon, "The Practical Origins of Epistemic Contextualism," *Erkenntnis*, 2013, 78(4), pp. 899-919.

（3）信息报告人认为自己在此时此刻是可以接触到的。

（4）信息报告人对于命题 p 的正确判断与询问者对此的关注度所要求的一致。

（5）信息报告人和询问者之间的沟通渠道应该敞开。[①]

汉农认为,克雷格给出的知识概念与知识论的知识概念相去甚远。因为（2）（3）（5）不是知识概念所具有的特征。也就是说,可靠的信息报告人和知道者是有差别的。为了联结知识归赋和可靠的信息报告人概念,克雷格提出客观化过程,但是汉农认为知识概念的客观性追求没有削弱知识概念的语境面向。正如他要求作为知道者必须极具可靠性,能够作出正确判断。他的可靠性不是针对自己的认知目的和利益,而是对群体的较大范围不确定的目的和利益来说也是可靠的,特别是他的信息必须被急需询问的人接受。米兰达·弗里克（Miranda Fricker）指出不同的询问者在不同的情况下有不同的需求和利益,他们对信息报告人的可靠性的要求也有所不同,而这些差异都因语境而变化。[②] 知识概念运用于识别可靠的信息报告人,满足人们的实践需求和利益。如果人们的实践需求和利益因语境而变化,为了在不同的实践语境下识别出可靠的信息报告人,人们也会希望"知道"因语境而变化。鉴于此,在他看来,知识概念的这一功能有助于解释"知道"的实践考量和语境敏感性。

为了寻求知识归赋内容的稳定性,汉农提出允许知识随实用因素而变化的紧缩语境论。知识归赋有助于实践推理,为理性决策提供信息。这使知识归赋具备一个重要特点:人们并不是随意作出知识宣称,而是需要推理反思,寻找认知实践活动需要解决的问题。例如,在银行案例中,凯斯从

---

① Edward Craig, *Knowledge and the State of Nature: An Essay in Conceptual Synthesis*. New York：Oxford University Press, 1990, p. 85.

② Miranda Fricker, "Scepticism and the Genealogy of Knowledge：Situating Epistemology in Time," in Adrian Haddock, Alan Millar, and Duncan Pritchard（ed.）, *Social Epistemology*. Oxford, UK：Oxford University Press, 2010, p. 64.

实践风险考虑,作出知道或不知道银行星期六营业的知识宣称。实践因素影响人们是否知识归赋。虽然求知以真为目标,但是如果需要考虑实践因素,那么人们需要评估利益、风险等。这需要根据已有的证据或获得更多的信息来评估预期的效用。

根据汉农的分析,从实践语境考察知识归赋,第一,可以缓和认知语境主义和主体敏感不变主义的对立。广义的实践语境决定知识标准,它既可以包括认知者的需求和利益,也可以包括归赋者和认知者的认知共同体。认知语境主义可以表达认知者的实践利益影响知识标准,比如,归赋者可能会帮助认知者决定如何作出决策,同样,归赋者为了认知者的目的也可以证明某人是可靠的信息报告人。这种情况下,认知者的实践利益就会影响归赋者。因为在格雷科看来,知识归赋语句的真值更有可能取决于相关群体的实践利益,而不是仅仅取决于某些个人的实践利益。[①] 如果知识归赋的目的是识别出可靠的信息报告人,这样共同体就可以存储和共享一些信息,在此基础上,汉农认为知识标准应具有一般性,而不应局限于归赋者或认知者。这样就可以解答主体敏感不变主义第三人称归赋者高风险—认知者低风险的难题,因为在实践利益敏感的认知语境主义看来,知识标准并不是仅仅由归赋者语境决定。

第二,可以回应纯粹主义对非纯粹主义的质疑。纯粹主义者主张知识归赋与实践利益无关,比如,在语用不变主义者看来,银行案例中的知识归赋和知识否定都是恰当的,但是这不关乎归赋语句的真假,而只关乎断言适切与否。他们认为知识归赋受会话语用学的影响和执行差错的曲解。在汉农看来,不变主义的观点使得知识归赋语句的真值条件和知识归赋的目的并不一致。假如知识归赋的目的是标识出可靠的信息报告人,那么在高风险银行案例中,认知者的认知立场强度不足以满足当下的实践目的。这种情况下,知识归赋语句"认知者不知道银行星期六营业"为真,这是合理的。

第三,可以让个人在实践需求和利益的诉求下,仍然保持知识的客观

---

① John Greco, "What's Wrong with Contextualism," *The Philosophical Quarterly*, 2008, 58(232), pp. 431.

性,因为知识标准部分地取决于询问者的实践需求和利益,它也受到广大信息采集者的共同实践利益的限制。通常情况下,人们并不知道可靠的信息报告人的实践需求和利益,但是人们通常会根据某个询问者的需求具体考量是否要归赋知识给他。汉农以柯亨的机场案例为例进行说明,知识概念实践解释的一个重要特征是语境敏感性。当询问者的实践需求和利益凸显时,推荐者可以根据此人对"知道"的要求调整知识标准;相反,当询问者没有特殊的实践需求和利益时,推荐者通常采用社会上一般的知识标准。这种知识标准会满足大部分人的实践需求和利益。

如前所言,询问者识别可靠的信息报告人的标准取决于询问者的实践需求和利益,而且知识标准的确立除了涉及询问者个人的实践语境,也会涉及其所在群体的实践语境。人们的知识概念具有客观性的要求和语境化的特点。询问者在不同语境下对信息报告人的可靠性有不同的期待,而可靠性程度的语境敏感性也是知识归赋实用敏感性和语境敏感性的体现。

综上所述,汉农、麦肯纳主张从知识归赋的实践目的层面解释实用因素对知识归赋的影响。他们根据某人在相关命题 p 上的认知立场强度,衡量其是否可以成为一名合格的信息报告人,以此强调知识归赋的实践语境敏感性。在他们看来,一方面,知识和实践理由紧密相关,即认知者关于命题 p 的认知立场强度足以保证可以基于命题 p 采取行动,当且仅当其知道命题 p。当某人作出决策时,他需要寻求满足自己实践语境的可靠信息,这时,他也需要考虑信息提供者在其实践语境下的认知立场强度,来判断他是否可以作为可靠的信息报告人。这有利于缓和认知语境主义和主体敏感不变主义、语用不变主义之间的对立。另一方面,不同的认知群体有不同的认知需求,这个观点保留了认知语境主义认为实践风险等因素影响知识标准变化的观点,但是取消了知识标准仅由归赋者实践语境决定的观点。一名信息报告人如果要成为某群体的可靠的信息源,也就是说此人的信息可以作为行动的依据,他的认知立场强度不仅要考虑自己的实践语境,也需要考虑群体中大部分人的实践语境。这就避免了随意地作出知识宣称。

（二）实践利益与认知合理性

实践推理的理由能否具有认知规范性？在传统知识论学者看来，答案是否定的，约翰·波洛克（John Pollock）认为"认知合理性"和"实践合理性"在哲学上是两个不同的概念。前者关于信什么属于合理性范围，后者关于做什么属于合理性范围。前者的目的在于求真不出错，后者的目的在于维护实践利益。① 虽然当代知识论研究人们的理性认知，而不研究实践认知，但是它预设了理性的认知主体。在日常生活中，人们的认知目的是获取可靠的信息，指导认知者与外在世界互动的行动，合理的行为要求主体具有关于自身和外在环境的信息。由此可以看出，认知理由和实践理由相互影响。知识归赋为合理的实践推理提供信息。实践利益考量间接影响人们归赋知识的认知理由。人们有很好的实践理由参与认知判断，因为知识归赋的目的是解决实践中出现的问题。如果人们需要考虑实践利益，那么就需要评估认知者信念的真假和证据的多少等，例如，在银行案例中，凯斯从实践风险考虑，作出知道或不知道银行星期六营业的知识宣称。也就是说，实践合理性约束着认知合理性。

不管是实用因素影响确证的强实用侵入观，还是实用因素影响信念的温和实用侵入观，都表明实践理由不可避免地卷入人们的认知实践活动。但是两者又不可避免地受到理智主义者责难。如果完全拒绝实用侵入，那么意味着实用因素毫无认知价值。如果想保留实用因素对知识归赋的影响，那么风险、实践利益、社会规范等因素是否具有认知价值？戈德伯格认为实践理由有间接且明显的认知价值。② 在他看来，实践理由能够突出认知者满足"知道"所需证据的多少，如果他没有充足的证据，那么他的信念就没有得到确证。具体来说，主要表现在以下两点：其一，有实践理由的人

① ［美］约翰·波洛克、乔·克拉兹：《当代知识论》，陈真译，上海：复旦大学出版社，2008 年，第 120—121 页。

② Sanford Goldberg, "On the Epistemic Significance of Practical Reasons to Inquire," *Synthese*, 2020, 199(1-2), pp. 1641-1658.

有进一步认知探究的需求,如果不这样做,此人就不应该基于命题 p 来行动。其二,如果此人的确需要付诸行动,他需要重估自己的信念,增加证据。比如,在银行案例和机场案例中,归赋者需要更多的证据或再次核实才能确定证据的充足性。在他看来,实践推理的理由不单纯是一个实践问题,更是涉及认知充足性的问题。具体来说,高风险、低风险实践语境更多是为了强调认知者当下认知立场强度是否满足此刻认知活动的需要。例如高风险银行案例中,由于认知者未能及时把钱存入银行,后果严重,因此认知者需要更多的证据来确定星期六银行是否营业,并以此来决定是星期五排队等候,还是星期六再来银行办理。

从认知探究的意义来说,大众的认知判断是要识别出满足实践所需的信息,这样认知理性和实践理性就不可避免地纠缠在一起。虽然认知理由具有普遍的规范力,但是在日常生活中,人们的认知实践活动以实践目标为导向,所以认知合理性关涉实践合理性。① 因此,正如范特尔和麦格拉思所言,人们若想保留知识和行动之间的联系,就要接受认知上的非纯粹主义。② 但是人类具有反思能力,以获得确证的真信念为目标,理性认知与真值相关,必须诉诸利真性因素。虽然知识有助于解决实践问题,但有用的信念不一定是真信念,实用因素不能保证为真,更不能使人们的信念成为知识,它只是有利于保证合理的认知实践活动。大众知识归赋虽然受风险、实践利益、道德和审美等实用因素影响,且这些实用因素影响人们归赋知识的意愿和知识标准,但是它并不直接决定认知者是否真的知道命题 p。此外,归赋者、主体语境因素、风险和利益等实用因素在内的广义语境因素共同作用影响某具体语境下的知识标准,而归赋者是否归赋知识仍旧取决于证据、信念形成过程可靠性等真值相关因素。

---

① Baron Reed, "Practical Interests and Reasons for Belief," in Conor McHugh, Jonathan Way, and Daniel Whiting (ed.), *Normativity: Epistemic and Practical.* Oxford, UK: Oxford University Press, 2018, pp. 218-219.

② Jeremy Fantl and Matthew McGrath, *Knowledge in an Uncertain World.* New York: Oxford University Press, 2009.

　　总之,在社会生活中,人们的认知实践活动不可避免地受到各种实用因素影响。但是由于人们又极度依赖他人的信息,为了提供可靠的信息,这就要求人们遵循认知规范,在作出知识宣称时就会尽量求真不出错。格雷厄姆主张认知规范是一种社会规范。[①] 他提出认知的社会规范,强调在社会交往中,人们要给出真实的信息,比如,某人是否需要命题 p 的信息,你有这方面的信息,提供给他;在谈话中,不要提供错误或误导的信息。简而言之,交流信息时,须提供真实且相关的信息。具体表现在:如果某人被认为知道命题 p,那么在人们看来,他遵循了认知规范。人们会赞扬提供可靠信息的信息报告人,批评甚至惩罚提供虚假信息的信息报告人。人们也会依据事实作出合理决策或行动。正如琳达·扎格泽博斯基(Linda Zagzebski)在《认识的价值与我们所在意的东西》一书中所提出的,人们在日常生活中有认知需要和认知责任,人们生来就有认识世界的需要。[②] 若要满足认知上的要求,人们需要具有对所关注领域的真信念,包括尽责地获得相关信息。因为在社会生活中,人们相互依赖获取各种信息,这就要求人们成为可靠的信息报告人。在当今信息爆炸的时代,遵守认知规范是和谐社会的题中应有之义。

（三）问题与不足

　　广义认知语境主义对大众知识归赋实用敏感性的解释可能面临以下质疑:

　　第一,知识归赋实用敏感性的广义认知语境主义解释会导致相对主义。因为用于认知判断的知识标准受限于归赋者、认知者、第三方,甚至归赋者、认知者所在群体的实践语境,但是不同群体在不同维度上的认知关注点具有差异性,这也是特定群体的知识标准和概念理解有所不同的原因。如果大众知识归赋受归赋者的种族、文化、受教育程度、性别和社会经济地位等

---

① Peter J. Graham, "Epistemic Normativity and Social Norms," in David Henderson and John Greco (eds.), *Epistemic Evaluation: Purposeful Epistemology*. Oxford, UK: Oxford University Press, 2015, p.256.

② [美]琳达·扎格泽博斯基:《认识的价值与我们所在意的东西》,方环非译,北京:中国人民大学出版社,2019 年,第 9—23 页。

因素影响,如何说明此社会文化语境下的知识归赋比另一个社会文化语境下的知识归赋更合理?这样就失去了知识的客观性和稳定性,导致人们没有普遍认同的知识概念和价值,也会造成认知的不正义问题。例如,格肯认为,由于知识归赋在人们的社会生活中有重要的作用,判断某人是否是一个可靠的知道者,影响人们是否信任他、支持他、雇用他、愿意与他合作等,因此知识归赋的相对主义立场可能会导致多种形式的认知的不正义。①

第二,广义认知语境主义对实用敏感性解释的不足之处在于它的模糊性。一方面,实用因素名目繁多,比如归赋者和认知者的风险、实践利益、目的和意图等,这会使知识归赋陷入琐碎的陷阱。这些实用因素如何决定语境,在何种程度上影响知识归赋是目前争论不休的事情。另一方面,在不同语境下,人们能否交流和传递信息?从知识归赋的目的来说,人们作出知识归赋是为了识别出满足实践需要的可靠的信息报告人。在日常生活中,人们有时需要进行多重信息交换,只有保证信息的客观性,才能获得可靠的信息。然而,广义认知语境主义会出现多重实践利益的交叉,或者不同群体的实践语境的不同,这种情况下,谁的认知立场强度决定知识归赋语句的真值?如何保证知识的事实性和可靠性?

正如本书开篇提到的,大众知识归赋表现出人们对知识概念的看法和运用受诸多实用因素影响的特点,它被认为是认知实践活动。这种活动更多地诉诸认知直觉和经验判断,缺乏理性反思,因此难免出现错误。这要求人们在知识论的意义上,合理地作出认知判断,防止认知表征的误导。这也是人们追求认知至善的生活所要面对的问题。

---

① Mikkel Gerken, *On Folk Epistemology: How We Think and Talk about Knowledge*. Oxford, UK: Oxford University Press, 2017, p. 294.

结　语

纵观西方哲学史，知识论一直是哲学的重要理论分支。自柏拉图阐述知识的定义为确证的真信念以来，古代与近代的哲学家不懈地探索人类把握万事万物本原的理性认知能力。直到 20 世纪 60 年代葛梯尔问题被提出，哲学家讨论的焦点转向确证问题。他们通过加强确证的条件或知识的条件寻求知识的确定性。长期以来，在如何认识世界，如何确证人们的信念是充分的、正当的这些问题上，哲学家具有权威，而普通大众对如何理解知识、确证信念则谈论较少。随着实验哲学的兴起，大众知识归赋进入知识论研究的视野，它与主流知识论的要求有所不同。

大众知识归赋与主流知识论的分歧主要表现在以下方面：第一，大众对知识三元要素的充分必要性存在争议。实验知识论研究发现，在知识三元要素充分性上，有些人没有葛梯尔型直觉，但大部分人有葛梯尔型直觉；在知识三元要素必要性上，有些人坚持知识三元要素必要性，但有些人秉持确证、"真"和信念的非必要性。第二，大众知识归赋具有实用敏感性的特征，呈现出风险效应、认知副作用效应和基于命题 p 的可行性效应，具体表现在知识归赋受风险、实践利益、道德和实践理由等实用因素影响。这对秉持纯粹主义的主流知识论提出了挑战。根据纯粹主义观点，知识归赋语句的真值只与真值相关因素有关，与实用因素无关。

大众知识归赋的实用敏感性是否合理？在认知语境主义者看来，知识标准随归赋者的实践语境而变化。比如，高风险语境下，知识标准高，人们不归赋知识；相反，低风险语境下，知识标准低，人们归赋知识。知识归赋的实用敏感性也表现在，归赋者的意图、语用预设、实践利益、听者的期待等因素规定了知识归赋语句的真值条件。在实用侵入者看来，认知者的实践语境部分地决定其是否知道命题 p。具体来说，实用因素以不同的方式影响知识归赋，强实用侵入观主张实用因素是知识的构成性条件，温和实用侵入观主张实用因素以影响信念或证据的方式，间接地影响知识归赋。根据实用侵入观，除非是不可错论者，否则人们无法避免实用因素对知识归赋的影响。然而，认知语境主义受到各种不变主义变体和实用侵入质疑。它们与认知语境主义在谁的风险和知识标准是否变化，知识归赋语句的可断言性条件还是知识归赋语句的真值条件上，还有实践推理的知识规范上存在分歧。对于这些问题，广义认知语境主义对大众知识归赋的实用敏感性更具解释力，因为从知识归赋的目的和功能来看，它有利于减少以上理论的分歧，找到共识。

首先，广义的语境不仅包括归赋者、认知者和第三方，也包括归赋者、认知者所在群体的实践语境。这些语境因素共同作用，决定了判断某人是否是可靠的信息报告人的知识标准，有利于保留知识的客观性和稳定性。广义认知语境主义方案扩展了语境的内涵，它把道德、实践利益和社会规范等作为影响知识归赋语句真值的语境因素，把知识归赋推向社会实践面向。其次，知识归赋语句的真值由语义和语用含义共同决定。如果归赋者认为话语所表达的是语境敏感的问题，那么知识归赋也会部分地取决于说话者的目的、意图和期待等因素。语义机制和语用机制共同作用，有利于知识归赋的稳定性，也有助于人们达到知识宣称或知识否定真值判断的灵活性和知识归赋语句的真值条件之间的平衡。简言之，从知识归赋的目的和功能来看，广义语境主义对知识归赋实用敏感性的解释，有利于缓和认知语境主义与主体敏感不变主义、语用不变主义的对立，也有利于应对理智主义的诘问。

虽然大众知识归赋的实用敏感性会受到理智主义质疑，但是实用因素仍然具有间接的认知价值。从认知探究角度来看,如果某人有实践理由必须基于命题 p 采取行动,他需要增加证据,重新评估信念 p 能够得到确证,等等。从知识归赋的目的来看,人们的认知实践活动是要识别出满足实践所需的信息。这样理性认知和实践利益就不可避免地纠缠在一起。人类具有反思能力,理性认知必须诉诸利真性因素。虽然知识有助于解决实践问题,但有用的信念不一定是真信念,实践利益不能保证真信念,也不能使人们的信念成为知识,所以人们在进行认知判断时,要遵循认知规范,成为可靠的信息报告人。

　　由此可见,大众知识归赋独有的特征表现在,大众的认知和生活实践相互交织在一起。虽然有时大众知识归赋的原则与知识论的观点相悖,但是它对知识论建设不无裨益。本书讨论了大众知识归赋的实用敏感性,很多观点还不太成熟,希望在以后的学习和工作中,能对大众知识归赋做进一步深入的研究。

参考文献

一、中文文献

曹剑波.实验知识论研究[M].厦门：厦门大学出版社,2018.

曹剑波.知识与语境：当代西方知识论对怀疑主义难题的解答[M].上海：上海人民出版社,2009.

陈嘉明.知识与确证——当代知识论引论[M].上海：上海人民出版社,2003.

魏屹东.语境论与科学哲学的重建[M].北京：北京师范大学出版社,2012.

黄敏.知识之锚——从语境原则到语境主义知识论[M].上海：华东师范大学出版社,2014.

李麒麟.知识归属的语境敏感性[M].北京：北京大学出版社,2021.

徐向东.怀疑论、知识与辩护[M].北京：北京大学出版社,2006.

阳建国.知识论语境主义研究[M].长沙：湖南大学出版社,2016.

[古希腊]柏拉图.泰阿泰德[M].詹文杰,译注.北京：商务印书馆,2015.

[古希腊]柏拉图.柏拉图对话录[M].水建馥,译.北京：商务印书馆,2013.

[美]理查德·费尔德曼.知识论[M].文学平,盈俐,译.北京：中国人民大学出版社,2019.

［美］约翰·波洛克,乔·克拉兹.当代知识论［M］.陈真,译.上海:复旦大学出版社,2008.

［美］琳达·扎格泽博斯基.认识的价值与我们所在意的东西［M］.方环非,译.北京:中国人民大学出版社,2019.

［美］路易斯·P.波伊曼.知识论导论:我们能知道什么［M］.洪汉鼎,译.2版.北京:中国人民大学出版社,2008.

［美］理查德·罗蒂.哲学和自然之镜［M］.李幼蒸,译.北京:商务印书馆,2003.

［法］勒内·笛卡儿.第一哲学沉思集:反驳和答辩［M］.庞景仁,译.北京:商务印书馆,1986.

［英］约翰·洛克.人类理解论［M］.谭善明,徐文秀,编译.西安:陕西人民出版社,2007.

［美］索尔·克里普克.命名与必然性［M］.梅文,译.上海:上海译文出版社,2016.

［英］蒂摩西·威廉姆森.知识及其限度［M］.刘占峰,陈丽,译.陈波,校.北京:人民出版社,2013.

［英］托马斯·里德.论人的理智能力［M］.李涤非,译.杭州:浙江大学出版社,2010.

［美］约书亚·诺布,肖恩·尼科尔斯.实验哲学［M］.厦门大学知识论与认知科学研究中心,译.上海:上海译文出版社,2013.

［美］约书亚·亚历山大.实验哲学导论［M］.楼巍,译.上海:上海译文出版社,2013.

［美］希拉里·普特南.理性、真理与历史［M］.童世骏,李光程,译.上海:上海译文出版社,2005.

［英］休谟.人性论［M］.关文运,译.北京:商务印书馆,2017.

［英］赫克托·麦克唐纳.后真相时代:当真相被操纵、利用,我们该如何看、如何听、如何思考［M］.刘清山,译.北京:民主与建设出版社,2019.

［奥］维特根斯坦.哲学研究［M］.韩林合,译.北京:商务印书馆,2013.

沈怡婷.实用侵入:当代知识归赋问题中的实用转向［D］.浙江师范大学,2019.

陈思琪.称赞与责备的非对称性——兼论"诺布效应"及其价值论说明［D］.华东师范大学,2015.

陈婧.知识归因与实践理性［D］.浙江大学,2018.

李银辉.实用侵入的方法论辩护——基于原则论证和案例论证［D］.浙江师范大学,2020.

曹剑波.直觉是有理论负载的［J］.山西大学学报(哲学社会科学版),2017,40(4):35-39.

曹剑波.直觉在当代哲学中扮演着重要的角色吗——对卡普兰直觉非中心性的批驳［J］.甘肃社会科学,2017(2):7-12.

曹剑波.确证非必要性论题的实证研究［J］.世界哲学,2019(1):151-159.

曹剑波.哲学直觉方法的合理性之争［J］.世界哲学,2017(6):52-60.

曹剑波.蕴涵论题的实验之争［J］.哲学研究,2018(7):89-97.

曹剑波.银行案例的知识归赋研究［J］.天津社会科学,2018,5(5):50-57.

曹剑波.哲学实验方法的合理性论争［J］.自然辩证法通讯,2018,40(12):34-40.

曹剑波,刘付华东.对比主义的合理性研究［J］.哲学动态,2020(7):103-113.

曹剑波,李静.彩票悖论实质的实证研究［J］.厦门大学学报(哲学社会科学版),2020(1):43-51.

曹剑波.中国人知识观的实证研究［J］.徐州工程学院学报(社会科学版),2020,35(4):32-39.

曹剑波.普通大众的知识概念及知识归赋的实证研究［J］.东南学术,2019(6):164-173.

陈明益.语境主义对知识的辩护与困境［J］.洛阳师范学院学报,2012,

31(9)：42－48.

陈婧.知识归因的实践转向[J].自然辩证法研究,2017,33(11)：14－19.

陈婧,盛晓明.认知概率与实践理性[J].科学技术哲学研究,2018,35(5)：16－21.

杜晓晓,郑全全.诺布效应及其理论解释[J].心理科学进展,2010,18(1)：91－96.

方环非,沈怡婷.知识归赋的实用侵入：异议及其辩护[J].浙江社会科学,2020(10)：101－107.

方红庆.当代知识论的价值转向：缘起、问题与前景[J].甘肃社会科学,2017(2)：13－17.

黄远帆.知识定义与知识归赋中的"理论者问题"——巴兹的案例分析[J].自然辩证法研究,2019,35(10)：20－25.

李锋锋.语境主义对简单知识问题的解决[J].哲学动态,2020(4)：111－118.

刘龙根,朱晓真.有意所为抑或无心之举——从道德相关论转向 TCP 的诺布效应阐释[J].中国外语,2017,14(2)：26－34.

梅剑华.实验哲学、语义学直觉与文化风格[J].哲学研究,2011(12)：87－92.

梅剑华.洞见还是偏见：实验哲学中的专家辩护问题[J].哲学研究,2018(5)：95－103.

梅剑华.实验哲学、跨界研究与哲学传统[J].社会科学,2018(12)：121－129.

米建国.知识的价值问题[J].自然辩证法通讯,2018,40(2)：11－18.

米建国.两种德性知识论：知识的本质、价值与怀疑论[J].世界哲学,2014(5)：21－32.

聂敏里.哲学与实验——实验哲学的兴起及其哲学意义[J].自然辩证法通讯,2020,42(9)：9－16.

温媛媛,曹剑波.葛梯尔直觉普遍性的实验之争[J].自然辩证法研究,2019,35(4):22-28.

王娜.语境主义知识观:一种新的可能[J].哲学研究,2010(5):89-95+128.

王海英.语境主义的分歧丢失难题及其回应[J].自然辩证法研究,2019,35(6):3-8.

文学平.知识概念的实用入侵[J].自然辩证法研究,2020,36(2):16-22.

魏燕侠,郑伟平.知识是一种信念吗——基于葛梯尔问题不可解性的分析[J].科学技术哲学研究,2021,38(1):9-14.

徐杰.哲学中的"语境"——语境发展的三条路径及层面性分析[J].东北大学学报(社会科学版),2011,13(6):556-560.

阳建国.知识归赋的语境敏感性:三种主要的解释性理论[J].自然辩证法研究,2009,25(1):11-16.

杨英云.中国语境下诺布效应的实验研究[J].自然辩证法通讯,2015,37(6):32-36.

尹维坤.语境转换:归赋者语境主义之症结[J].自然辩证法研究,2013,29(7):3-8.

郑伟平.知识与信念关系的哲学论证和实验研究[J].世界哲学,2014(1):55-63.

周祥,刘龙根.知识归赋与语境转变——为语用恒定论而辩[J].上海交通大学学报(哲学社会科学版),2016,24(5):33-41.

陈亚军.站在常识的大地上——哲学与常识关系刍议[J].哲学分析,2020,11(3):88-100+196.

二、外文文献

Clayton Littlejohn. Justification and the Truth-Connection[M]. New York: Cambridge University Press, 2012.

David Henderson and John Greco. Epistemic Evaluation: Purposeful Epistemology[M]. Oxford, UK: Oxford University Press, 2015.

Edward Craig. Knowledge and the State of Nature: An Essay in Conceptual Synthesis[M]. New York: Oxford University Press, 1990.

Jason Stanley. Knowledge and Practical Interests[M]. New York: Oxford University Press, 2005.

Jeremy Fantl and Matthew McGrath. Knowledge in an Uncertain World [M]. New York: Oxford University Press, 2009.

Jessica Brown and Mikkel Gerken. Knowledge Ascriptions[M]. Oxford, UK: Oxford University Press, 2012.

John Greco. Achieving Knowledge: A Virtue-Theoretic Account of Epistemic Normativity[M]. New York: Cambridge University Press, 2010.

John Hawthorne. Knowledge and Lotteries[M]. New York: Oxford University Press, 2004.

John MacFarlane. Assessment Sensitivity: Relative Truth and its Applications [M]. Oxford, UK: Oxford University Press, 2014.

Jonathan Jenkins Ichikawa. Contextualising Knowledge: Epistemology and Semantics[M]. Oxford, UK: Oxford University Press, 2017.

Jonathan Kvanvig. The Value of Knowledge and the Pursuit of Understanding[M]. New York: Cambridge University Press, 2003.

Jonathan Sutton. Without Justification [M]. Cambridge, MA: The MIT Press, 2007.

Keith DeRose. The Case for Contextualism: Knowledge, Skepticism, and Context, Vol. 1[M]. New York: Oxford University Press, 2009.

Krista Lawlor. Assurance: An Austinian View of Knowledge and Knowledge Claims[M]. Oxford, UK: Oxford University Press, 2013.

Laurence Bonjour. Epistemology: Classic Problems and Contemporary Responses[M]. Lanham MD: Rowman and Littlefield Publishers, 2002.

Laurence Jonathan Cohen. An Essay on Belief and Acceptance[M]. New York: Clarendon Press, 1992.

Michael Blome-Tillmann. Knowledge and Presuppositions [M]. Oxford, UK: Oxford University Press, 2014.

Mikkel Gerken. On Folk Epistemology: How We Think and Talk about Knowledge[M]. Oxford, UK: Oxford University Press, 2017.

Paul Grice. Studies in the Way of Words[M]. Cambridge, Massachusetts: Harvard University Press, 1989.

Peter Baumann. Epistemic Contextualism: A Defense[M]. Oxford, UK: Oxford University Press, 2016.

Robert M. Martin. Epistemology: A Beginner's Guide [M]. London: Oneworld Publications, 2010.

Robert Stalnaker. Inquiry[M]. Cambridge, MA: The MIT Press, 1984.

Roderick Chisholm. Theory of Knowledge[M]. 2nd ed. New York: Prentice-Hall, 1977.

Sanford Goldberg. To the Best of Our Knowledge: Social Expectations and Epistemic Normativity[M]. Oxford, UK: Oxford University Press, 2018.

Steve Fuller. The Knowledge Book: Key Concepts in Philosophy, Science and Culture[M]. London: Routledge, 2007.

Timothy Williamson. Knowledge and Its Limits [M]. New York: Oxford University Press, 2000.

Jie Gao. Belief, Knowledge and Action[D]. University of Edinburgh, 2016.

Robin McKenna. Epistemic Contextualism: A Normative Approach [D]. University of Edinburgh, 2013.

Adam Feltz and Chris Zarpentine. Do You Know More When It Matters Less [J]. Philosophical Psychology, 2010, 23(5): 683-706.

Alexander Dinges. Epistemic Invariantism and Contextualist Intuitions[J]. Episteme, 2016, 13(2): 219-232.

Alexander Dinges and Julia Zakkou. Much at Stake in Knowledge[J]. Mind and Language, 2020, 36(5): 729-749.

Allan Hazlett. Factive Presupposition and the Truth Condition on Knowledge [J]. Acta Analytica, 2012, 27(4): 461-478.

Allan Hazlett. The Myth of Factive Verbs[J]. Philosophy and Phenomenological Research, 2010, 80(3): 497-522.

Andreas Stokke. Protagnist Projection[J]. Mind and Language, 2013, 28 (2): 204-232.

Andrew Reisner. Weighing Pragmatic and Evidential Reasons for Belief[J]. Philosophical Studies, 2008, 138(1): 17-27.

Anthony Brueckner and Christopher Buford. Contextualism, SSI and the Factivity Problem[J]. Analysis, 2009, 69(3): 431-438.

Axel Gelfert. Steps to an Ecology of Knowledge: Continuity and Change in the Genealogy of Knowledge[J]. Episteme, 2011, 8(1): 67-82.

Baron Reed. A Defense of Stable Invariantism[J]. Noûs, 2010, 44(2): 224-244.

Baron Reed. Fallibilism, Epistemic Possibility, and Epistemic Agency[J]. Philosophical Issues, 2013, 23(1): 40-69.

Benoit Hardy-Vallée and Benoît Dubreuil. Folk Epistemology as Normative Social Cognition[J]. Review of Philosophy and Psychology, 2010, 1(4): 483-498.

Blake Myers-Schulz and Eric Schwitzgebel. Knowing That P without Believing That P[J]. Noûs, 2013, 47(2): 371-384.

Brian Weatherson. Can We Do without Pragmatic Encroachment[J]. Philosophical Perspectives, 2005, 19(1): 417-443.

Chandra Sekhar Sripada and Jason Stanley. Empirical Tests of Interest-Relative Invariantism[J]. Episteme, 2012, 9(1): 3-26.

Charity Anderson. On the Intimate Relationship of Knowledge and Action [J]. Episteme, 2015, 12(3): 343-353.

Christina Starmans and Ori Friedman. The Folk Conception of Knowledge [J]. Cognition, 2012, 124(3): 272-283.

Christoph Kelp. What's the Point of "Knowledge" Anyway[J]. Episteme, 2011, 8(1): 53-66.

Christophe Heintz and Dario Taraborelli. Editorial: Folk Epistemology. The

Cognitive Bases of Epistemic Evaluation [J]. Review of Philosophy and Psychology, 2010, 1(4): 477-482.

Colin Radford. Knowledge: By Examples [J]. Analysis, 1966, 27 (1): 1-11.

Crispin Sartwell. Knowledge is Merely True Belief[J]. American Philosophical Quarterly, 1991, 28(2): 157-165.

David Annis. A Contextualist Theory of Epistemic Justification [J]. American Philosophical Quarterly, 1978, 15(3): 213-219.

David Armstrong. II-Does Knowledge Entail Belief[J]. Proceedings of the Aristotelian Society, 1970, 70(1): 21-36.

David Henderson. Gate-Keeping Contextualism [J]. Episteme, 2011, 8 (1): 83-98.

David Henderson. Motivated Contextualism [J]. Philosophical Studies, 2009, 142(1): 119-131.

David Lewis. Elusive Knowledge [J]. Australasian Journal of Philosophy, 1996, 74(4): 549-567.

David Rose, Edouard Machery, Stephen Stich, et al. Nothing at Stake in Knowledge[J]. Noûs, 2019, 53(1): 224-247.

David Rose and Jonathan Schaffer. Knowledge Entails Dispositional Belief [J]. Philosophical Studies, 2013, 166(S1): 19-50.

Dorit Ganson. Evidentialism and Pragmatic Constraints on Outright Belief [J]. Philosophical Studies, 2008, 139(3): 441-458.

Duncan Pritchard. Contextualism, Scepticism, and the Problem of Epistemic Descent[J]. Dialectica, 2001, 55(4): 327-349.

Duncan Pritchard. Engel on Pragmatic Encroachment and Epistemic Value [J]. Synthese, 2017, 194(5): 1477-1486.

Edmund Gettier. Is Justified True Belief Knowledge[J]. Analysis, 1963, 23 (6): 121-123.

Edouard Machery, Stephen Stich, David Rose, Amita Chatterjee, Kaori Karasawa, Noel Struchiner, Smita Sirker, Naoki Usui, and Takaaki Hashimoto.

Gettier Across Cultures[J]. Noûs, 2015, 51(3): 645-664.

Edouard Machery, Stephen Stich, David Rose, et al. The Gettier Intuition from America to Asia[J]. Journal of Indian Council of Philosophical Research, 2017, 34(3): 517-541.

Edward Craig. XII*-The Practical Explication of Knowledge[J]. Proceedings of the Aristotelian Society, 1987, 87(1): 211-226.

Elke Brendel and Christoph Jäger. Contextualist Approaches to Epistemology: Problems and Prospects[J]. Erkenntnis, 2004, 61(2-3): 143-172.

Elke Brendel. Why Contextualists Cannot Know They Are Right: Self-Refuting Implications of Contextualism [J]. Acta Analytica, 2005, 20 (2): 38-55.

Finn Spicer. Cultural Variations in Folk Epistemic Intuitions[J]. Review of Philosophy and Psychology, 2010, 1(4): 515-529.

Finn Spicer. Epistemic Intuitions and Epistemic Contextualism[J]. Philosophy and Phenomenological Research, 2006, 72(2): 366-385.

Fred Adams and Annie Steadman. Intentional Action and Moral Considerations: Still Pragmatic[J]. Analysis, 2004, 64(3): 268-276.

Geoff Pynn. Pragmatic Contextualism[J]. Metaphilosophy, 2015, 46(1): 26-51.

Hamid Vahid. Varieties of Pragmatic Encroachment [J]. Acta Analytica, 2014, 29(1): 25-41.

Hilary Kornblith. Why Should We Care about the Concept of Knowledge [J]. Episteme, 2011, 8(1): 38-52.

Hugo Mercier. The Social Origins of Folk Epistemology [J]. Review of Philosophy and Psychology, 2010, 1(4): 499-514.

Igor Douven. Assertion, Knowledge and Rational Credibility[J]. Philosophical Review, 2006, 115(4): 449-485.

Jacob Ross and Mark Schroeder. Belief, Credence, and Pragmatic Encroachment [J]. Philosophy and Phenomenological Research, 2014, 88(2): 259-288.

James R. Beebe. A Knobe Effect for Belief Ascriptions [J]. Review of

Philosophy and Psychology, 2013, 4(2): 235-258.

James R. Beebe and Joseph Shea. Gettierized Knobe Effects[J]. Episteme, 2013, 10(3): 219-240.

James R. Beebe and Mark Jensen. Surprising Connections between Knowledge and Action: The Robustness of the Epistemic Side-Effect Effect[J]. Philosophical Psychology, 2012, 25(5): 689-715.

James R. Beebe and Wesley Buckwalter. The Epistemic Side-Effect Effect [J]. Mind and Language, 2010, 25(4): 474-498.

Jennifer Nagel. Epistemic Anxiety and Adaptive Invariantism[J]. Philosophical Perspectives, 2010, 24(1): 407-435.

Jennifer Nagel. Knowledge Ascriptions and the Psychological Consequences of Changing Stakes [J]. Australasian Journal of Philosophy, 2008, 86 (2): 279-294.

Jennifer Nagel. Knowledge Ascriptions and the Psychological Consequences of Thinking about Error[J]. The Philosophical Quarterly, 2010, 60(239): 286-306.

Jennifer Nagel, Valerie San Juan, and Raymond A. Mar. Lay Denial of Knowledge for Justified True Beliefs[J]. Cognition, 2013, 129(3): 652-661.

Jeremy Fantl and Matthew McGrath. Evidence, Pragmatics, and Justification [J]. Philosophical Review, 2002, 111(1): 67-94.

Jeremy Fantl and Matthew McGrath. On Pragmatic Encroachment in Epistemology[J]. Philosophy and Phenomenological Research, 2007, 75(3): 558-589.

Jessica Brown. Assertion and Practical Reasoning: Common or Divergent Epistemic Standards[J]. Philosophy and Phenomenological Research, 2011, 84 (1): 123-157.

Jessica Brown. Comparing Contextualism and Invariantism on the Correctness of Contextualist Intuitions [J]. Grazer Philosophische Studien, 2005, 69 (1): 71-100.

Jessica Brown. Contextualism and Warranted Assertibility Manoeuvres[J].

Philosophical Studies, 2006, 130(3): 407-435.

Jessica Brown. Experimental Philosophy, Contextualism and SSI [J]. Philosophy and Phenomenological Research, 2011, 86(2): 233-261.

Jessica Brown. Impurism, Practical Reasoning, and the Threshold Problem [J]. Noûs, 2014, 48(1): 179-192.

Jessica Brown. Knowledge and Assertion[J]. Philosophy and Phenomenological Research, 2010, 81(3): 549-566.

Jessica Brown. Knowledge and Practical Reason[J]. Philosophy Compass, 2008, 3(6): 1135-1152.

Jessica Brown. Subject-Sensitive Invariantism and the Knowledge Norm for Practical Reasoning[J]. Noûs, 2008, 42(2): 167-189.

Jessica Brown. The Knowledge Norm for Assertion [J]. Philosophical Issues, 2008, 18(1): 89-103.

John Greco. What's Wrong with Contextualism [J]. The Philosophical Quarterly, 2008, 58(232): 416-436.

John Hawthorne and Jason Stanley. Knowledge and Action[J]. The Journal of Philosophy, 2008, 105(10): 571-590.

John MacFarlane. Knowledge Laundering: Testimony and Sensitive Invariantism[J]. Analysis, 2005, 65(2): 132-138.

John Turri. A Conspicuous Art: Putting Gettier to the Test[J]. Philosophers' Imprint, 2013, 13(10): 1-16.

John Turri. Epistemic Contextualism: An Idle Hypothesis[J]. Australasian Journal of Philosophy, 2017, 95(1): 141-156.

John Turri. Epistemic Invariantism and Speech Act Contextualism [J]. Philosophical Review, 2010, 119(1): 77-95.

John Turri. Is Knowledge Justified True Belief[J]. Synthese, 2012, 184 (3): 247-259.

John Turri. Knowledge and the Norm of Assertion: A Simple Test [J]. Synthese, 2015, 192(2): 385-392.

John Turri. The Problem of ESEE Knowledge[J]. Ergo: An Open Access

Journal of Philosophy, 2014, 1(4): 101-127.

John Turri. The Radicalism of Truth-Insensitive Epistemology: Truth's Profound Effect on the Evaluation of Belief[J]. Philosophy and Phenomenological Research, 2015, 93(2): 348-367.

John Turri. The Test of Truth: An Experimental Investigation of the Norm of Assertion[J]. Cognition, 2013, 129(2): 279-291.

John Turri, Wesley Buckwalter, and David Rose. Actionability Judgments Cause Knowledge Judgments[J]. Thought: A Journal of Philosophy, 2016, 5 (3): 212-222.

John Turri and Wesley Buckwalter. Descartes's Schism, Locke's Reunion: Completing the Pragmatic Turn in Epistemology[J]. American Philosophical Quarterly, 2017, 54(1): 25-46.

Jonathan Schaffer. From Contextualism to Contrastivism[J]. Philosophical Studies, 2004, 119(1-2): 73-104.

Jonathan Schaffer. The Contrast-Sensitivity of Knowledge Ascriptions[J]. Social Epistemology, 2008, 22(3): 235-245.

Jonathan Schaffer. The Irrelevance of the Subject: Against Subject-Sensitive Invariantism[J]. Philosophical Studies, 2006, 127(1): 87-107.

Jonathan Schaffer and Joshua Knobe. Contrastive Knowledge Surveyed[J]. Noûs, 2010, 46(4): 675-708.

Jonathan Schaffer and Zoltán Gendler Szabó. Epistemic Comparativism: A Contextualist Semantics for Knowledge Ascriptions[J]. Philosophical Studies, 2014, 168(2): 491-543.

Jonathan Weinberg, Shaun Nichols, and Stephen Stich. Normativity and Epistemic Intuitions[J]. Philosophical Topics, 2001, 29(1-2): 429-460.

Joshua Knobe. Intentional Action in Folk Psychology: An Experimental Investigation[J]. Philosophical Psychology, 2003, 16(2): 309-325.

Joshua Knobe. Intention, Intentional Action and Moral Considerations[J]. Analysis, 2004, 64(2): 181-187.

Joshua May, Walter Sinnott-Armstrong, Jay G. Hull, and Aaron Zimmerman.

Practical Interests, Relevant Alternatives, and Knowledge Attributions: An Empirical Study [J]. Review of Philosophy and Psychology, 2010, 1 (2): 265-273.

Katalin Farkas. Belief May Not Be a Necessary Condition for Knowledge [J]. Erkenntnis, 2015, 80(1): 185-200.

Kathryn B. Francis, Philip Beaman, and Nat Hansen. Stakes, Scales, and Skepticism[J]. Ergo: An Open Access Journal of Philosophy, 2019, 6 (16): 427-487.

Keith DeRose. Assertion, Knowledge, and Context[J]. Philosophical Review, 2002, 111 (2): 167-203.

Keith DeRose. Contextualism and Knowledge Attributions[J]. Philosophy and Phenomenological Research, 1992, 52(4): 913-929.

Keith DeRose. Contextualism, Contrastivism, and X-Phi Surveys[J]. Philosophical Studies, 2011, 156(1): 81-110.

Keith DeRose. Now You Know It, Now You Don't[J]. The Proceedings of the Twentieth World Congress of Philosophy, 2000, 5: 91-106.

Kent Bach. Applying Pragmatics to Epistemology[J]. Philosophical Issues, 2008, 18(1): 68-88.

Laurence Bonjour. The Myth of Knowledge [J]. Philosophical Perspectives, 2010, 24(1): 57-83.

Mark Alfano, James R. Beebe, and Brian Robinson. The Centrality of Belief and Reflection in Knobe-Effect Cases: A Unified Account of the Data[J]. The Monist, 2012, 95(2): 264-289.

Mark Phelan. Evidence that Stakes Don't Matter for Evidence [J]. Philosophical Psychology, 2013, 27(4): 488-512.

Mark Schroeder. Stakes, Withholding, and Pragmatic Encroachment on Knowledge[J]. Philosophical Studies, 2012, 160(2): 265-285.

Martin Kusch. Knowledge and Certainties in the Epistemic State of Nature [J]. Episteme, 2011, 8(1): 6-23.

Michael Blome-Tillmann. Conversational Implicature and the Cancellability

Test[J]. Analysis, 2008, 68(2): 156-160.

Michael Blome-Tillmann. Knowledge and Presuppositions [J]. Mind, 2009, 118(470): 241-294.

Michael Hannon. 'Knows' Entails Truth [J]. Journal of Philosophical Research, 2013, 38: 349-366.

Michael Hannon. The Importance of Knowledge Ascriptions[J]. Philosophy Compass, 2015, 10(12): 856-866.

Michael Hannon. The Practical Origins of Epistemic Contextualism [J]. Erkenntnis, 2013, 78(4): 899-919.

Michael J. Shaffer. Not-Exact-Truths, Pragmatic Encroachment, and the Epistemic Norm of Practical Reasoning[J]. Logos and Episteme, 2012, 3(2): 239-259.

Mikkel Gerken. Epistemic Focal Bias[J]. Australasian Journal of Philosophy, 2013, 91(1): 41-61.

Mikkel Gerken. How to Do Things with Knowledge Ascriptions[J]. Philosophy and Phenomenological Research, 2015, 90(1): 223-234.

Mikkel Gerken. The Roles of Knowledge Ascriptions in Epistemic Assessment[J]. European Journal of Philosophy, 2015, 23(1): 141-161.

Mikkel Gerken. Truth-Sensitivity and Folk Epistemology [J]. Philosophy and Phenomenological Research, 2020, 100(1): 3-25.

Mikkel Gerken and James R. Beebe. Knowledge in and out of Contrast[J]. Noûs, 2014, 50(1): 133-164.

Minsun Kim and Yuan Yuan. No Cross-Cultural Differences in the Gettier Car Case Intuition: A Replication Study of Weinberg et al. 2001[J]. Episteme, 2015, 12(3): 355-361.

Nat Hansen. On an Alleged Truth/Falsity Asymmetry in Context Shifting Experiments[J]. The Philosophical Quarterly, 2012, 62(248): 530-545.

Nat Hansen and Emmanuel Chemla. Experimenting on Contextualism[J]. Mind and Language, 2013, 28(3): 286-321.

Nestor Ángel Pinillos. Some Recent Work in Experimental Epistemology

[J]. Philosophy Compass, 2011, 6(10): 675-688.

Patrick Rysiew. Rationality Disputes-Psychology and Epistemology [J]. Philosophy Compass, 2008, 3(6): 1153-1176.

Patrick Rysiew. Speaking of Knowing[J]. Noûs, 2007, 41(4): 627-662.

Patrick Rysiew. The Context-Sensitivity of Knowledge Attributions [J]. Noûs, 2001, 35(4): 477-514.

Paul Dimmock and Torfinn Thomesen Huvenes. Knowledge, Conservatism, and Pragmatics[J]. Synthese, 2014, 191(14): 3239-3269.

Peter Baumann. Contextualism and the Factivity Problem[J]. Philosophy and Phenomenological Research, 2008, 76(3): 580-602.

Peter Baumann. WAMs: Why Worry[J]. Philosophical Papers, 2011, 40 (2): 155-177.

Ram Neta. Anti-Intellectualism and the Knowledge-Action Principle [J]. Philosophy and Phenomenological Research, 2007, 75(1): 180-187.

Ram Neta. The Case against Purity[J]. Philosophy and Phenomenological Research, 2012, 85(2): 456-464.

Richard F. Kitchener. The Epistemology of Folk Epistemology [J]. Analysis, 2019, 79(3): 521-530.

Richard Holton. Some Telling Examples: A Reply to Tsohatzidis [J]. Journal of Pragmatics, 1997, 28(5): 625-628.

Robert Stalnaker. Comments on "From Contextualism to Contrastivism"[J]. Philosophical Studies, 2004, 119(1-2): 105-117.

Robert Stalnaker. Common Ground[J]. Linguistics and Philosophy, 2002, 25(5-6): 701-721.

Robin McKenna. Interests Contextualism[J]. Philosophia, 2011, 39(4): 741-750.

Robin McKenna. 'Knowledge' Ascriptions, Social Roles and Semantics[J]. Episteme, 2013, 10(4): 335-350.

Robin McKenna. Normative Scorekeeping[J]. Synthese, 2014, 191(3): 607-625.

Robyn Carston. Linguistic Communication and the Semantics/Pragmatics Distinction[J]. Synthese, 2008, 165(3): 321-345.

Sanford Goldberg. On the Epistemic Significance of Practical Reasons to Inquire[J]. Synthese, 2020, 199(1-2): 1641-1658.

Stewart Cohen. Contextualism and Skepticism [J]. Philosophical Issues, 2000, 10(1): 94-107.

Stewart Cohen. Contextualism, Skepticism, and the Structure of Reasons [J]. Philosophical Perspectives, 1999, 33(S13): 57-89.

Stewart Cohen. Contextualist Solutions to Epistemological Problems: Scepticism, Gettier, and the Lottery [J]. Australasian Journal of Philosophy, 1998, 76(2): 289-306.

Stewart Cohen. How to Be a Fallibilist [J]. Philosophical Perspectives, 1988, 2: 91-123.

Stewart Cohen. Justification and Truth[J]. Philosophical Studies, 1984, 46 (3): 279-295.

Stewart Cohen. Knowledge, Assertion, and Practical Reasoning [J]. Philosophical Issues, 2004, 14(1): 482-491.

Thomas Nadelhoffer and Eddy Nahmias. The Past and Future of Experimental Philosophy [J]. Philosophical Explorations, 2007, 10 (2): 123-149.

Timothy Williamson. Contextualism, Subject-Sensitive Invariantism and Knowledge of Knowledge [J]. The Philosophical Quarterly, 2005, 55 (219): 213-235.

Trent Dougherty and Patrick Rysiew. Fallibilism, Epistemic Possibility, and Concessive Knowledge Attributions [J]. Philosophy and Phenomenological Research, 2008, 78(1): 123-132.

Wayne A. Davis. Grice's Razor and Epistemic Invariantism[J]. Journal of Philosophical Research, 2013, 38: 147-176.

Wayne A. Davis. Knowledge Claims and Context: Loose Use[J]. Philosophical Studies, 2007, 132(3): 395-438.

Wesley Buckwalter. Factive Verbs and Protagonist Projection[J]. Episteme, 2014, 11(4): 391-409.

Wesley Buckwalter. Gettier Made ESEE[J]. Philosophical Psychology, 2014, 27(3): 368-383.

Wesley Buckwalter. Knowledge Isn't Closed on Saturday: A Study in Ordinary Language[J]. Review of Philosophy and Psychology, 2010, 1(3): 395-406.

Wesley Buckwalter. Non-Traditional Factors in Judgments about Knowledge [J]. Philosophy Compass, 2012, 7(4): 278-289.

Wesley Buckwalter and John Turri. Knowledge, Adequacy, and Approximate Truth [J]. Consciousness and Cognition, 2020, 83 (4): 1029-1050.

Wesley Buckwalter and John Turri. Knowledge and Truth: A Skeptical Challenge[J]. Pacific Philosophical Quarterly, 2019, 101(1): 93-101.

Wesley Buckwalter and Jonathan Schaffer. Knowledge, Stakes, and Mistakes [J]. Noûs, 2015, 49(2): 201-234.

Wesley Buckwalter, David Rose, and John Turri. Belief Through Thick and Thin[J]. Noûs, 2015, 49(4): 748-775.

William Lycan. Sartwell's Minimalist Analysis of Knowing[J]. Philosophical Studies, 1994, 73(1): 1-3.

Alexandra Nolte, David Rose, and John Turri. Experimental Evidence that Knowledge Entails Justification [C] // Tania Lombrozo, Shaun Nichols, and Joshua Knobe. Oxford Studies in Experimental Philosophy, Vol. 4. Oxford, UK: Oxford University Press, 2021.

Barbara Hofer. Personal Epistemology as a Psychological and Educational Construct: An Introduction [C] // Barbara Hofer and Paul Pintrich. Personal Epistemology: The Psychological of Beliefs about Knowledge and Knowing. New York: Routledge, 2002.

Baron Reed. Practical Interests and Reasons for Belief [C] // Conor McHugh, Jonathan Way, and Daniel Whiting. Normativity: Epistemic and

Practical. Oxford, UK: Oxford University Press, 2018.

Baron Reed. Practical Matters Do Not Affect Whether You Know [C] // Matthias Steup, John Turri and Ernest Sosa. Contemporary Debates in Epistemology. 2nd ed. Malden, MA: Wiley-Blackwell, 2013.

Brian Weatherson. Knowledge, Bets and Interests [C] // Jessica Brown and Mikkel Gerken. Knowledge Ascriptions. Oxford, UK: Oxford University Press, 2012.

Chad Gonnerman, Lee Poag, Logan Redden, Jacob Robbins, and Stephen Crowley. In Our Shoes or the Protagonist's? Knowledge, Justification, and Projection [C] // Tania Lombrozo, Shaun Nichols, and Joshua Knobe. Oxford Studies in Experimental Philosophy, Vol. 3. Oxford, UK: Oxford University Press, 2020.

Charity Anderson and John Hawthorne. Knowledge, Practical Adequacy, and Stakes [C] // Tamar Szabó Gendler and John Hawthorne. Oxford Studies in Epistemology, Vol. 6. New York: Oxford University Press, 2019.

David Kaplan. Demonstratives: An Essay on the Semantics, Logic, Metaphysics and Epistemology of Demonstratives and other Indexicals [C] // Joseph Almog, John Perry, and Howard Wettstein. Themes From Kaplan. Oxford, UK: Oxford University Press, 1989.

David Sackris and James R. Beebe. Is Justification Necessary for Knowledge [C] // James R. Beebe. Advances in Experimental Epistemology. New York: Bloomsbury Publishing, 2014.

Declan Smithies. Why Justification Matters [C] // David Henderson and John Greco. Epistemic Evaluation: Purposeful Epistemology. Oxford, UK: Oxford University Press, 2015.

Derek Powell, Zachary Horne, and Nestor Ángel Pinillos. Semantic Integration as a Method for Investigating Concepts [C] // James R. Beebe. Advances in Experimental Epistemology. New York: Bloomsbury Publishing, 2014.

Dorit Ganson. Great Expectations: Belief and the Case for Pragmatic Encroachment [C] // Brian Kim and Matthew McGrath. Pragmatic Encroachment in Epistemology. New York: Routledge, 2018.

Duncan Pritchard. Contextualism, Skepticism, and Warranted Assertibility Manoeuvres[C] // Joseph Keim Campbell, Michael O'Rourke, and Harry S. Silverstein. Knowledge and Skepticism: Topics in Contemporary Philosophy. Cambridge, MA: The MIT Press, 2010.

Dylan Murray, Justin Sytsma, and Jonathan Livengood. God Knows (But does God Believe) [C]//Philosophical Studies, 2013.

Finn Spicer. Knowledge and the Heuristics of Folk Epistemology [C] // Vincent F. Hendricks and Duncan Pritchard. New Waves in Epistemology. Basingstoke: Palgrave Macmillan, 2007.

Jeffrey Sanford Russell. How Much Is at Stake for the Pragmatic Encroacher[C] //Tamar Szabó Gendler and John Hawthorne. Oxford Studies in Epistemology, Vol. 6. Oxford: Oxford University Press, 2019.

James R. Beebe. Evaluative Effects on Knowledge Attributions[C] // Justin Sytsma and Wesley Buckwalter. A Companion to Experimental Philosophy. New Jersey: John Wiley & Sons, Ltd. , 2016.

James R. Beebe. Social Functions of Knowledge Attributions[C] // Jessica Brown and Mikkel Gerken. Knowledge Ascriptions. Oxford, UK: Oxford University Press, 2012.

Jennifer Nagel and Jessica Wright. The Psychology of Epistemic Judgment [C]//Sarah K. Robins, John Symons, and Paco Calvo. Routledge Companion to Philosophy of Psychology. 2nd ed. London: Routledge, 2019.

Jeremy Fantl and Matthew McGrath. Arguing for Shifty Epistemology[C] // Jessica Brown and Mikkel Gerken. Knowledge Ascriptions. Oxford, UK: Oxford University Press, 2012.

Jeremy Fantl and Matthew McGrath. Practical Matters Affects Whether You Know[C]//Matthias Steup, John Turri, and Ernest Sosa. Contemporary Debates in Epistemology. 2nd ed. Malden, MA: Wiley-Blackwell, 2013.

Jeremy Fantl and Matthew McGrath. Pragmatic Encroachment [C] // Sven Bernecker and Duncan Pritchard. The Routledge Companion to Epistemology. New York: Routledge, 2011.

Jessica Brown. Pragmatic Encroachment to Belief [C] // Conor McHugh, Jonathan Way, and Daniel Whiting. Normativity: Epistemic and Practical. Oxford, UK: Oxford University Press, 2018.

John MacFarlane. Relativism and Knowledge Attributions [C] // Sven Bernecker and Duncan Pritchard. The Routledge Companion to Epistemology. New York: Routledge, 2011.

John Turri and Ori Friedman. Winners and Losers in the Folk Epistemology of Lotteries [C] // James R. Beebe. Advances in Experimental Epistemology. New York: Bloomsbury Publishing, 2014.

John Turri. How to do better: Toward Normalizing Experimentation in Epistemology [C] // Jennifer Nado. Advances in Experimental Philosophy and Philosophical Methodology. New York: Bloomsbury Publishing, 2016.

John Turri. The Non-Factive Turn in Epistemology: Some Hypotheses [C] // Veli Mitova. The Factive Turn in Epistemology. New York: Cambridge University Press, 2018.

Jonathan Schaffer. Contrastive Knowledge [C] // Tamar Szabó Gendler and John Hawthorne. Oxford Studies in Epistemology, Vol. 1. Oxford, UK: Oxford University Press, 2005.

Jonathan Schaffer. What Shifts: Thresholds, Standards, or Alternatives [C] // Gerhard Preyer and Georg Peter. Contextualism in Philosophy: Knowledge, Meaning, and Truth. New York: Oxford University Press, 2005.

Joshua Alexander, Chad Gonnerman, and John Waterman. Salience and Epistemic Egocentrism: An Empirical Study [C] // James R. Beebe. Advances in Experimental Epistemology. New York: Bloomsbury Publishing, 2014.

Joshua Knobe and Shaun Nichols. An Experimental Philosophy Manifesto [C] // Joshua Knobe and Shaun Nichols. Experimental Philosophy. New York: Oxford University Press, 2008.

Keith DeRose. Solving the Skeptical Problem [C] // Keith DeRose and Ted A. Warfield. Skepticism: A Contemporary Reader. New York: Oxford University Press, 1999.

Kent Bach. The Emperor's New ' Knows' [C] // Gerhard Preyer and Georg Peter. Contextualism in Philosophy: Knowledge, Meaning, and Truth. New York: Oxford University Press, 2005.

Kent Bach. The Semantics-Pragmatics Distinction: What It Is and Why It Matters[C] // Ken Turner. The Semantics/Pragmatics Interface from Different Points of View. New York: Elsevier, 1999.

Klemens Kappel. On Saying that Someone Knows: Themes from Craig[C] // Adrian Haddock, Alan Millar, and Duncan Pritchard. Social Epistemology. Oxford, UK: Oxford University Press, 2010.

Mark Richard. Propositional Attitude Ascription [C] // Michael Devitt and Richard Hanley. The Blackwell Guide to the Philosophy of Language. Oxford, UK: Blackwell Publishing, 2006.

Matthew McGrath. Two Purposes of Knowledge-Attribution and the Contextualism Debate [C] // David Henderson and John Greco. Epistemic Evaluation Purposeful Epistemology. Oxford, UK: Oxford University Press, 2015.

Michael Blome-Tillmann. Presuppositional Epistemic Contextualism and the Problem of Known Presuppositions [C] // Jessica Brown and Mikkel Gerken. Knowledge Ascriptions. Oxford, UK: Oxford University Press, 2012.

Mikkel Gerken. On the Cognitive Bases of Knowledge Ascriptions [C] // Jessica Brown and Mikkel Gerken. Knowledge Ascriptions. Oxford, UK: Oxford University Press, 2012.

Miranda Fricker. Scepticism and the Genealogy of Knowledge: Situating Epistemology in Time [C] // Adrian Haddock, Alan Millar, and Duncan Pritchard. Social Epistemology. Oxford, UK: Oxford University Press, 2010.

Nat Hansen. Contrasting Cases [C] // James R. Beebe. Advances in Experimental Epistemology. New York: Bloomsbury Publishing, 2014.

Nestor Ángel Pinillos. Knowledge, Experiments, and Practical Interests[C] // Jessica Brown and Mikkel Gerken. Knowledge Ascriptions. Oxford, UK: Oxford University Press, 2012.

Nestor Ángel Pinillos and Shawn Simpson. Experimental Evidence in

Support of Anti-Intellectualism about Knowledge[C]//James R. Beebe. Advances in Experimental Epistemology. New York: Bloomsbury Publishing, 2014.

Pascal Engel. Pragmatic Encroachment and Epistemic Value[C]//Adrian Haddock, Alan Millar, and Duncan Pritchard. Epistemic Value. New York: Oxford University Press, 2009.

Peter J. Graham. Epistemic Normativity and Social Norms[C]//David Henderson and John Greco. Epistemic Evaluation: Purposeful Epistemology. Oxford, UK: Oxford University Press, 2015.

Peter Ludlow. Contextualism and the New Linguistic Turn in Epistemology [C]// Gerhard Preyer and Georg Peter. Contextualism in Philosophy: Knowledge, Meaning and Truth. New York: Oxford University Press, 2005.

Peter Unger. Philosophical Relativity[C]//Keith DeRose and Ted A. Warfield. Skepticism: A Contemporary Reader. New York: Oxford University Press, 1999.

Robert Stainton. Contextualism in Epistemology and the Context-Sensitivity of "Knows"[C]//Joseph Keim Campbell, Michael O'Rourke, and Harry S. Silverstein. Knowledge and Skepticism Topics in Contemporary Philosophy. Cambridge, MA: The MIT Press, 2010.

Robert Stalnaker. Pragmatic Presuppositions[C]//Context and Content: Essays on Intentionality in Speech and Thought. New York: Oxford University Press, 1999.

Stephen R. Grimm. Knowledge, Practical Interests, and Rising Tides[C]// David Henderson and John Greco. Epistemic Evaluation: Purposeful Epistemology. Oxford, UK: Oxford University Press, 2015.

Wesley Buckwalter. The Mystery of Stakes and Error in Ascriber Intuitions [C]//James R. Beebe. Advances in Experimental Epistemology. New York: Bloomsbury Publishing, 2014.

William Clifford. The Ethics of Belief[C]//The Ethics of Belief and Other Essays. Amherst, NY: Prometheus Books, 1999.